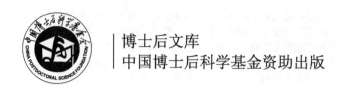

博士后文库
中国博士后科学基金资助出版

酵母源金属硫蛋白
与铅中毒改善

王　颖　张桂芳　张东杰　著

科学出版社
北　京

内 容 简 介

《酵母源金属硫蛋白与铅中毒改善》分为两篇共9章。第一篇为基础理论知识概述，主要借助前人的研究和自己课题研究的探索，通过对金属硫蛋白的系统阐述，以及重金属铅的危害改善机制和改善方法的现状等方面的总结，阐述了金属硫蛋白的生理功能和在重金属清除方面的应用前景。第二篇为酵母源金属硫蛋白的抗氧化作用和铅毒危害改善试验探索。首先以具有自主知识产权的酵母源金属硫蛋白为出发点，对其在复合诱变过程的提取条件和培养条件进行优化，选出最佳筛选条件；其次，对分离纯化方面的多种研究方法及结论进行平行比较和阐述，确定较佳纯化路径；然后，对酵母源金属硫蛋白的氨基酸序列和蛋白二级结构等方面的研究方法及研究结论进行探讨，探明抗氧化活性的显效构象和基本组成；最后，以动物实验模型对酵母源金属硫蛋白的生物抗氧化活性进行评价与验证，并研究其对重金属急、慢性铅中毒的改善。该篇是著者对酵母源金属硫蛋白与食品安全领域的主要探索和科学凝练，以及在食品质量安全领域中针对重金属危害清除的总体思路和试验方法的试剂探究的具体详尽的总结。

本书可供食品安全领域的大专院校师生，保健品行业的加工技术人员，以及农产品深加工和提高行业产品附加值等领域的科技同仁阅读参考。

图书在版编目（CIP）数据

酵母源金属硫蛋白与铅中毒改善/王颖，张桂芳，张东杰著.
—北京：科学出版社，2016.6
（博士后文库）
ISBN 978-7-03-048525-0

Ⅰ.①酵⋯　Ⅱ.①王⋯　②张⋯　③张⋯　Ⅲ.①金属蛋白–研究
②铅中毒–研究　Ⅳ.①Q51 ②R595.2

中国版本图书馆 CIP 数据核字(2016)第 123195 号

责任编辑：张会格 / 责任校对：张怡君
责任印制：张　伟 / 封面设计：刘新新

科学出版社 出版
北京东黄城根北街16号
邮政编码：100717
http://www.sciencep.com

北京东华虎彩印刷有限公司 印刷
科学出版社发行　　各地新华书店经销

*

2016 年 6 月第 一 版　开本：720×1000　B5
2017 年 1 月第二次印刷　印张：16 7/8
字数：320 000
定价：118.00 元

(如有印装质量问题，我社负责调换)

作者简介

　　王　颖　1979 年 1 月出生，黑龙江八一农垦大学副教授，研究生导师。2008 年获吉林大学博士学位，主要研究方向为食品质量安全和农产品加工与贮藏工程。现任中国农业工程学会农产品加工与贮藏工程分会常务理事，中国畜牧兽医学会兽医公共卫生学会分会理事，中国食品科学技术学会理事和青年分会副主任委员，以及《食品与机械》杂志副主任委员。多年来始终从事小分子污染物和天然化学成分的评估与检测相关的研究工作，组织申报了与金属硫蛋白和重金属促排等相关研究课题 16 项，包括主持国家自然科学基金、黑龙江省青年科学基金、黑龙江省教育厅新世纪优秀人才项目、黑龙江省博士后科研启动金等，并参与"十五"到"十二五"期间食品安全领域课题项目 8 项。获省级科技进步奖二等奖 3 项，三等奖 2 项，大庆市科技进步奖一等奖、二等奖、三等奖各 1 项，黑龙江省农垦总局科技进步二等奖 1 项。目前主编及参编教材 4 部，学术专著 3 部，发表学术论文 80 余篇，获授权发明专利 10 项。

　　张桂芳　1980 年 12 月出生，2008 年获得韩国庆尚国立大学食品营养专业工学硕士学位和黑龙江八一农垦大学食品科学专业工学硕士学位。现为黑龙江八一农垦大学国家杂粮工程技术研究中心助理研究员，在读博士。一直从事农产品加工与贮藏及食品安全方向的科研工作，主持厅局级科研课题 4 项；参与国家级、

省部级、厅局级课题 10 余项，其中作为主要负责人承担国家星火计划项目"高寒地区特色产业集成示范"子课题 1 项、国家星火计划项目"杂粮主食生产全产业链技术集成应用与示范"子课题 1 项、黑龙江省自然科学基金项目 2 项，获得厅局级科研奖励 3 项，获得国家发明专利 2 项，发表科研论文 10 余篇。

张东杰　1966 年 12 月出生，吉林大学工学博士，教授，博士生导师，黑龙江八一农垦大学食品学院院长，黑龙江省（食品科学与工程）重点学科后备带头人，黑龙江农垦总局（农产品加工与贮藏工程）重点学科带头人，黑龙江省高校（农产品加工与质量安全）科研创新团队负责人，黑龙江省政府特殊津贴获得者。

主要从事农产品加工与质量安全的教学、科研与社会服务工作。曾主持国家"十五"食品安全重大科技专项，"十一五"、"十二五"国家科技支撑计划，国家科技成果转化项目等多项国家级课题，作为黑龙江省"十一五"食品安全科技领域首席专家先后主持了黑龙江省自然科学基金重点项目、省重大攻关项目等 20 余项省部级及其他各类项目，许多成果在黑龙江垦区、省内企业得到广泛应用，主持获得黑龙江省科技进步奖一等奖 1 项、农业部科技成果奖二等奖 1 项、省教学成果奖二等奖 1 项，参与获得其他科技奖励 10 余项；出版学术专著 3 部、教材 5 部，发表论文 100 余篇，获得发明专利等知识产权 10 余项；培养博士、硕士研究生 60 余名。

社会兼职主要有国家农产品加工营养大数据创新战略联盟副理事长，中国农业工程学会农产品加工及贮藏工程分会常务理事，中国农学会农产品贮藏与加工分会常务理事、黑龙江省食品科学技术学会常务理事和中国食品科学技术学会理事；中国食品科学技术学会会刊《食品与机械》副主任编委、《中国酿造》杂志编委。

《博士后文库》序言

博士后制度已有一百多年的历史。世界上普遍认为，博士后研究经历不仅是博士们在取得博士学位后找到理想工作前的过渡阶段，而且也被看成是未来科学家职业生涯中必要的准备阶段。中国的博士后制度虽然起步晚，但已形成独具特色和相对独立、完善的人才培养和使用机制，成为造就高水平人才的重要途径，它已经并将继续为推进中国的科技教育事业和经济发展发挥越来越重要的作用。

中国博士后制度实施之初，国家就设立了博士后科学基金，专门资助博士后研究人员开展创新探索。与其他基金主要资助"项目"不同，博士后科学基金的资助目标是"人"，也就是通过评价博士后研究人员的创新能力给予基金资助。博士后科学基金针对博士后研究人员处于科研创新"黄金时期"的成长特点，通过竞争申请、独立使用基金，使博士后研究人员树立科研自信心，塑造独立科研人格。经过30年的发展，截至2015年年底，博士后科学基金资助总额约26.5亿元人民币，资助博士后研究人员五万三千余人，约占博士后招收人数的1/3。截至2014年年底，在我国具有博士后经历的院士中，博士后科学基金资助获得者占72.5%。博士后科学基金已成为激发博士后研究人员成才的一颗"金种子"。

在博士后科学基金的资助下，博士后研究人员取得了众多前沿的科研成果。将这些科研成果出版成书，既是对博士后研究人员创新能力的肯定，也可以激发在站博士后研究人员开展创新研究的热情，同时也可以使博士后科研成果在更广范围内传播，更好地为社会所利用，进一步提高博士后科学基金的资助效益。

中国博士后科学基金会从2013年起实施博士后优秀学术专著出版资助工作。经专家评审，评选出博士后优秀学术著作，中国博士后科学基金会资助出版费用。专著由科学出版社出版，统一命名为《博士后文库》。

　　资助出版工作是中国博士后科学基金会"十二五"期间进行基金资助改革的一项重要举措，虽然刚刚起步，但是我们对它寄予厚望。希望通过这项工作，使博士后研究人员的创新成果能够更好地服务于国家创新驱动发展战略，服务于创新型国家的建设，也希望更多的博士后研究人员借助这颗"金种子"迅速成长为国家需要的创新型、复合型、战略型人才。

中国博士后科学基金会理事长

序

　　我很欣喜在众多讨论食品污染或者与之相关问题的著述中，有这样一本不止于单单谈其严重性和危害性的专著——《酵母源金属硫蛋白与铅中毒改善》即将出版。这是因为在林林总总的食品安全危害源头中，重金属由于对人体会造成多器官、多指征且不可逆转的危害，近年来已成为公众及食品学业界的关注焦点。金属硫蛋白作为一种由微生物和动植物相互作用后产生的金属结合蛋白，富含半胱氨酸的短肽，其巯基能强烈螯合有毒金属，并将之排出体外，从而实现解毒功能。此外，有研究表明，金属硫蛋白还具有较强修复氧化损伤生理特性，因此在抗癌、抗肿瘤方面作用突出，这为清除重金属等小分子污染物和修复因氧化损伤造成的危害带来了新的希望。我们关注问题的产生，却更期盼更新更有效的解决方法。

　　王颖博士所在的张东杰教授科研团队撰写的这本专著，较为系统地介绍了近年来金属硫蛋白及其相关重金属解毒机制的基础理论和研究进展。尤其难能可贵的是，该专著以相当的篇幅介绍了王颖博士所在的科研团队多年的研究工作，特别是他们主持和承担的国家"十五"食品安全重大科技专项、黑龙江省人事厅新世纪人才项目、黑龙江省科技成果转化重点项目、黑龙江省农垦总局"十二五"重点科技计划项目、黑龙江省博士后基金和黑龙江八一农垦大学的博士后基金等项的相关课题的学术成就。他们的研究工作围绕金属硫蛋白的诱导、发酵、提取、分离、纯化、验证等各个方面，并取得了一些具有独到见解的研究结果，在金属硫蛋白及其铅的排解机制研究领域做了新的探索，为丰富食品安全科技相关的理论和实践做出了十分有益的贡献。

　　"未来如果美好，源于当下的努力"。感谢中国博士后科学基金会对该书的资助，使金属硫蛋白研究领域的各个方面的工作得以系统地梳理和总结，这对了解金属硫蛋白的相关科学知识和后续的研究工作都有着十分重要的意义。我深信，众多致力于食品安全领域的耕耘者的每一滴汗水每一分努力都预示着食品产业必将会有更为美好的未来！

罗云波

中国农业大学食品科学与营养工程学院

2015 年 12 月 29 日　于北京

前　言

重金属污染是指由密度在 5 g/cm³ 以上的金属或其化合物造成的环境污染，主要由采矿、废气排放、污水灌溉和使用重金属制品等人为因素所致。2011 年 4 月初，中国首个"十二五"专项规划——"重金属污染综合防治'十二五'规划"获得国务院正式批复，防治规划力求控制汞、铬、镉、铅和类金属砷 5 种重金属。而且，重金属的污染及其危害程度取决于重金属在环境、食品和生物体内存在的浓度和化学形态，主要表现在水污染和一部分大气和固体废物中。

重金属在食品中的限量得到国际和国内标准的严格限制，如婴幼儿乳制品对铝的限量规定严格控制在 0.15 mg/kg 以下。重金属中毒主要表现为影响红细胞的功能和寿命、导致心脏植物神经紊乱、对形成长期记忆中起关键作用的蛋白合成及脑神经细胞造成损伤、损害肾小管功能等。目前对重金属毒副作用、危害机制和改善办法的研究日益迫切，尤其在治疗和预防方面成为研究热点。治疗的手段主要有临床性治疗和保健预防性治疗两大类。平行比较可发现，临床治疗促排重金属物质的品种相对较单一，治疗药物还是以巯基类竞争解毒剂和氨羧金属螯合剂为主，其注射和口服的治疗方式主要针对于临床治疗重金属中毒，这些药物在排除体液和组织细胞中的重金属离子时出现选择性不强、肝肾毒副作用和给药不方便等特点。作为保健预防治疗的药物还有单纯的中药方剂和天然营养保健饮品等，相对而言作用缓慢，周期长，停药后复发率高。开发和利用天然食药源物质，对于体内蓄积一定量重金属而未达到中毒临床治疗标准的人群更具现实的意义。

本书的研究成果得益于张东杰教授课题组主持研究的"十五"国家重大科技专项、"十一五"国家科技支撑计划重点项目课题、"十二五"农村领域国家科技计划项目、国家自然科学基金青年基金项目、黑龙江省自然基金、黑龙江省教育厅新世纪优秀人才项目和黑龙江八一农垦大学博士后基金项目等强力支撑，并在累积了十五年的科研成果和教学成果的基础上，参考了相关国内外文献资料，在张东杰教授指导下由王颖博士在博士后工作期间总结而成。主要内容包括金属硫蛋白基本理论知识，酵母源金属硫蛋白从分离提取、纯化到抗氧化活性以及对重金属铅的协同促排的规律，以及酵母源金属硫蛋白通过抗氧化途径在重金属驱除方面的基础研究。

本书内容共分为两篇，共 9 章，由黑龙江八一农垦大学王颖、张桂芳和张东杰合著而成。本书的出版还得益于著者所在科研团队里所有师生的辛苦付出和坚持不懈，特别是参与试验过程的食品学院的张爱武和姚笛老师，校医院检验科任晚霞医师，生命科学技术学院的韩英浩、肖翠红和黄玉兰老师等，以及张东杰教授团队的研究生苗兰兰、李靖元、李冰、徐炳政、王月、梁小月、王欣卉和陈纯琦等与生命科学技术学院的研究生何超、刘军、于佳斌、于楠楠等。另外在本书整理与校对过程中，沈琰、杨义杰、赵雅楠、陈羽红、王欣卉和马楠等研究生付出了辛勤的努力和贡献，在此表示衷心感谢！

　　由于著者的学术视野不够宽阔，研究的方法和条件尚有局限，书中定有诸多浅显、片面，甚至错误的观点和结论，愿各位同仁和读者在阅读本书的过程中给予更多的指导和宝贵的建议。我们衷心希望这部专著可以为食品安全领域的大专院校师生，保健品行业的加工技术人员，以及农产品深加工和提高行业产品附加值等领域的科技同仁提供参考。

　　最后，再次感谢在本书出版过程中给予我们无私帮助和支持的人们！

著　者

黑龙江八一农垦大学

2016 年 1 月 15 日于大庆

目　　录

第一篇　基本理论知识概述

第一篇

基本理论知识概述

第1章 金属硫蛋白概述

1.1 概　　述

1.1.1 金属硫蛋白定义

金属硫蛋白（metallothionein，MT）是一类低分子质量、富含半胱氨酸的一类胞内蛋白质的总称，其结构中常伴随大量金属离子的存在。最早被美国学者Margoshes 与 Vallee 在蓄积镉的马肾细胞中发现[1]，该种动物源性金属硫蛋白中镉含量为 2.9%，锌含量为 0.6%，硫含量为 4.0%。随着科学研究的不断深入以及后期结构和功能的开发，该类结合金属离子的蛋白质统称为金属硫蛋白。医学上通常将金属硫蛋白归为一类富含半胱氨酰残基的小分子蛋白质，在二价离子的状态下存在（如锌、汞、镉及铜等），该类蛋白质能够紧密结合这些金属离子，在体内具有离子转运和解毒的重要作用，蛋白质脱辅基后为硫蛋白。

1985 年，国际金属硫蛋白命名委员会详细定义了金属硫蛋白并作出解释[2]，可归结为以下几点：① 低分子质量，6000～7000Da；② 高金属离子含量，一般结合 7 个金属离子；③ 特征氨基酸组成，平均含有 61 个氨基酸，其中有 21 个半胱氨酸，不含芳香族氨基酸和组氨酸；④ 独特的氨基酸序列结构，半胱氨酸的分布为 Cys-X-Cys。随着蛋白分离提纯技术的提升，多种新型金属硫蛋白的结构和功能也逐渐被重视。

1.1.2 金属硫蛋白的分类及结构

1. 金属硫蛋白的分类

金属硫蛋白命名系统首次采用是在 1978 年，至 1985 年这一系统得到了扩展，将所有的金属硫蛋白进行了细致的分类[3]。按习惯将哺乳动物肝、肾组织中重金属诱导产生的典型金属硫蛋白，简称 MT；将植物中发现的植物重金属螯合肽，简称 PC；由于真核微生物中分离的金属硫蛋白基本结构、特性、功能与哺乳动物金属硫蛋白类似，称为类金属硫蛋白，简称类 MT[4, 5]。但是，随着越来越多的金属硫蛋白序列的获得，目前关于金属硫蛋白的分类方法有多种，现介绍几种较为大家接受的分类方法。

（1）根据序列相似性和分子系统树建立的分类系统分类

金属硫蛋白由于其自身的多态性，导致分类比较复杂，所以金属硫蛋白家族实际上为一个超级家族。根据序列相似性和分子系统树建立新的分类系统，这一系统将金属硫蛋白家族分为科（family）、亚科（subfamily）、亚群（subgroup）、亚型（isoform）或等位基因型（allele）[6, 7]。

（2）根据来源不同分类

金属硫蛋白普遍存在于动物、植物、微生物和真菌中，目前根据蛋白序列已经发现有近 200 种金属硫蛋白，主要包括 81 种脊椎动物金属硫蛋白、31 种无脊椎动物金属硫蛋白、12 种微生物金属硫蛋白和 45 种植物金属硫蛋白。今后还会有更多的金属硫蛋白被研究者发现[8, 9]。

由于金属硫蛋白来源复杂，形式多样，Binz 和 Kagi [10]建立了更复杂的分类方法，他们将来源不同的金属硫蛋白分为 15 个家族，包括：脊椎动物家族、软体动物家族、甲壳纲动物家族、棘皮类家族、（昆虫）双翅目家族、线虫类家族、纤毛虫类家族、真菌-Ⅰ家族、真菌-Ⅱ家族、真菌-Ⅲ家族、菌-Ⅳ家族、真菌-Ⅴ家族、真菌-Ⅵ家族、原核生物界家族及植物家族，每个家族下面分有亚族、亚群及同型体。同一家族的金属硫蛋白共同拥有特有的序列特征，并在进化上相互关联。每个金属硫蛋白家族又分为若干亚家族。如脊椎动物家族共分为 11 个亚家族。植物金属硫蛋白被分在第 15 家族，下面包括 p1、p2、p2v、p3、pec、p21 六个亚家族。

（3）根据 Cys 残基的位置及排列方式分类

根据植物金属硫蛋白中半胱氨酸（Cys）残基的位置及排列方式不同，可将植物金属硫蛋白分为三类。

Ⅰ类金属硫蛋白的 Cys 按 CC，CXC，CXXC 的方式排列，两个富含 Cys 的结构域被一个不含 Cys 的中间区分开[11]，Cys 集中分布在肽链的 N 端和 C 端，不含有芳香族氨基酸和疏水性氨基酸，是目前发现最多的一类金属硫蛋白。Ⅱ类金属硫蛋白的 Cys 散布在整个肽链中，目前发现的有小麦 Ec 和面包小麦 EcMT，均由 81 个氨基酸组成，含有 17 个 Cys，其 14 个 Cys 按 CXC 的形式排列，Cys 分布在整个氨基酸序列中[12]。Ⅲ类金属硫蛋白不是基因编码产物，是以谷胱甘肽为底物，酶促合成的长度不同的肽链构成的多聚物，富含 Cys，又称为植物螯合剂，简称 PC。由 Grill 等于 1985 年首次在植物细胞中分离得到，现已在多种真菌、苔藓和植物种子中发现了 PC[13]。

（4）根据等电点和氨基酸组成分类

动物金属硫蛋白根据等电点和氨基酸组成的不同可分为四种亚型，包括 MT-Ⅰ、MT-Ⅱ、MT-Ⅲ和 MT-Ⅳ，其他来源金属硫蛋白的分类参考哺乳动物金属硫蛋白序列，其中 MT-Ⅲ为非基因编码肽[14~17]。

MT-Ⅰ与 MT-Ⅱ作为金属硫蛋白研究最多的主要亚型，几乎存在于哺乳动物机体各脏器组织及部分微生物中，尤其是在内脏组织（肝、肾）中含量居高，多因暴露于重金属离子，如汞、镉、铜、锌、细胞因子和活性氧等诱导而高度表达，表达定位也多在角质细胞中[18-21]。MT-Ⅰ与 MT-Ⅱ主要结合铜、锌两种金属离子，在调节体内金属离子平衡、细胞转录过程、机体重金属解毒及提高机体免疫力等方面具有重要作用。MT-Ⅲ作为生长抑制因子，与其他三类形式比较，对铜离子的结合能力较强，它在组织和脑细胞的程序性死亡过程中起重要作用。同时此亚型在植物源性金属硫蛋白中存在最为广泛，又被称为植物螯合肽（phytochelatin，PC），目前已在多种真菌、苔藓及种子植物中发现此类金属硫蛋白[22]。MT-Ⅲ一般只在植物及哺乳动物脑组织和中枢神经系统中表达，在小肠、胰腺和雄性生殖细胞中也有少量表达，不易被汞、镉、铜、锌、细胞因子和活性氧等诱导表达[23]。MT-Ⅳ主要位于胃肠道、皮肤和上呼吸道表皮细胞中，主要结合锌、铜两种离子，可辅助调节胃酸的 pH，提高舌头对味道和质地的识别，并对皮肤创伤具有一定的保护和修复作用。

2. 金属硫蛋白的结构

（1）平面结构

大量数据表明，大部分金属硫蛋白均是由多个氨基酸残基组成的单条肽链，分子质量为 6000～7000 Da[24, 25]。随着研究的不断深入，人们发现金属硫蛋白的氨基酸序列在进化上是保守的，不同组织来源的金属硫蛋白的氨基酸组成具有高度相似性，大多由 61 个氨基酸残基组成[26]，富含半胱氨酸，通常含量可达 30%，哺乳动物类金属硫蛋白约为 20%，不含或含有极少量的组氨酸、苯丙氨酸、酪氨酸和色氨酸，且 20 个半胱氨酸巯基均处于还原状态[8]，不同生物特征的比较见表 1-1。因此，天然的金属硫蛋白分子没有自由的巯基存在。在金属硫蛋白中，半胱氨酸按照不同的结合顺序赋予了金属硫蛋白不同的一级结构，主要结合类型有 Cys-X-Cys，Cys-X-Cys-Cys 和 Cys-X-X-Cys，其中 X 表示非半胱氨酸[27]。金属硫蛋白以这些结构单元为基础，形成金属硫醇簇，赋予了金属硫蛋白特有的生物学功能，部分金属硫蛋白亚型氨基酸排列顺序见表 1-2。

表 1-1　不同生物的金属硫蛋白特征的比较

种类	氨基酸个数	半胱氨酸个数	芳香族氨基酸	组氨酸	等电点（pI）	结合金属离子数（Zn^{2+}）
哺乳类	60～62	20（33%）	无	无	3.9～4.6	7
鱼类	60～61	20（33%）	无	无	3.5～6.5	7
甲壳类	58～59	18（31%）	无	—	—	6
贝类	75～145	21，40（28%）	少量	无	7.1～8.2	7
藻类	56～58	10（18%）	有	—	—	4
植物	45～85	8～15（18%）	有	—	4.5～4.7	—

注："—"表示未查到相关文献

表 1-2　金属硫蛋白亚型氨基酸排列顺序

亚型	氨基酸排列
MT-Ⅰ	C-S-C-X-[APT]-[DGSV]-X-[ST]-C-[AST]-C-[AST]-X-[ST]-[CS]-X-[CS]-X（3）-[KR]-X-[APST]-S-C-K-X-[CNS]-C-C-[AS]-C-C-P-X-[DGS]-C-[AST]-[KR]-C-A-X-G-C-X-C-K-[EG]-[ASTV]
MT-Ⅱ	S-C-[AST]-C-[APS]-[GNS]-[AS]-C-X-C-K-[ADEQ]-C-[KR]-C-[AT]-[ST]-C-K-K-S-C-C-S-C-C-P-[APV]-G-C-[AT]-[KR]-C-[AS]-Q-G-C-[IV]-C-K-[EG]-A-X-[DE]-K-[CG]-[NS]-C-C-A
MT-Ⅲ	D-P-E-[APST]-C-P-C-P-[AST]-G-G-S-C-T-C-[ADES]-[DG]-X-C-K-C-X-G-C-X-C-[AT]-[ADNS]-[CS]-K-X-S-C-C-S-C-C-P-A-[DEG]-C-X-K-C-[AT]-K-D-C-V-C
MT-Ⅳ	C-[STV]-C-[LM]-S-[EG]-G-X-CX-C-G-D-N-C-K-C-T-[NST]-C-[NS]-C-X（4）-K-S-C-C-[AP]-C-CP-P-G-C-A-K-C-A-[QR]-G-C-[IV]-C-K-X-[AGV]-[AS]

（2）空间结构

金属硫蛋白结构中含有丰富的巯基，与金属结合形成金属硫簇[28]，是金属硫蛋白发挥其各项生物学功能的主要功能位点和活性结合区域。经过 2D-NMR 和 X 射线晶体衍射实验测定发现，经典金属硫蛋白分子蛋白三级结构呈"哑铃"状，见图 1-1[29]，不含 α 螺旋和 β 折叠，形成两个大小相当（直径 1.5～2 nm）的结构域（α-domain 和 β-domain）[30]，两者由中心的硫醇连接。其中 α 结构域通常结合 4 个金属离子（锌、镉），β 结构域结合 3 个金属离子，特别是这两个结构域常能相互影响，二者具有不同的结合金属元素的能力，C 端 α 结构域包含 11 个半胱氨酸残基（Cys），可结合 4～6 个二价金属离子；N 端 β 结构域包含 9 个 Cys，可结合 3～6 个二价金属离子。金属硫蛋白的两个结构域对不同金属的亲和性不同，并且在结合金属的过程中存在结构域水平的协同效应[31, 32]。α 结构域优先结合 Cd^{2+}，β 结构域优先结合 Cu^{2+} 或 Zn^{2+}[33]。20 个 Cys 能够结合 7 个 Zn^{2+} 或 Cd^{2+}，或多达 12 个 Cu^{2+}，鉴于其高效的金属结合能力，金属硫蛋白被认为在体内必需金属的平衡代谢和重金属解毒方面具有重要作用[34]。同时据文献报道，在低等动物如甲壳类的蟹中，金属硫蛋白仅具有两个 β 结构域[35]，而 α 结构域则出现于较高等的生物中。通过对金属硫蛋白空间结构的研究，发现天然金属硫蛋白分子不含二硫键，也不存在游离的巯基。经典金属硫蛋白结合二价离子后使金属硫蛋白分子呈现出独特的金属硫四面体络合结构，这种络合构象异常坚固，故其有很强的耐热性和抗蛋白酶解的能力[36]。apo-MT 高级结构为无序的结构，但当它一旦结合金属离子后就会折叠成有序的结构。

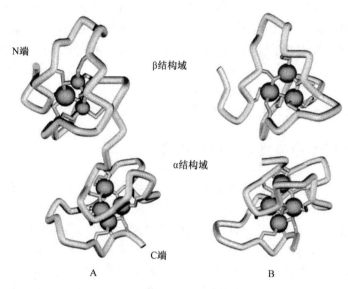

图 1-1　金属硫蛋白"哑铃"形空间结构

金属硫蛋白空间结构虽整体呈"哑铃"形，但其肽链的螺旋状态还因金属硫蛋白亚型、来源及所携金属离子不同而迥异。目前对于动物及植物源 MT-Ⅰ、MT-Ⅱ及 MT-Ⅲ三类金属硫蛋白结构的研究较为清晰，部分金属硫蛋白三维分子结构模型如图 1-2 所示。

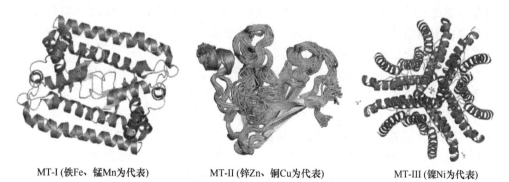

MT-I (铁Fe、锰Mn为代表)　　MT-II (锌Zn、铜Cu为代表)　　MT-III (镍Ni为代表)

图 1-2　金属硫蛋白三维分子结构模型

1.2 金属硫蛋白的生物学功能

在过去的传统研究发展中，金属硫蛋白的研究方向主要集中于动物源性提纯、结构测定及部分肿瘤标记物[37~42]等方面。伴随着对其研究和应用范围的拓展以及大量新型蛋白提纯技术在金属硫蛋白生产推广等方面的应用，多渠道来源的金属硫蛋白原料使得其生物学功能的深入研究辅助提升。金属硫蛋白结构复杂，亚型种类多，空间结构复杂，加之结构中富含的巯基，赋予了金属硫蛋白多种多样的生物学功能[43]。大量实验结果表明，金属硫蛋白具有显著的清除自由基、抗肿瘤、重金属解毒、抗辐射及人类疾病治疗等多种活性生理功能[44~47]。

1.2.1 金属硫蛋白与重金属解毒作用

目前对动物源性及植物源性金属硫蛋白生物学功能的研究主要集中在重金属解毒方面[48]。金属硫蛋白是富含半胱氨酸的金属结合蛋白，其巯基（—SH）能强烈螯合有毒金属，并将之排出体外，从而实现解毒功能。金属硫蛋白的重金属解毒功能主要为结合体内非必需金属离子或重金属离子，平衡及稳定细胞体内各金属离子水平，以达到重金属解毒作用[45]。当重金属离子进入机体后，能够作为配体离子刺激机体金属硫蛋白水平的升高，而其结构中丰富的半胱氨酸残基等基团可大量整合捕获或选择性结合重合的离子，进而降低机体中的重金属离子的含量。金属硫蛋白对金属离子亲和力大小顺序是 $Hg^{2+}>Bi^{3+}>Ag^+>Cu^{2+}>Cd^{2+}>Pb^{2+}>Zn^{2+}>Co^{2+}>Fe^{2+}$。金属硫蛋白螯合铅的强度比锌大 200 倍，而螯合镉的强度又比铅大 10 倍，并能将之排出体外，解除重金属的毒性，能保护大脑、肝肾等重要器官，同时对体内的锌等微量元素无影响。金属硫蛋白是目前临床上最为理想的生物螯合解毒剂[49]。小剂量 Zn、Cu、Hg 或 Cd 诱导金属硫蛋白的合成后，可降低高剂量镉中毒导致的死亡率[50]。金属硫蛋白过量表达的转基因鼠对镉引起的死亡率明显下降，而金属硫蛋白基因敲除后则得出相反的结果[51]。

Klaassen 等[52]研究认为，镉（Cd）离子进入微生物或哺乳动物体内后，能够刺激细胞金属硫蛋白基因的表达，从而降低体内游离 Cd 离子水平，而通过外部给予金属硫蛋白后，金属硫蛋白对 Cd 离子引起的氧化应激具有一定的拮抗作用。李华[53]将锦鲤鱼暴露于含 Pb 与 Cd 的溶液中一定时间后发现，锦鲤鱼肝脏、肾脏、肌肉、腮丝和血液中均有一定程度的 Pb 与 Cd 积累，且积累程度为 Pb>Cd，之后检测锦鲤鱼各组织中均表达出一定量的 Pb-金属硫蛋白、Cd-金属硫蛋白，Pb 与 Cd 相应减少。在探究重金属与金属硫蛋白关系的同时，开发出一种重金属诱导锦鲤鱼生产金属硫蛋白工艺。还有研究用重金属喂养动物时，可在肝内诱导形成更多的金属硫蛋白并与金属结合，使金属暂时失去毒性作用，从而发挥暂时性或永久性的解毒作用[3]。邹学敏等[54]以金属硫蛋白处理铬中毒小鼠发现，金属硫蛋白能够调节小鼠肝组织 SOD 活性和 MDA 含量，使之趋于常态，具有保护机体免受重金属毒害与修复已受重金属毒害组织的双重功效。王黎[55]从植物鹰嘴豆中纯化出金属硫蛋白，并使其作用于铅染毒海马神经元细胞，研究表明，一定剂量范围内金属硫蛋白能够显著降低铅毒细胞内的铅含量，并且提高铅毒损伤细胞的存活率。耿梦娇[56]通过实验得出蚯蚓金属硫蛋白诱导量与土壤中重金属的浓度对数呈正相关性，且符合洛伦兹拟合模型，表明蚯蚓金属硫蛋白可以作为重金属（Zn、Cu、Pb、Cd、Sb）污染土壤的生物标志物。

1.2.2　金属硫蛋白与自由基清除

正常生理条件下，体内可产生少量的氧自由基，约占机体总耗氧量的 5%，这些自由基可迅速被体内存在的自由基清除剂清除。疾病条件下，氧自由基蓄积，致使发生脂质过氧化，引起细胞功能改变。已知的内源性自由基清除剂主要包括超氧化物歧化酶（SOD）、谷胱甘肽、金属硫蛋白等。SOD 主要清除超氧阴离子自由基$\cdot O_2^-$，但金属硫蛋白可同时清除$\cdot O_2^-$和羟自由基（$\cdot OH$）[57]。金属硫蛋白清除自由基的作用机制：①因为金属硫蛋白含有大量半胱氨酸残基，半胱氨酸含有巯基（—SH）能发生以下反应：$OH^- + SH = H_2O + S^{2-}$，最终使羟自由基（$\cdot OH$）归于水排出体外。②金属硫蛋白释放的 Zn^{2+} 及膜吸收的 Zn^{2+} 能参与抑制脂质过氧化反应。③金属硫蛋白螯合 Fe^{2+} 使其变成无活性形式，从而减少 H_2O_2 转换成羟自由基（$\cdot OH$）。金属硫蛋白是目前公认的体内清除自由基及抗氧化作用最强的天然物质，其清除羟自由基（$\cdot OH$）的能力约为超氧化物歧化酶（SOD）的 100 倍，而清除氧自由基（$\cdot O_2^-$）的能力约是谷胱甘肽（GSH）的 25 倍。因其在天然形式下，金属硫蛋白中的巯基多以还原状态存在，功能结构中的金属离子又具有动力学不稳定性，加之巯基的亲核性，从而使金属硫蛋白易与亲电性物质特别是某些自由基相互作用[58]。对细胞膜、线粒体、遗传物质（DNA）、脂肪和碳水化合物等具有强损伤作用[59]。金属硫蛋白作为一种有效的自由基捕获剂，能和抗氧化酶系协同完成抗氧化损伤修复作用，并及时清除体内各种原因引起的自由基堆积而造成的氧化损伤病症，同时其清除自由基能力大小与亚型和结合重金属离子种类相关[60]。不同亚型的金属硫蛋白清除自由基的能力不同，Zn-金属硫蛋白比 Cd-金属硫蛋白的清除能力更强[19]。例如，岳新萍等[61]利用兔肝提纯出 Zn-金属硫蛋白与 Cd-金属硫蛋白后，平行比较了两类金属硫蛋白对羟自由基的清除能力。实验表明：在接近生理 pH 条件下，Zn-金属硫蛋白对羟自由基的清除能力远远超过 Cd-金属硫蛋白，其中金属硫蛋白清除羟自由基能力主要来源于其结构中的还原态巯基[60]。Kumari

等[62]证明，大鼠海马金属硫蛋白异构体 I 和 II 能有效清除 Fenton 反应产生的 DPPH 自由基和次黄嘌呤及黄嘌呤氧化酶系统产生的羟自由基的和超氧阴离子自由基。此外，金属硫蛋白-I 亚型的肝细胞脂质过氧化的保护作用由丙二醛含量的约束来确定。研究结果表明，虽然金属硫蛋白的两种异构体都能够清除自由基，但其相比较而言，金属硫蛋白-I 在超氧阴离子和 DPPH 自由基的清除方面作用更强。

1.2.3　金属硫蛋白与肿瘤标识

　　最早的研究就是从国内外肿瘤标识物开始的，金属硫蛋白与肿瘤之间的关系主要分为金属硫蛋白的促癌及抑癌两方面[63]。目前国内外学者对金属硫蛋白促癌机制认知较统一，即金属硫蛋白能够通过调节锌转移过程抑制 P53 凋亡途径，从而抑制细胞凋亡[64]。而在含金属药物抑癌方面较具争议，含金属成分抑癌药物进入人体后，由于癌细胞内金属硫蛋白水平低于正常细胞，药物中游离金属离子会向癌细胞聚集，从而实现靶向杀死癌细胞。现阶段积累的研究也证实，不同类型肿瘤中金属硫蛋白表达水平不同，而且金属硫蛋白对肿瘤细胞 DNA 各表达因子的条件作用不同[65]，金属硫蛋白与肿瘤的复杂关系仍待深入研究。

　　应用免疫组化的方法，在大多数哺乳动物组织中都可以检测出基础水平的金属硫蛋白，其主要存在于胞浆。在某些增殖迅速的组织细胞，如甲状腺肿瘤、睾丸肿瘤、膀胱癌、乳腺癌、黑色素瘤、骨肉瘤中都发现金属硫蛋白呈高水平表达，其不仅存在于胞浆，而且在胞核中亦有表达。目前认为，这主要是肿瘤细胞内转录调节失控所致。人类金属硫蛋白基因位于 16 号染色体上，其基因的 5′启动区至少存在两个调控片段，即金属反应元件和糖皮质激素反应元件。Haras 癌基因在控制金属硫蛋白合成中发挥着重要作用。在某些肿瘤中 Haras 癌基因处于激活状态，从而作用于金属硫蛋白基因启动区的调控片段，导致了金属硫蛋白表达的增加[66]。

　　在正常的细胞中，金属硫蛋白的表达量与细胞内微量元素的含量、重金属的解毒量、自由基的清除量都有关。研究发现，肝脏中微量元素的变化、Ki-67 和金属硫蛋白的表达量都能作为癌症产生的先导标记物，金属硫蛋白和 Ki-67 蛋白质的过量表达也与致癌过程有关。与此同时，金属硫蛋白还能作为浸润性导管癌、皮肤癌、乳腺癌的检测标记物[67]。

1.2.4　金属硫蛋白与辐射修复

　　科学技术的发展给人类生活带来便捷的同时，辐射损伤的威胁也日益明显。大量资料证实，金属硫蛋白具有较强的抗辐射功能，能够有效对抗电离辐射与电磁辐射，是目前公认的强抗辐射物质之一[68]。金属硫蛋白含有丰富的细胞组织结构，可保护细胞组织免于电离辐射或紫外线引起的损伤，并能快速修复受损的机体组织，对细胞起到保护作用。日本医科大学教授经过研究发现，金属硫蛋白在皮肤上受到紫外线辐射时会引发人体皮肤内成纤维细胞分泌细胞间蛋白质合成诱导因子（EPIF），该因子可以保护细胞免受辐射损伤。李汉臣等[44]研究表明，转金属硫蛋白基因平菇可改善辐射对小鼠血小板和脾脏的损伤。Nishimura 等[69]发现锌能诱导眼皮质纤维细胞及晶体上皮细胞合成金属硫蛋白，起到抗辐射的保护效果，从而防止小鼠因辐射引起的眼白内障。文镜等[70]探讨了金属硫蛋白对辐照后小鼠健康的影响。结果表明，辐照能够刺激内源性金属硫蛋白的生成，同时外源性金属硫蛋白能够有效抑制辐照引起的小鼠白细胞和淋巴细胞导致自由基损伤，提高小鼠在辐照下的生存率，从而体现抗辐射作用。王建龙[71]认为金属硫蛋白抗辐射主要作用位点来源于其巯基，其结构一方面能够清除体内自由基，免受自由基对机体的损伤，同时金属硫蛋白中的半胱氨酸也会体现类似作用。另一方面，细胞内能够诱导金属硫蛋白生成的细胞因子也能够直接发挥保护作用。丛建波[72]利用2-硝基丁烷二聚体捕捉辐射胸腺嘧啶核苷酸产生的自由基为模型，探讨了金属硫蛋白抗辐射作用及对 DNA 损伤的保护作用。结果表明，金属硫蛋白能够有效抑制辐射引发的自由基生成，同时减少自由基对 DNA 碱基的破坏，有力证明了金属硫蛋白显著的抗辐射作用。经研究，金属硫蛋白的抗辐射作用机制与其抗氧化损伤修复机制相似，主要是通过巯基的还原性清除辐射引起的自由基，减少过氧化损伤。但由于辐射类型复杂，由此引起的辐射损伤也不尽相同，金属硫蛋白对不同类型辐射损伤的保护作用仍待进一步深入探索。

1.2.5　金属硫蛋白与微量元素代谢

金属硫蛋白可根据体内微量元素状况，自动释放出金属离子，补充体内所缺元素，调节体内微量元素平衡，增强体质。Bremner 等[73]提出金属硫蛋白参与生物体内 Zn^{2+} 和 Cu^{2+} 的吸收、储存、运输、排泄和体内平衡等多种代谢过程。金属硫蛋白和金属离子在体内有很强的螯合力，这种作用在体内起着缓冲系统的功能。

对于金属硫蛋白与微量元素的研究主要集中在对 Zn^{2+} 和 Cu^{2+} 的研究上。1987年，Bermner 提出金属硫蛋白可能参与生物体内 Zn^{2+} 和 Cu^{2+} 的吸收、储存、运输和体内平衡等多种代谢过程。1992 年，HemPe 和 Cuosins 对金属硫蛋白与 Zn^{2+} 在肠道中的吸收之间的关系进行了研究，结果证明：在肠道中，金属硫蛋白与另一富含巯基的蛋白 CRIP 共同负责结合 Zn^{2+}，从而共同调节 Zn^{2+} 在肠道中的吸收。小肠金属硫蛋白的水平与 Zn^{2+} 的吸收呈明显的反比关系，饮食中富含 Zn^{2+} 时，肠道中金属硫蛋白的浓度升高，Zn^{2+} 与 CRIP 的结合减少，肠道对 Zn^{2+} 的吸收减少。相反，

当膳食中缺 Zn^{2+} 时，肠道中金属硫蛋白浓度降低，CRIP 与 Zn^{2+} 的结合增加从而增加了 Zn^{2+} 的吸收量[74]。金属离子与金属硫蛋白的结合是可逆的，能快速进行交换。当人体中某种重金属离子含量过大时，金属硫蛋白可结合它们，使其浓度趋于正常；若体内这种离子浓度过小时，金属硫蛋白分子又能将其释放出来[75]。Schmidt 等[76]研究表明，去除金属硫蛋白基因的小鼠对锌的吸收能力会降低，说明金属硫蛋白基因消除后能破坏体内锌的平衡。金属硫蛋白对 Zn^{2+} 和 Cu^{2+} 的代谢起着细胞间和细胞内的控制作用，并可与细胞内 Zn^{2+} 依赖性的转录因子、谷胱甘肽及其他含锌的蛋白质相互作用。也有实验证明[30]，金属硫蛋白在 Zn^{2+} 和 Cu^{2+} 的胃肠道吸收以及某些遗传疾病中铜的肝毒性行为中起着特殊的作用。

1.2.6　金属硫蛋白与激素调节

金属硫蛋白能被各种生理性和毒理性刺激所诱导，包括金属、细胞因子、激素、细胞毒性药物、有机化学药物和应激等[77]。应激可使机体脂质过氧化反应增强，继而通过产生自由基造成组织损伤，而金属硫蛋白能被应激诱导合成，因此具有应激保护作用[78]。糖皮质激素、INF 和 IL-1 均能使肝脏中金属硫蛋白合成增加，各种生理、病理以及炎症因子、机体的应激状态均能增加金属硫蛋白 mRNA 的转录，金属硫蛋白含量升高。动物敲除金属硫蛋白基因后，对氧化应激及有毒重金属的敏感性明显提高[79]。刘湘新等[79]研究证实，金属硫蛋白能提高应激猪体内抗氧化酶的活性，从而降低应激造成的细胞损伤作用。另外，金属硫蛋白还可能参与能量平衡的调控作用。Beattie 等[80]发现，敲除金属硫蛋白基因后小鼠显示一定程度的肥胖，寒冷应激则可诱导产热棕色脂肪组织中金属硫蛋白-1 大量表达。Condoh 等[81]报道，饥饿应激状态下，Leptin 有诱导金属硫蛋白合成的作用。此外，金属硫蛋白还有保护神经细胞、调控神经的再生等独特的生物学功能。

1.2.7　金属硫蛋白与人类其他疾病

随着对金属硫蛋白多种生物学功能认识的深入，因其多种生理活性功能，对人类疾病的治疗范围越来越广。关于金属硫蛋白在系统病变方面的应用及研究已有大量报道。治疗应用机制主要还是依靠其特有的巯基，同时部分金属硫蛋白，例如金属硫蛋白-III 等可以作为神经细胞等生长调节因子。例如，李淑莲[82]研究了金属硫蛋白对同型半胱氨酸所致血管内皮细胞脂质过氧化损伤的作用，结果表明，金属硫蛋白能够稳定胞细胞 MDA 水平及 GSH-Px 活性，修复血管内皮细胞损伤，由此推测金属硫蛋白对高同型半胱氨酸血症及其引发的动脉粥样硬化等血管性疾病具有一定的治疗作用。杨勤等[83]采用链脲佐菌素静脉注射诱导构建糖尿病肾病动物模型,观察了模型动物体内肾脏金属硫蛋白-Ⅰ蛋白及其 mRNA 的表达,结果提示,糖尿病肾病大鼠造模成功后,肾脏金属硫蛋白-Ⅰ表达明显增多,体内金属硫蛋白-Ⅰ含量上升,进而分析金属硫蛋白-Ⅰ的表达可能是机体对糖尿病肾病的重要主动防御机制之一。马飞煜等[84]研究了金属硫蛋白-Ⅲ对快速老化痴呆模型小鼠海马组织学变化的影响,并对其影响机制进行了初步分析。结果表明,快速老化痴呆模型小鼠学习记忆能力下降与其海马结构神经元损伤有关,而外源性金属硫蛋白能够减轻神经元损伤,保护神经元,从而改善学习记忆能力。

1.3　金属硫蛋白的应用

金属硫蛋白具有强烈的清除自由基的作用,可作为营养添加剂单独使用或与 GSH、V_C、V_E 等配合使用,实现有效抑制脂质过氧化损伤、保护细胞、降低血液黏度、改善血液循环和提高机体免疫等多种生物学功能。随着近半个世纪对金属硫蛋白的研究,金属硫蛋白在各个领域所发挥的作用已崭露头角,特别是在医疗、化妆品、食品、养殖业及环境保护方面功效显著。

1.3.1　金属硫蛋白在医学上的应用

传统研究认为金属硫蛋白在肝脏中的作用主要是调节锌、铜等必需元素的转移和代谢。但随着研究的深入,大量富集在肝脏中的金属硫蛋白的更多的生理功能显露出来,如充当自由基的消除剂,与肝脏组织的再生密切相关等。尤其是,一些肿瘤组织中金属硫蛋白的含量增加,已在胃癌、甲状腺肿瘤、消化道癌、肺癌、结直肠癌等患者组织中观察到金属硫蛋白的过度产生[85~87]。在肿瘤的预防和治疗中,金属硫蛋白可保护细胞抵抗重金属和烷化剂的致癌、致突变作用,还能用于肿瘤的临床辅助治疗和肿瘤标志物[88, 89]。

1. 临床评价生化指标

血清锌含量是确诊锌缺乏的重要生化指标,在临床实践中使用比较广泛,然而在人体经历创伤、手术后,体内锌会重新分布,故血清锌并不能准确反映总体锌状况,此外,对于一些边缘性缺锌的情况,血清锌的反应不够灵敏,这严重影响其在医学方面的应用价值。然而,测定血清金属硫蛋白浓度用于锌状况评定,是评价锌总体状况的良好指标,它几乎不受创伤及手术后急性反应的影响。

2. 金属硫蛋白的排铅与补锌双重功效

随着我国城市化、工业化和交通业迅猛发展,环境铅污染程度日益加重。铅是一种不可降解的环境污染物，在环境中可长期蓄积，主要通过食物、土壤、水和空气经消化道、呼吸道进入人体。人体铅中毒已引起世界各国学者的关注，因此，铅污染对人体健康影响的研究显得日益重要和迫切。金属硫蛋白的排铅效果较好，且对人体没有副作用，不会使人体产生其他不良反应，此外，金属硫蛋白在排铅的同时能够补充人体生长发育所需的微量元素锌，达到了一举两得的效果，由此可见，金属硫蛋白是一种兼具排铅和补锌双重功效的新型生物制剂[90, 91]。

3. 金属硫蛋白与肿瘤

金属硫蛋白参与肿瘤细胞的分化和增生，目前金属硫蛋白与肿瘤关系的研究主要集中在金属硫蛋白与肿瘤发生、减轻抗肿瘤药物毒副作用以及与肿瘤细胞耐药性等方面。金属硫蛋白是一种自由基清除剂，能强力有效清除体内垃圾——自由基，减少自由基对机体的损伤作用，激发机体免疫功能，增强机体防癌和抗癌作用。金属硫蛋白可减轻肿瘤患者放疗的副作用，例如，金属硫蛋白所含巯基，易与顺铂结合，减轻了顺铂对机体局部组织器官的毒性，同时还可增加肿瘤对顺铂的敏感性。因此，金属硫蛋白对肿瘤患者有辅助治疗作用。关于金属硫蛋白与肿瘤之间相互的关系，研究者证实体内金属硫蛋白水平与癌症之间存在一定的相关性[92]。Somji 等[93]研究证明，膀胱癌细胞内金属硫蛋白也显著性增高。Yamamura 等[94]试验证实，可移植的哺乳动物肿瘤系其金属硫蛋白的表达量是不同的。Joseph 等[95]研究后发现，肺癌患者的金属硫蛋白表达与其他的临床症状和分子标志物有关。人体研究表明，有 70.6%的胆囊癌患者的金属硫蛋白水平增高，而正常胆囊的对照组中，则没有增加的现象。对食道癌组织的研究表明，金属硫蛋白表达的高低，预示着愈后的情况[96]。Bruewer 等[97]试验表明，金属硫蛋白表达的高低，预示着结肠癌愈后情况。Milnerowicz 等[98]也研究了胰腺癌与金属硫蛋白表达的相互关系。Rongxian 等[99]的研究结果显示，金属硫蛋白表达的高低与乳腺癌有一定的关系。Mccluggage 等[100]研究了不同性质（如良性、恶性等）卵巢瘤与金属硫蛋白之间的关系。Sens 等[101]的研究表明，MT-3 的大量表达与育后不良的乳腺有关。Sutoh 等[102] 的研究结果显示，金属硫蛋白表达高低及其他相关活性物质与结肠癌有一定关系，金属硫蛋白表达量越高，越对肿瘤组织有利。由以上研究结果可以看出，金属硫蛋白在预防和治疗癌症中有一定的作用。

4. 金属硫蛋白与动脉硬化

研究表明，动脉粥样硬化的发生与多种因素有关，但氧化应激和氧化低密度脂蛋白（oxidized low density lipoprotein，OX-LDL）的形成是其重要原因。动脉粥样硬化患者体内自身抗氧能力降低，使自由基在体内得不到及时清除，最终造成体内各种病理变化。金属硫蛋白除具有重金属解毒及调节金属代谢平衡外，还具有强大的清除自由基、抑制脂质过氧化作用，是机体重要的内源性应激保护蛋白和抗氧化物质。已有大量实验证明，金属硫蛋白作为一种清除自由基较强的蛋白质，在缺血、缺氧再灌注损伤等病理过程中的高表达都具有细胞保护作用，比超氧化物歧化酶（SOD）强 1000 倍以上，补充外源性金属硫蛋白对预防和治疗冠心病有很好疗效。在日本金属硫蛋白已作为心肌梗死治疗药物获得专利并应用于临床。

5. 金属硫蛋白在皮肤伤口愈合治疗中的作用

许多学者对金属硫蛋白在创面愈合过程中的作用进行了研究，在正常皮肤增生的表皮组织及增生的病损皮肤区域染色，通过增殖性因素刺激皮肤，证实 MT 基 mRNA 表达增加，提示金属硫蛋白涉及表皮角质细胞的增生。实验发现在皮肤伤处早期急性阶段伤口的细胞中 MT 基 mRNA 表达上调，大鼠的外科手术中发现随着局部使用氧化锌、氯化镉、硝酸银后，会出现局部 Zn 浓度的积聚和伤口边缘基质细胞金属硫蛋白的释放；使用氧化锌、硝酸银的大鼠和对照组相比伤口愈合较快，这一点也给临床药物开发提供了潜在的治疗价值。在大鼠脑脊髓炎自身免疫性疾病模型中，使用 Zn-MT 复合物治疗，可以降低促炎性细胞因子 IL-6 和肿瘤坏死因子-α（TNF-α）的合成，显著减少疾病的临床症状[103]。另外，金属硫蛋白和一些细胞因子可以相互作用，共同调节伤口愈合过程，如转化生长因子-β（TGF-β）可阻止金属硫蛋白基因表达和 DNA 合成；色谱学分析 IL-1 诱导金属硫蛋白合成可调整 Zn 的再分布，显著增加皮肤、肝脏、骨髓细胞的 MT-Ⅰ和 MT-Ⅱ的表达。

6. 金属硫蛋白与中枢系统疾病的关系

神经细胞中的某些金属元素的代谢不平衡，会导致某些蛋白质相互作用而使某些蛋白质聚集或失调，最终导致神经退行性疾病。哺乳动物脑中金属硫蛋白主要来源于 CNS 的一些区域，如皮质、海马（CA3 区的神经元）、脑干和脊髓的星形胶质细胞。大脑损伤实验模型包括化学物质（红藻氨酸、6-氨基烟酰胺、*N*-甲基-D-天冬氨酸等）诱导的大脑损伤、物理损伤（冻伤、病灶缺血）中金属硫蛋白的表达会出现上调，近来也有利用组织培养的方法证明金属硫蛋白在神经损伤的星形胶质细胞中表达出现上调，这说明金属硫蛋白在大脑的神经损伤方面起着重要的作用[104]。Penkowa 等[105]证实了金属硫蛋白基因敲除小鼠在皮质冻伤的伤口愈合能力显著下降。通过转基因小鼠实验证明，金属硫蛋白过度表达的小鼠在病灶皮质缺血损伤中显示了迅速的恢复能力。另外，在外周神经系统（peripheral nervous system，PNS）中金属硫蛋白的缺失与神经元退行相关[106]，研究发现，阿尔茨海默病（Alzheimer disease，AD）患者的大脑金属硫蛋白缺失，这可能是这种疾病的发病因素[107]。Hidalgo 等[108]还用大量的实验数据证明了金属硫蛋白的存在或缺失与 CNS 免疫系统细胞状态有关。给予金属硫蛋白可以提高 CNS 的恢复能力，同时也说明了金属硫蛋白不仅可以在细胞内存在并起作用，而且在细胞外同样可以起作用。金属硫蛋白在中枢损伤中的作用机制包括蛋白的 Zn 结合特性，清除自由基的能力及金属硫蛋白能直接减少 CNS 损伤的炎症反应等。MT-Ⅲ能够抑制神经突分枝和培养的皮质神经元细胞的生长，细胞外金属硫蛋白可以保护神经元免受谷氨酸盐（glutamate）和 NO 造成的神经毒性。Javier 等[109]的研究证实，金属硫蛋白基因敲除小鼠在皮质冻伤后神经营养因子如 GAP-43 的表达会明显增加，而 MT-Ⅲ通常情况下抑制这些因子的表达，同时用 MT-Ⅲ治疗大脑皮质损伤可以修复损伤的神经元。

7. 金属硫蛋白与其他疾病

金属硫蛋白是一种强有效的自由基清除剂，其分子质量小，易于人体吸收，可以将体内过剩自由基清除，从而成为预防和治疗由体内自由基损伤引起并发症的重要途径，目前在金属硫蛋白与疾病关系方面的研究逐渐成为热点，主要包括金属硫蛋白在疾病的发生以及治疗方面的作用。人柯萨奇病毒（Coxsackie virus B3，CB3 病毒）感染 BALB/c 小鼠模型用于研究感染是否会影响 Cd 结合蛋白和金属硫蛋白，以及是否会改变肝脏、肾脏、脾脏和大脑中正常生理微量元素的平衡，研究结果显示，在感染早期几个脏器中金属硫蛋白都有增加，并与必需和非必需微量元素的再分布有关，CB3 病毒感染 3 d，肝脏和肾脏的金属硫蛋白增加 5 倍（$p < 0.01$），脾脏金属硫蛋白增加 34%（$p < 0.05$）[110]。另外，金属硫蛋白在心血管疾病中能产生一定的心肌保护作用。金属硫蛋白还与 Menke 卷发病（神经退行性疾病）及 Wilson 遗传性金属代谢性疾病密切相关[111]。

1.3.2　金属硫蛋白与化妆品

金属硫蛋白所具有的独特性质决定了它在美容护肤领域中具有广泛的开发前景。在 SOD 系列美容护肤品基础上，金属硫蛋白大有取代 SOD 作为美容护肤品添加剂的优势，如热稳定性好，分子质量小（约 6000 Da），易被吸收，穿透血脑屏蔽和血肠屏蔽等。其中，金属硫蛋白不仅能清除·O_2^-，且对·OH 也有极强的清除功能，而 SOD 只能清除·O_2^-，不能清除·OH，金属硫蛋白还具有很强的抗辐射作用及修复损伤细胞的功能[112]。目前，金属硫蛋白对皮肤的保护及改善机制主要包括：清除自由基，延缓皮肤衰老；抗辐射，减少并修复辐射对皮肤细胞的损伤；去色斑，溶解色素沉着；加速皮肤炎症康复，修复皮肤受损创面；缓解重金属引起的皮肤过敏等[113]。

1. 抗辐射

阳光及射线对机体和皮肤照射会使机体产生受激反应而产生大量活性基，其中也包括引起皮肤衰老的羟基自由基和超氧自由基，它们在皮肤和机体聚集而造成各种伤害，金属硫蛋白有明显抗辐射功能，既可减少或避免细胞在受辐射后造成损伤，又可加速受损皮肤修复。利用金属硫蛋白可以抗辐射及尽早修复日光性皮炎，迅速消除因日光造成的皮肤敏感，同时也可使因日晒而引起的皮肤色素色斑加深尽早得到修复[67]。

2. 去色斑及防止色素沉着

金属硫蛋白在美容护肤品上的特殊功效源于其在人体内的独特作用，科学研究者对金属硫蛋白在美容护肤上的运用进行了大量的研究，取得了可喜的成就。从皮肤外部补充的活性物质金属硫蛋白被皮肤吸收后，金属硫蛋白对于羟基自由基和超氧自由基均有良好的清除作用，尤其是对羟基自由基清除作用更好，它清除自由基能力是 SOD 的 1000 倍，防止了自由基对细胞的损伤，降低了皮下毛细血管中血液的脂质过氧化水平。同时金属硫蛋白在清除自由基的同时释放微量元素锌等，调节和促进体内代谢，改善皮肤营养供应，从而改善皮肤弹性，延缓皮肤皱纹产生，从本质上达到美容丽肤的作用[47]。金属硫蛋白的发现为解决美容护肤实践中的一些无法较好处理的难题提供了很好的基础，它具有良好的消除自由基作用，起到抗衰老、清除色斑、减轻皱纹等美容作用。

3. 促进创面愈合，避免毒副作用

研究发现，金属硫蛋白能减轻烧伤创面的脂质过氧化物（LPO），提高创面下组织氧消耗，同时金属硫蛋白能调节微量元素的代谢，促进创面愈合。金属硫蛋白对皮肤瘙痒、面部发炎的康复有同样的效果。金属硫蛋白与细胞生长因子有协同作用，细胞生长因子能促进上皮细胞生长，但长期使用含细胞生长因子的化妆品容易导致皮炎，甚至引发皮肤癌，金属硫蛋白可以避免以上化妆品的这种毒副作用。此外，金属硫蛋白还具有解除重金属毒害的作用。金属硫蛋白富含半胱氨酸，半胱氨酸巯基能结合重金属离子，如锌、铜、铅、镉、银、汞、铋等，与金属离子结合是可逆的，能快速进行交换，当身体内某种金属离子含量过高时，金属硫蛋白可以结合它们，使其含量趋于正常，若这种金属离子含量过少，金属硫蛋白又能将其释放出来，起着一种生理调节起作用，使皮肤恢复健康和自然[71]。

1.3.3　金属硫蛋白与保健食品

富含半胱氨酸的金属硫蛋白与人体必需的微量元素结合可使食品具有多种营养保健功能，适用于高血压、脑血栓、动脉硬化、糖尿病等患者的不同需求。伴随着年龄的增长，机体清除自由基、重金属、内毒素等有害物质的能力减弱，同时人体内固有的螯合毒剂含量也降低，所以皮肤和机体等组织表现出了衰老现象，适当补充金属硫蛋白有助于延缓衰老并预防疾病，使中老年人提高生命质量，保持青春和活力，因此金属硫蛋白常被用作日常保健系列产品[114, 115]。金属硫蛋白含有丰富的细胞组织，可以抵抗电离辐射或紫外线引起的细胞组织损伤，修复细胞损伤。

1. 促排铅食品

在金属硫蛋白提纯技术及对其生物学功能认识日益成熟的趋势下，金属硫蛋白在排铅解毒方面的研究越来越趋向于产品化。金属硫蛋白因其良好的排铅解毒效果及安全性不断被应用于促排铅药物、保健食品及化妆品领域。我国虽然对金属硫蛋白的研究起步较晚，且受设备及工艺的限制，将金属硫蛋白生产批量化及产品化较为困难，但目前市场也已经有部分金属硫蛋白产品出现，主要集中于动物源金属硫蛋白在排铅化妆品和药品领域的应用。人体服用锌金属硫蛋白保健制剂后，在体内金属硫蛋白与铅或汞重新结合成稳定的金属硫蛋白，被排出体外，而被置换出来的锌离子又补充人体代谢需要，从而起到保健作用[116]。目前，在促排铅方面的研究主要集中在药物上，在食品方面较少，因此，促排铅食品有很大开发前景。

2. 抗辐射食品

紫外线、X射线与电离辐射产生大量自由基，对大分子造成损害，这是辐射对人体受损的重要原因，所以对抗电离辐射产生的自由基，是防止辐射损伤的重要措施。金属硫蛋白含有丰富的细胞组织，可以抵抗电离辐射或紫外线引起的细胞组织损伤，修复细胞损伤。所以它具有抗辐射能力，适用于开发抗辐射保健食品，用于医院X射线透射操作人员、同位素接触人员，以及放疗、化疗等患者的预防和辅助治疗。

3. 抗衰老食品

在人体新陈代谢的过程中，呼吸着的细胞不断地产生自由基，自由基对细胞有毒害作用，是引起衰老的主要原因[117]。人体内有一套氧化系统，金属硫蛋白就是其中的一种。金属硫蛋白清除自由基的能力非常强，金属硫蛋白可清除体内自由基并且增强机体内抗氧化酶活性，预防疾病，延缓衰老使机体保持青春活力。

1.3.4　金属硫蛋白与养殖业

随着动物生产集约化进程的加速和加强，人们为动物生产所创造的环境和对动物一些主要经济性状施加了强大的压力，都对动物产生巨大的影响。经济动物在驯化过程中，应激反应一般比家畜家禽更明显。应激可使机体脂质过氧化反应增强，继而通过产生自由基造成组织损伤、生物体病变、生产力下降，甚至死亡。由于自由基的氧化作用，肌肉中细胞膜及亚细胞膜被氧化损伤，肌肉中的肌红蛋白被氧化成次肌红蛋白，同时膜被破坏，细胞内液体渗出，动物屠体的颜色由红色变为褐色，降低鲜肉产品质量，降低口感，氧化产物的积累还会导致产生异味[118, 119]。金属硫蛋白通过清除自由基，可增强抗氧化酶的活性，阻断脂质过氧化链式反应，减少膜脂质过氧化损伤，减少 DNA 损伤，因而将金属硫蛋白应用于动物，完全有可能达到提高生长速度，减少疾病发生，减缓鲜肉氧化速度，延长动物利用年限，提高经济效益的目的。迄今国内外对畜禽及经济动物金属硫蛋白的研究很少。这与多种因素有关：①金属硫蛋白的价格较贵；②金属硫蛋白的生产量还很有限；③金属硫蛋白在畜禽和经济动物体内的代谢规律、代谢途径和生理作用的研究还不够深入。但以试验动物为对象对金属硫蛋白的作用及其作用机制进行了大量的研究，尤其是有关金属硫蛋白在各种应激因子作用下所表现出的抗氧化、抗应激和增强机体免疫力的作用研究报道较多。这些研究为金属硫蛋白在养殖业中的研究和应用提供了一定理论依据，展示了广阔的前景。对金属硫蛋白在经济动物和畜禽的系统研究，将有益于解决平衡家畜的新陈代谢、增强家畜免疫力和抗应激能力、提高家畜的健康水平和生产性能、改善畜产品的质量等重大问题，从而促进养殖业的可持续发展。

1.3.5　金属硫蛋白在环境保护方面的应用

由于金属硫蛋白的表达受重金属及其他胁迫因子的影响，其表达量的高低与外部环境之间存在着一定的关系。金属硫蛋白基因的表达可作为生物体损伤与防御相关的效应标志物，也是评价重金属污染状况的一种关键性生物标志物[120~123]。在自然环境中，土壤或水体中的重金属含量一般比较低，且存在时间比较长，是一个慢性的暴露过程，当环境发生变化时，金属硫蛋白的表达也会发生变化，从而可以根据金属硫蛋白的表达情况，来判断环境受污染情况[124]。张艳强等[125]通过分析浑河野生鲫鱼体内重金属的残留水平以及肝和鳃组织中金属硫蛋白基因表达，对浑河流域内的重金属污染状况进行了初步评价。贝类的金属硫蛋白含量测定也是监控水质重金属污染的可靠指标，此类研究具有继续深入的强可行性。此外，金属硫蛋白还参与了林木的植物修复，达到清除土壤重金属污染的目的，这不仅为环境保护提供了新技术和新思路，更具有广阔的经济前景。

1.4　金属硫蛋白的提纯和检测

1.4.1　金属硫蛋白的提纯方法

1. 金属硫蛋白的提取来源

自 1957 年,美国学者 Margoshoes 首次从动物(肾)上皮细胞分离提取出结合金属离子(Zn,Cd)蛋白后,经过半个世纪的深入,大量不同结构、结合不同金属离子的金属硫蛋白被发现存在于哺乳动物、鱼类、植物、原核生物以及真核生物中,其中动物中金属硫蛋白的研究较多,动物源性金属硫蛋白种类及相关结构的研究日益丰富,但是关于鸟类中金属硫蛋白的研究较少[126]。

在哺乳动物中,金属硫蛋白被认为是参与金属离子螯合及抑制氧的主要物质[127]。当机体受外来重金属侵染或体内活性氧增加时,金属硫蛋白的含量会随之上升。其中,MT-I、MT-II 几乎能在机体内所有组织细胞内表达[128],并优先表达在星形细胞和活化的小胶质细胞/巨噬细胞中;MT-III 大量地分布在人脑的星形胶质细胞中;关于 MT-IV 的研究较少,目前仅有很少的研究从皮肤细胞或分层组织中发现少量金属硫蛋白。

Jin 等[129]以氯化铬长期饲喂大鼠,研究表明氯化铬处理后能够明显增加大鼠肾皮质细胞金属硫蛋白的表达。实验证实,金属离子能够有效刺激哺乳动物体内金属硫蛋白含量的增加。随着金属硫蛋白研究的深入,大量研究证实了金属硫蛋白在真核生物中的存在。Huckle[130]从聚球藻中分离出金属硫蛋白,并通过聚合酶链反应分析出金属硫蛋白编码基因,研究表明此段基因为 SMTA,实验同时对聚球藻产金属硫蛋白结构进行了推断。目前,在植物源性金属硫蛋白的开发和应用方面突显出优势。金属硫蛋白高巯基成分赋予了其氧化损伤修复功能,但也同时导致其极易被空气氧化,因此提纯困难较多。

植物源性金属硫蛋白最早由 Casterlin 于 1977 年从大豆根组织中发现[41]。目前,苹果、棉花、黄瓜、香蕉、梨、部分中草药植物等皆有发现,但是只有小麦 Ec 蛋白和拟南芥的金属硫蛋白能够被纯化[131]。

由于金属硫蛋白家族庞大,结构及来源复杂,我国金属硫蛋白的产业化生产目前仍处于探索阶段。金属硫蛋白的产业化制备目前主要集中在以重金属离子诱导哺乳动物(兔),使其产生应激反应,在肝脏中大量表达金属硫蛋白的诸多平行研究中。也有部分研究使用猪肝代替兔肝[132],极大地降低了成本,为金属硫蛋白的批量生产提供了新思路。国内学者在国家 863、"火炬"等计划的支持下,展开了大量的金属硫蛋白生产及应用研究。国内学者茹炳根教授[133, 134]领导的金属硫蛋白研究小组建立了以 Cd、Zn 等金属诱导,从兔肝中批量提取金属硫蛋白的生产体系,并对金属硫蛋白结构域、稳定性及功能性质进行了不同程度的探讨及分析,为金属硫蛋白的研究提供了大量资料,并使我国的金属硫蛋白研究跻身世界前列。

2. 金属硫蛋白的诱导表达

金属硫蛋白肽链中含有丰富的半胱氨酸残基,使得金属硫蛋白通过巯基(—SH)结合金属离子时,对锌、铜、镉、汞等二价金属离子具有高亲和性,并与这些金属形成金属硫醇盐簇。另一方面金属硫蛋白本身是一种诱导应激蛋白,自然界中生物体内含量通常很低,且种类复杂,难以大量批次提取。因此,目前通常根据不同的需求采用不同金属离子或其他诱导剂诱导生产,并可根据金属硫蛋白的含量,评价体内重金属的存在情况[135]。

由于部分稀土元素或微量元素具有类金属离子的特性,因此稀土元素、微量元素是否能够诱导金属硫蛋白的产生,不同学者具有分歧和争议。付海防[136]采用含镧(Ⅲ)离子、铈(Ⅲ)离子和钕(Ⅲ)离子的海水暴露培养菲律宾蛤仔。实验证实含稀土元素海水在一定浓度下能够刺激蛤仔体内金属硫蛋白的产生,但效果并不稳定。通过金属置换法发现硒元素也能够较特异性地诱导小鼠体内产生硒代金属硫蛋白,说明非金属元素也存在诱导和调控金属硫蛋白表达的效果[137]。

此外,其他化学物质也能引起机体内金属硫蛋白不同程度的表达。王多伽[138]在兔粮中添加绿原酸饲喂家兔,实验结束后测定家兔肝脏中金属硫蛋白含量发现,绿原酸作为一种新型饲料添加剂能够提高家兔肝脏中金属硫蛋白基因的表达量。还有学者采用不同浓度砷酸钠体外处理培养淋巴细胞,结果证实不同剂量亚砷酸钠染毒一定时间后细胞金属硫蛋白含量增加,且存在时间-剂量交互效应,这就说明低剂量的砷也能够诱导金属硫蛋白的产生[139]。

3. 金属硫蛋白提取纯化及相关检测技术

(1) 金属硫蛋白的粗提

金属硫蛋白作为一种胞内蛋白,在纯化前,需对不同组织或细胞进行预处理,才能更好地将金属硫蛋白从细胞内分离出来。而分离过程不可避免会有其他蛋白或肽类与金属硫蛋白混杂,因此只能获得金属硫蛋白粗品。基于金属硫蛋白是耐热蛋白的考虑,可采用加热法去除部分不耐热杂蛋白部分。目前金属硫蛋白主要从动物、植物及微生物中提取[140, 141]。

微生物源性金属硫蛋白经不同条件诱导后,对细胞进行破碎(通常采用超声波破碎法),经离心后得到金属硫蛋白粗提液,再经过不同的干燥方法(冻干等),获得金属硫蛋白粗品。

主要提取操作为：微生物→诱导培养→离心→菌体清洗→菌体重悬→细胞破壁→加热去杂→离心→上清液干燥→粗品[142]。

动物源性金属硫蛋白表达量较高且金属硫蛋白构型丰富，所以金属硫蛋白产业化制备通常从动物中提取，目前从兔肝、猪肝中提取金属硫蛋白的研究较为成熟[143]。传统提取技术主要为金属诱导动物机体产生金属硫蛋白，组织破碎（超声波处理、捣碎、冻融、化学处理等）后经缓冲液（Tris-HCl 缓冲液或 NaAc-HAc 缓冲液等）萃取、杂蛋白去除、金属硫蛋白沉淀后干燥获得动物源性金属硫蛋白。

主要提取操作步骤如下：动物→金属诱导→组织预处理→离心→溶剂粗提→离心→蛋白去杂→干燥→粗品[144]。

植物源性金属硫蛋白因其来源广泛与丰富的生物学功能逐渐被人们所认识。植物源性金属硫蛋白的粗提与动物源性金属硫蛋白的粗提过程大体相似，植物组织通常处理为干燥粉末形式。

主要操作为：样品预处理→溶剂粗提→离心→蛋白去杂→干燥→粗品[145]。

（2）金属硫蛋白的提取方法

党蕊叶等[146]采用正交试验优化，得到最佳提取条件为 Tris-HCl 0.01 mol/L，pH 8.2，热处理温度 80℃，加热时间 8 min，为兔肝金属硫蛋白的研究提供了一种新的提取技术。

自 Casterline 和 Barnett 于 1977 年首次从大豆根中发现植物金属硫蛋白后，近 40 年来植物源性金属硫蛋白的研究得到了快速发展[147]。植物源性金属硫蛋白因其来源广泛与丰富的生物学功能逐渐被人们所认识。徐振彪[148]等在综合动物金属硫蛋白的提取方法上，摸索了一种用于玉米金属硫蛋白的提取方法：以玉米幼苗叶片为材料，成功获得了玉米金属硫蛋白的粗提液，这为植物金属硫蛋白的研究奠定了坚实的基础。于立博等[149]从鹰嘴豆中分离提取到一种小分子蛋白，经过鉴定该蛋白质为金属硫蛋白。安建平[150]等对黄瓜中 Cd-MT 提纯时，研磨过程中加入了无水乙醇，去除易变性蛋白，最后将研磨、离心后的上清液放入透析袋中，在聚乙二醇 6000 中透析浓缩，得到金属硫蛋白粗品。

与动物源提取相比，通过微生物源尤其是酵母源诱导产生金属硫蛋白具有来源广、成本低、发酵周期短和产品性质稳定等优点[151~153]。1975 年，发表了第一篇关于由酵母细胞纯化得到金属硫蛋白的报道。自此，相继有一些实验室从各种真菌中提纯得到 Cu 诱导蛋白，检测证实这是一类低分子质量、高金属含量、富含半胱氨酸的蛋白，由此确定许多种真菌都富含类金属硫蛋白[154]。李福荣等[155]从信阳米酒中分离酵母菌，经 $CuSO_4$ 诱导、超声波破碎酵母细胞，然后从无细胞抽提液中分离纯化 Cu-MT。李冰等[156]采用超声波辅助提取酵母源类金属硫蛋白，得到的金属硫蛋白巯基活性达 0.163 μmol/L，提高了金属硫蛋白的产量，缩短了提取时间，对酵母源类金属硫蛋白的工业化生产具有一定的指导意义。

4. 金属硫蛋白的纯化方法

目前金属硫蛋白的生理学功能及其作用机制尚处于探索阶段，但金属硫蛋白的本质为蛋白质或肽类，其分子质量、耐热度、等电点、与离子交换柱的亲和程度等理化性质已然清晰，所以常根据其理化性质进行分离和纯化。目前常用的方法为凝胶过滤和离子交换技术相结合的层析法，一般分为三步：首先用 Sephadex G-75 或 Sephadex G-50 柱将金属硫蛋白与大分子杂蛋白分离，收集硫醇含量高的组分，然后用 DEAE-Sepharose CL-6B 离子交换法梯度淋洗，从而将电荷数不同的两个正型分开，最后收集所有组分经 Sephadex G-15 凝胶柱脱盐。一般提纯后可采用 SDS-PAGE 测定金属硫蛋白的分子质量[157]。于立博[158]将鹰嘴豆芽原料粉碎匀浆后经 Tris-HCl 缓冲液抽提、离心，乙醇沉淀离心得到金属硫蛋白无细胞液，将初步提取的金属硫蛋白粗提液依次采用 Sephadex G-50 凝胶柱层析，DEAE-52 离子交换层析，最后经 Sephadex G-25 凝胶柱层析脱盐得到金属硫蛋白的纯化峰。采用该法提取，金属硫蛋白纯度可达 92.30%，效果较好。

现阶段常采用高效液相色谱法（HPLC 法）对金属硫蛋白进行微量纯化，该方法具有灵敏度高，简单易操作等优点因而被广泛用于分离、纯化及分析有机化合物[158~161]。HPLC 可以分离不同类型的金属硫蛋白，适用于分离研究金属硫蛋白的同分异构体。1983 年 Kagi 和 Klauser 等建立了反相 HPLC 法。之后，Klaassen 和 Lehman 又建立了阴离子交换的 HPLC-AAS 法（高效液相色谱-原子荧光法），用以分离纯化大鼠肝脏的金属硫蛋白[162~166]。郭祥学等[167]在聚球藻金属硫蛋白的分离纯化过程中，经过分子筛和离子交换多步层析后，再用 C_{18} 反相 HPLC 得纯化金属硫蛋白。此外，新型的毛细管电泳法可以更好地分离纯化 MT-I 和 MT-II。Marketa 等[168]采用毛细管电泳结合紫外的方法最终得到两个明显的电泳图，即 MT-I 和 MT-II。

双水相萃取技术是近年发展起来的有望用于放大化生产的，用于分离萃取生物活性物质的一种新型萃取分离技术，具有体系含水量高，分相时间短，萃取环境温和使蛋白质在其中不易变性，生物相容性高，易于放大和进行连续性操作等诸多优势，现已广泛应用于蛋白质的分离和纯化，但对于双水相萃取金属硫蛋白未见报道。

1.4.2　金属硫蛋白的检测技术

1. 金属硫蛋白的含量检测

针对金属硫蛋白进行精确的定性定量以及快捷灵敏的检测有利于金属硫蛋白

的提纯及结构解析，同时能够为金属硫蛋白后续的生物学功能提供前期基础。近几年，对于金属硫蛋白的检测越来越多地引起生命科学、生物化学、毒理学、食品安全学等领域的广泛关注。针对金属硫蛋白的检测方法越来越多，虽然原理或操作技术不同，但大多数是根据金属硫蛋白的理化性质或生化特性进行检测，金属硫蛋白检测标准方法尚未出现。目前，金属硫蛋白的检测方法主要有放射免疫分析法、金属亲和分析法、分光光度法、电化学方法、酶联免疫吸附分析法等。

（1）放射免疫分析法

放射免疫分析法（RIA）的原理就是利用放射性核素标记抗原或抗体，继而与被测的抗体或抗原结合形成抗原抗体复合物来进行分析。该方法具有特异性高、灵敏度高的特点。Mulder 等[169]建立了测定大鼠血清中金属硫蛋白含量的 RIA 方法，此方法的检测范围在 $0.1\sim100$ ng/ml。该方法特异性高，但是由于使用放射性同位素，另外需要时间过长，因此具有放射性污染。同时，测量时需要昂贵的专用仪器，测定成本较高。对于放射免疫分析法，很多学者认为金属硫蛋白具有较多的二硫键容易被氧化，进而改变了其共免疫性，最终影响免疫法测定的结果。

（2）金属亲和分析法

金属亲和分析法主要是根据金属硫蛋白的高亲和性、与金属结合的特异性以及稳定性不同而建立。1973 年，Piotrowski 等首先采用了汞饱和法定量测定金属硫蛋白。随着金属硫蛋白检测技术的发展，金属亲和分析法又拓展为镉饱和法、银染法和金属血红蛋白法等，这些方法简便快速，但是误差较大[170]。金属离子在与金属硫蛋白的结合过程中，有时会与其他小分子物质结合，同时不同金属离子与金属硫蛋白的亲和力不同，这就使该类方法的灵敏性大幅度降低。利用血红蛋白与 Cd^{2+} 能稳定结合的特性去除加入过量的 ^{109}Cd，然后通过检测样品中与金属硫蛋白结合的 Cd^{2+} 含量而对金属硫蛋白定量，该法的检测下限为 0.8 g 组织，但不能用于 Bi、Hg、Ag、Cu-MT 样品的测定[171]。

（3）分光光度法

分光光度法是基于金属硫蛋白结构中的半胱氨酸所带巯基（—SH）能够与巯基试剂二硫代二（2-硝基苯甲酸）（DTNB）反应产生一种黄色物质，该物质在波长 412 nm 处具有强吸收，从而可以用来定量金属硫蛋白，该方法仅适用于检测金属硫蛋白含量较高的样品，对低含量金属硫蛋白的检测灵敏度较差。Viarengo 等[172]对传统分光光度法进行改进，在 DTNB 中加入 2 mol/L 的 NaCl，由于 NaCl 可使金属硫蛋白发生变性而暴露—SH，有利于与 DTNB 反应。实验证明，与不加 NaCl 的传统 DTNB 分光光度法相比，该处理方法能快速得到 412 nm 处最大吸收值并能在数小时内稳定，吸光度可提高 20%。

（4）电化学方法

电化学方法（electrochemical analysis）是一种可以直接用于测定金属硫蛋白总量的方法，具有一定的特异性，其检测限可达 ng/ml 水平，其原理是利用巯基（—SH）在汞滴电极表面产生氧化还原反应出现的电位变化来实现。运用检测金属硫蛋白的电化学方法主要有：示差脉冲极谱法（DPP）、示差脉冲阳极溶出伏安法（DPASV）和循环伏安法（CV）等[173]。示差脉冲极谱法测定金属硫蛋白不受分子中金属含量的影响，检出限在 10^{-8} mol/L。因此，该方法能特异性地反映金属硫蛋白的量而不是金属的量。

（5）酶联免疫吸附分析法

酶联免疫吸附分析法可分为间接非竞争性 ELISA 法和间接竞争性 ELISA 法，主要是根据免疫学开展，该方法具有高度灵敏性。ELISA 通过固化的抗原或抗体与受检标本及酶标记的抗原或抗体发生反应形成复合物后，再加入酶反应的底物，通过显色进行定性或定量分析。ELISA 在金属硫蛋白的测定上有着较广的应用，Gottschalg 和 Ren 等在镉诱导下利用 ELISA 技术测定了小鼠肝脏细胞、sertoli 细胞中金属硫蛋白的含量[174, 175]。

在众多金属硫蛋白检测方法中，首先，大量的非金属硫蛋白或非金属硫蛋白/金属硫蛋白的值较高会影响金属硫蛋白的检测。其次，生物体内金属硫蛋白同分异构体的存在也会影响金属硫蛋白免疫分析的检测结果。再次，金属与金属硫蛋白的结合也是选择金属硫蛋白检测方法需要考虑的因素，因为金属硫蛋白的金属组成会影响金属硫蛋白的稳定性及对氧化作用的灵敏度。传统方法对于金属硫蛋白的检测要求，通常以灵敏度为指标，但是实际生产应用中，因金属硫蛋白提纯含量低、价格昂贵等特点，通常选用酶联免疫吸附分析法或分光光度法进行规模测定，相信随着检测技术的发展及新型检测设备的出现，金属硫蛋白的检测会更具灵敏性及灵活性。

2. 蛋白结构分析常用方法

（1）圆二色性光谱

圆二色（circular dichroism，简称 CD）光谱是一种快速、简单、准确研究溶液中蛋白质构象的方法。其基本原理就是测量光活性物质对左右圆偏振光的吸光率之差。从圆二色性光谱可以获得蛋白质二级结构中 α 螺旋含量的变化[176]。但是和所有"低分辨率"的方法一样，CD 给出的只是肽链的总体平均信息。1969 年，Greenfield[177]最早建立起圆二色性光谱法用于测蛋白质的二级结构。他选用三个已知 X 射线衍射三维结构的蛋白，通过蛋白的圆二色性光谱数据，来估算蛋白质的构象。此后，相关的研究方法陆续有报道。特别是近十几年来，用远紫外圆二色性（Far UV-CD）数据分析蛋白质二级结构，不但在计算方法和拟合程序上有了极大的发展[178~184]，而且随着 X 射线晶体衍射与磁共振技术的提高，越来越多的蛋白质的精确构象得到测定，为 CD 数据的拟合提供了更精确的数据库[185, 186]。研究者还发现用 CD 光谱研究蛋白质三级结构具有其独特的优点，发展了用远紫外 CD 光谱辨认蛋白质三级结构的方法及相关程序[187]；此外，近紫外圆二色性（Near UV-CD）作为一种灵敏的光谱探针，可反映蛋白质中芳香氨基酸残基、二硫键微环境的变化[188]。CD 光谱技术作为研究溶液状态下蛋白质或多肽构象的一种重要手段，已广泛受到研究者的关注[189~192]。

（2）磁共振

由于磁共振（nuclear magnetic resonance，NMR）法的高分辨率、实验方法的灵活性以及现代 NMR 实验技术的发展，NMR 已成为蛋白质构象研究中的有力手段[193~195]。但是磁共振技术在蛋白质的吸附研究中应用较少，该方法的局限性在于谱峰重叠严重，多维 NMR 给出的是原子水平的信息，因此对于分子整体构象的监测、分子质量大的蛋白质构象的解析较为困难。而运用更高维 NMR 解析蛋白质构象的技术仍需发展。另外 NMR 虽然能够提供样品液态生理条件下比较详细的结构信息，但是它所需要的样品浓度较高，特别是生物大分子体系的磁共振谱图的分析及归属仍是一项非常复杂而艰巨的工作。

（3）荧光光谱

荧光光谱（fluorescence spectru）法可通过对蛋白质中色氨酸（Trp）和酪氨酸（Tyr）等发光残基随自身微环境改变而发生的内源荧光变化来推断蛋白质分子构象和结构的变化，从而进一步阐明蛋白质结构与功能之间的关系[196]。荧光光谱用于蛋白质构象研究是比较成熟的技术[197~199]。蛋白质荧光能提供的可观测测量包括：荧光各向异性、量子产率、荧光寿命和发射光谱。蛋白质内源荧光可以反映色氨酸、酪氨酸残基的微环境；外源荧光、荧光探针可用于研究蛋白质分子中某些微区的构象情况。荧光光谱的局限性在于它只能反映分子中一小部分区域的情况[200, 201]。

（4）红外光谱

在现代化学中，质谱、红外光谱、磁共振、紫外光谱统称四大光谱，是公认的最重要的现代有机结构分析技术。红外吸收对测试样品的要求低，固体（包括薄膜、粉末）、液体（包括溶液）、气体等样品都可测得其红外吸收光谱，红外光谱具有高度特征性，被称为化合物的指纹[202~204]。

红外光谱是目前研究蛋白质构象的最常用的方法。对于红外光谱，每种氨基酸残基都是发色团，它适用于不同状态、不同浓度及不同环境中蛋白质和多肽的测定[205~207]。蛋白质二级结构与其分子内形成的不同氢键类型密切相关，从红外光谱的酰胺 I 带（1600～1700/cm）研究蛋白质二级结构的信息最有价值。但是由于 H_2O 结构具有不对称性，在红外区具有很强的吸收，因而在很大程度上限制了红外光谱对水溶性生物大分子的研究，目前可以采用吹扫、差减及氘代等方法消除水的干扰[208, 209]。傅里叶红外光谱（FTIR）技术近些年在蛋白质结构研究中发展迅猛，常用于探索蛋白质在溶液中或吸附载体上的结构变化，在蛋白质二级结构研究中常用酰胺 I 带进行分析，酰胺 III 带发展也很迅速且日益成熟。利用 FTIR，Romero 等[36]比较了 TBSA 在各种不同表面上吸附时的构象变化；Nath 等[210]研究了糜蛋白酶在硅酸盐上吸附时构象变化与酶活性变化的关系；Duncan 等[211]研究人血清蛋白（human serum albumin，HSA））在反相载体上吸附时的构象变化。

（5）拉曼光谱法

拉曼光谱技术提供分子振动和转动的信息，除了能对红外吸收较弱的基团给出非常强的拉曼信号以外，另外一个显著的优点就是 H_2O 和 D_2O 都是很好的溶剂，它们的拉曼散射很弱，因此水分子对样品拉曼光谱的影响很小甚至可以忽略不计，该特点尤其适合于在自然的溶液状态下研究生物大分子[212]。从蛋白质的拉曼光谱可以同时得到许多有用的信息。不但能够得到有关它的芳香族氨基酸组成的信息，还能进一步得到二级结构的信息，例如 α 螺旋，β 折叠和无规则卷曲方面的信息，得到它的主链构象，特别是酰胺 I、III、C—C、C—N 伸缩振动，还可得知它的侧链构象，如苯丙氨酸的单基取代苯基环等，同时可以提供一些残基内氢键的变化信息[213]。目前很多研究人员都在尝试用拉曼光谱对蛋白质的构象进行分析。Li 等[214]利用拉曼光谱测定了核糖核酸酶白蛋白以及溶菌酶在反相色谱介质上吸附前后的构象变化。Mehra[215]等研究了细胞色素 C 在溶液状态下和吸附于混合双层膜后的构象。

红外光谱和拉曼光谱是研究分子结构及组态、物质成分鉴定和结构分析的有力工具，由于具有无损伤、灵敏度高和时间短等特点，在物理、化学、生物学、矿物学、考古学和工业产品质量控制等领域得到了广泛的应用[216]。在物质结构分析中，极性基团如 C=O、N—H 及 S—H 具有强的红外延伸振动，而非极性基团如 C=C 及 S—S 具有强的拉曼光谱带，因此，红外光谱和拉曼光谱二者常常在一起，共同用于完成一个物质分子结构的完整分析[217]。

随着分子生物学的快速发展，聚合酶链反应（PCR）技术、分子印迹技术及克隆技术等不断被开发应用于金属硫蛋白的生产、提纯及检测中。金属硫蛋白的克隆检测是通过金属硫蛋白多克隆和单克隆抗体，运用免疫扩散、免疫电泳等方法来检测组织中的金属硫蛋白，该种方法准确度高、特异性强，适合微量检测，但是对操作技术的要求较高，适用于科研或实验室的检测。

传统上对于金属硫蛋白检测方法的要求，通常以灵敏度为指标，但是实际生产应用中，因金属硫蛋白提纯含量低、价格昂贵等特点，通常选用酶联免疫吸附法或巯基法进行规模测定，相信随着检测技术的发展及新型检测设备的出现，金属硫蛋白的检测会更具灵敏性及灵活性。

参 考 文 献

[1]　Margoshes M, Vallee B L. A cadmium protein from equine kidney cortex. Journal of the American Chemical Society, 1957, 79(17): 4813-4814.

[2]　Fowler B A, Hildebrand C E, Kojima Y, et al. Nomenclature of metallothionein. Experientia, 1986, 52(2): 19-22.

[3]　张艳, 杨传平. 金属硫蛋白的研究进展. 分子植物育种, 2006, S1: 73-78.

[4]　林稚兰, 常立梅. 真核微生物的类金属硫蛋白. 生物工程进展, 1996, 03: 27, 33-43.

[5]　Prinz R, Weser U. A naturally occurring Cu-thionein in *Saccharomyces cerevisiae*. Hoppe-Seyler's Zeitschrift für Physiologische Chemie, 1975, 356(6): 767-776.

[6]　Ryvolova M, Krizkova S, Adam V, et al. Analytical methods for metallothionein detection. Current Analytical Chemistry, 2011, 7(3): 243-261.

[7]　Blindauer C A. Metallothioneins with unusual residues: Histidines as modulators of zinc affinity and reactivity. Journal of Inorganic Biochemistry, 2008, 102(3): 507-521.

[8]　Miles A T, Hawksworth G M, Beattie J H, et al. Induction, regulation, degradation, and biological significance of mammalian metallothioneins. Critical Reviews in Biochemistry & Molecular Biology, 2000, 35(1): 35-70.

[9]　Riehard D P. The elusionfunetion of metallothioneines. Proceedings of the National Academy of Sciences, USA, 1998, 95: 8424-8430.

[10]　Binz P A, Kagi J H R. Metallothionein: Molecular evolution and classification. Metallothionein IV. Birkhauser Verlag Basel. Switzerland, 1999: 7-13.

[11]　Whitelaw C A, Le Huquet J A, Thuman D A, et al. The isolation and characterization of type II metallothionein like genes from fomato (*Lycopersicon esculenturn* L). Plant Molecular Biology, 1995, 29: 685-689.

[12]　Kawashima I, Kennedy T D, Chino M, et al. Wheat Ec metallothionein genes. Like mammalian Zn^{2+} metallothionein genes, wheat Zn^{2+} metallothionein genes are conspicuously expresed during embryogenesis. European Journal of Biochemistry, 1992, 209: 971-976.

[13]　Vallee B L. Introduction on metallthionein. Methods in Enzymology, 1991, 205(1): 3-7.

[14]　Takahashi T, Gao X D. Physical interactions among human glycosyltransferases involved in dolichol-linked oligosaccharide biosynthesis. Trends in Glycoscience and Glycotechnology, 2012, 24(136): 65-77.

[15]　Gulson B L, Vaasjoki M. Lead isotope data from the Thalanga, dry river and Mt Chalmers base metal deposits and their bearing on exploration and ore genesis in eastern Australia. Australian Journal of Earth Sciences, 1987, 34(2): 159-173.

[16]　Francek M A, Pan V, Hanko J H, et al. Home condition and lead levels: A case study from

the homes of preschoolers in Mt. Pleasant, Michigan. Journal of Environmental Science and Health, Part A, 1994, 29(9): 1879-1886.

[17]　Rao P V P, Jordan S A, Bhatnagar M K. Combined Nephrotoxicity of methylmercury, lead, and cadmium in pekin ducks: Metallothionein, metalinteractions, and histopathology. Journal of Toxicology and Environmental Health, Part A, 1989, 26(3): 327-348.

[18]　M'Kandawire E, Syakalima M, Muzandu K, et al. The nucleotide sequence of metallothioneins(MT)in liver of the Kafue lechwe(Kobus leche kafuensis)and their potential as biomarkers of heavy metal pollution of the Kafue River. Gene, 2012, 506(2): 310-316.

[19]　路浩, 刘宗平, 赵宝玉. 金属硫蛋白生物学功能研究进展. 动物医学进展, 2009, 1: 62-65.

[20]　陈春, 周启星. 金属硫蛋白作为重金属污染生物标志物的研究进展. 农业环境科学学报, 2009, 3: 425-432.

[21]　张燕, 肖婷婷, 沈祥春. 金属硫蛋白的功能及药理作用研究进展. 中国药理学通报, 2010, 6: 821-824.

[22]　赵新民, 江冠群, 龙立平, 等. 金属硫蛋白. 长沙: 中南大学出版社, 2006.

[23]　Tokuda E, Ono S I, Ishige K, et al. Metallothionein proteins expression, copper and zinc concentrations, and lipid peroxidation level in a rodent model for amyotrophic lateral sclerosis. Toxicology, 2007, 229(1): 33-41.

[24]　Piccinni E, Staudenmann W, Albergoni V, et al. Purification and primary structure of metallothioneins induced by cadmium in the protists tetrahymena pigmentosa and tetrahymena pyriformis. European Journal of Biochemistry, 1994, 226(3): 853-859.

[25]　Coyle P, Philcox J C, Carey L C, et al. Metallothionein: The multipurpose protein. Cellular & Molecular Life Sciences, 2002, 59(4): 627-647.

[26]　Chang L W. Toxicology of Metals. CRC Press, 1996.

[27]　Kagi J H, Hunziker P. Mammalian metallothionein. Biological Trace Element Research, 1989, 21: 111-118.

[28]　Skutkova H, Babula P, Stiborova M, et al. Structure, polymorphisms and electrochemistry of mammalian metallothioneins: A review. International Journal of Electrochemical Science, 2012, 7(12): 12415-12431.

[29]　Zhu J, Meeusen J, Krezoski S, et al. Reactivity of Zn-, Cd-, and apo-metallothionein with nitric oxide compounds: *In vitro* and cellular comparison. Chemical Research in Toxicology, 2010, 23(2): 422-431.

[30]　Haq F, Mahoney M, Koropatnick J. Signaling events for metallothionein induction. Mutation Research Fundamental & Molecular Mechanisms of Mutagenesis, 2003, 533(S1-2): 211-226.

[31]　Nielson K B, Winge D R. Preferential binding of copper to the beta domain of metallothionein. Journal of Biological Chemistry, 1984, 259(8): 4941-4946.

[32]　Nielson K B, Winge D R. Independence of the domains of metallothionein in metal binding. Journal of Biological Chemistry, 1985, 260(15): 8698-701.

[33]　Nielson K B, Winge D R. Order of metal binding in metallothionein. Journal of Biological Chemistry, 1983, 258(21): 13063-13069.

[34]　Hamer D H. Metallothionein. Annual Review of Biochemistry, 1986, 55: 913-951.

[35] Lerch K, Ammer D, Olafson R W. Crab metallothionein. Primary structures of metallothioneins 1 and 2. Journal of Biological Chemistry, 1982, 257(5): 2420-2426.

[36] Romero-Isart N, Vasak M. Advances in the structure and chemistry of metallothioneins. Journal of Inorganic Biochemistry, 2002, 88: 388-396.

[37] 黄耿文, 杨连粤. 金属硫蛋白与肿瘤. 国外医学外科学分册, 2000, 27(4): 207-209.

[38] 燕艳, 季志会, 杜伟, 等. 金属硫蛋白应用研究进展. 东北农业大学学报, 2010, 7: 150-154.

[39] 励建荣, 宣伟, 李学鹏, 等. 金属硫蛋白的研究进展. 食品科学, 2010, 17: 392-396.

[40] 赵之伟, 曹冠华, 李涛. 金属硫蛋白的研究进展. 云南大学学报(自然科学版), 2013, 3: 390-398.

[41] 全先庆, 张洪涛, 单雷, 等. 植物金属硫蛋白及其重金属解毒机制研究进展. 遗传, 2006, 3: 375-382.

[42] 刘维青, 倪多娇, 宋林生, 等. 海湾扇贝(Argopecten irradians)金属硫蛋白基因的克隆与分析. 海洋与湖沼, 2006, 5: 444-449.

[43] Carpenè E, Andreani G, Isani G. Metallothionein functions and structural characteristics. Journal of Trace Elements in Medicine and Biology, 2007, 21: 35-39.

[44] 李汉臣, 生吉萍, 茹炳根, 等. 转金属硫蛋白基因平菇对小鼠辐射后抗氧化能力的影响. 营养学报, 2007, 29(2): 170-172.

[45] 于颖敏. 金属硫蛋白的结构、性能和应用. 中国石油大学胜利学院学报, 2006, 4: 22-24.

[46] 安建平, 王海娟, 韩沛平, 等. 金属硫蛋白生理功能的研究进展. 天水师范学院学报, 2005, 2: 34-38.

[47] 张桂春. 金属硫蛋白的功能及应用前景. 烟台师范学院学报(自然科学版), 2005, 2: 142-145.

[48] 田晓丽, 郭军华. 金属硫蛋白的研究进展. 国外医学. 药学分册, 2005, 2: 119-124.

[49] Condoh M, Tsukahara R, Kuronaga M, et al. Enhancement of MT synthesis by leptinin fasted mice. Life Science, 1997, 17: 2425-2433.

[50] Liu Y, Liu J, Habeebu S S, et al. Susceptibility of MT-null mice to chronic $CdCl_2$-induced nephrotoxicity indicates that renal injury is not mediated by the Cd MT complex. Toxicology Science, 1998, 46: 197-203.

[51] 安建平, 王廷璞, 邹亚丽, 等. 镉诱导黄瓜金属硫蛋白的分离、纯化和鉴定. 安徽农业科学, 2008, 36(18): 7514-7515.

[52] Klaassen C D, Liu J, Choudhuri S. Metallothionein: An intracellular protein to protect against cadmium toxicity. Annual Review of Pharmacology and Toxicology, 1999, 39(1): 267-294.

[53] 李华. 重金属在淡水鱼体内的蓄积、排出机理及其金属硫蛋白的研究. 哈尔滨: 东北农业大学硕士学位论文, 2013.

[54] 邹学敏, 李梓民, 杨双波, 等. 金属硫蛋白对铬染毒小鼠肝脏氧化损伤的修复作用. 微量元素与健康研究, 2013, 6: 1-3.

[55] 王黎. 鹰嘴豆金属硫蛋白对铅细胞毒性的干预研究. 乌鲁木齐: 新疆医科大学硕士学位论文, 2013.

[56] 耿梦娇. 金属硫蛋白的分离纯化测定及其重金属监测功能研究. 保定: 河北大学硕士学位论文, 2014.

[57] 帖建科, 李令媛, 茹炳根. 金属硫蛋白清除自由基及其对自由基引起的核酸损伤保护作用的研究. 生物物理学报, 1995, 11(2): 276-282.

[58] 李菊香, 李载权, 庞永正, 等. 金属硫蛋白对羟自由基损伤的大鼠肝细胞核核苷三磷酸酶的保护作用. 中国病理生理杂志, 2003, 19(5): 581-584.

[59] Liochev S I. Reactive oxygen species and the free radical theory of aging. Free Radical Biology and Medicine, 2013, 60(10): 1-4.

[60] 李连平, 黄志勇, 王志聪, 等. 小球藻锌结合金属硫蛋白(Zn-金属硫蛋白-like)的抗氧化活性研究. 中国食品学报, 2009, 9(4): 23-27.

[61] 岳新萍, 周杰昊, 程时. 锌 7 与镉 7-金属硫蛋白清除羟自由基的比较. 生物化学与生物物理进展, 1996, 23(4): 352-355.

[62] Kumari M V, Hiramatsu M, Ebadi M. Free radical scavenging actions of hippocampal metallothionein isoforms and of anti metallothioneins: An electron spin resonance spectroscopic study. Cellular and Molecular Biology(Noisy-le-Grand, France), 2000, 46(3): 627-636.

[63] 鹿晓麟, 娄长杰, 张艳桥. 金属硫蛋白在癌症中的研究进展. 中国肿瘤, 2014, 23(3): 218-223.

[64] 牛焕国, 白岚, 邵焕庆. 金属硫蛋白与肿瘤发病机制研究进展. 中国疗养医学, 2012, 21(10): 885-886.

[65] 兰欣怡, 张彬, 罗佳捷. 金属硫蛋白对热应激奶牛外周血淋巴细胞凋亡相关基因 *cytc* 和 *Fas* 表达水平的影响. 中国乳业, 2013, (12): 44-48.

[66] 殷慎敏, 李令媛, 茹炳根. 金属硫蛋白在医学上的应用. 生命科学, 1996, 8(4): 22-25.

[67] 邢树礼, 王洪光, 赵帅. 金属硫蛋白的功能及应用前景. 生物技术通报, 2008, 2: 45-47.

[68] 楼秀余. 金属硫蛋白对人类电磁辐射的防护作用. 科技传播, 2012, 1(1): 76-77.

[69] Nishimura H, Nishimura N, Kobayashi S, et al. Immunohistochemical localization of metalothionein in the eye of rats. Histochemistry, 1991, 95(6): 535-539.

[70] 文镜, 赵建, 毕欣, 等. 金属硫蛋白抗辐射的实验研究. 营养学报, 2001, 23(1): 44-47.

[71] 王建龙. 金属硫蛋白在辐射照射中的诱导及防护作用. 辐射研究与辐射工艺学报, 2003, 21(4): 227-231.

[72] 丛建波, 王澍, 吴可, 等. 金属硫蛋白的抗氧化和抗辐射实验观察. 中华劳动卫生职业病杂志, 1999, 17(2): 48-49.

[73] Bermner M, Pantano S, Cartoni P, Catabolite activator protein in aqueous solution: A molecular simulation study. Journal of Physical Chemistry B, 2007, 11(06): 1496-1501.

[74] 刘学忠, 郑志高, 王捍东. 金属硫蛋白生物学功能研究进展. 畜牧兽医杂志, 2004, 23(2): 19- 21.

[75] 刘志勇, 魏国林. 金属硫蛋白研究进展. 江西科学, 2004, 22(2): 104-109.

[76] Schmidt C, Beyersmann D. Transient peaks in zinc and metalliothionein levels during differentiation of 3T3L1 cells. Archives of Biochemistry and Biophysics, 1999, 364: 91-98.

[77] 谭琼, 张彬. 金属硫蛋白与动物应激. 饲料工业, 2007, 28(7): 23-25.

[78] 姚朝阳, 朱文文, 牛敬媛, 等. 金属硫蛋白医学研究进展. 微量元素与健康研究, 2007, 24(3): 53-56.

[79] 刘湘新, 李丽立, 刘进辉, 等. 金属硫蛋白对应激猪血清中某些酶活性的影响. 中国兽医杂志, 2005, 41(12): 7-8.

[80] Beattie J H, Wood A M, Newman A M, et al. Obsity and hyperleptinemia in metallothionein(I and II)null mice. Proceedings of the National Academy of Sciences USA, 1998, 95: 358-363.

[81] Condoh M, Tsukahara R, Kuronaga M, et al. Enhancement of MT synthesis by leptin in fasted mice. Life Sciences, 2002, 71: 2425-2433.

[82] 李淑莲, 陈清, 张永雪. 金属硫蛋白拮抗同型半胱氨酸对血管内皮细胞的脂质过氧化作用. 中国应用生理学杂志, 2005, 21(4): 84-85.

[83] 杨勤, 谢汝佳, 韩冰, 等. 糖尿病肾病大鼠金属硫蛋白的表达及意义. 中国公共卫生, 2006, 22(7): 791-793.

[84] 马飞煜, 林婉, 黄林欢, 等. 金属硫蛋白 3 对快速老化痴呆模型小鼠海马组织学变化的影响. 中国老年学杂志, 2014, 34(9): 2491-2493.

[85] 谢勇, 赵玉沛, 陈革. 金属硫蛋白及其基因在人胰腺癌细胞株中的表达及意义. 中国医学科学院学报, 2009, 10: 619-624.

[86] Higashimoto Minoru, Isoyama Naohiro, Ishibashi Satoshi, et al.Tissue-dependent preventive effect of metallothionein against DNA damage in dyslipidemic mice under repeated stresses of fasting or restraint. Life Sciences, 2009, 84: 569-575.

[87] Lynes M A, Zaffuto K, Unfricht D W, et al. The physiological roles of extracellular metallothionein. Experimental Biology and Medicine, 2006, 231(9): 1548-1554.

[88] Glynn A W, Wikberg L, et al. Metallothionein is induced and trace element balance change target din organs of a common viral infection. ToxIcology, 2010, 199(23): 241-250.

[89] Scheuhammer A M, Cherian M G. Quantification of metallothioneins by a silver saturation method. Toxicology and Applied Pharmacology, 2006, 82: 417-425.

[90] 李晓伟, 袁玉美, 鲁曼. 金属硫蛋白对儿童血铅及微量元素的影响. 中国社区医师: 综合版, 2005, 8(5): 6.

[91] Henkel G, Krebs B. Metallothioneins: Zinc, cadmium, mercury, and copper thiolates and selenolates mimicking protein active site features-structural aspects and biological implications. Chemical Reviews, 2004, 104(2): 801-824.

[92] Fumiko S. Masayuki I, Hisanao O. P53 negativity, CDC25B positivity, and metallothionein negativity are predictors of a response of esophageal squamous cell carcinoma to chemoradiotherapy. World Journal of Gastroenterology, 2005, 11(36): 231-234.

[93] Somji S, Sens M A, Lamm D L. Metallothionein isoform 1 and 2 gene expression in the human bladder: Evidence for upregulation of MT-1X mRNA in bladder cancer. Cancer Detection and Prevention, 2001, 25(1): 62-75.

[94] Yamamura Y, Sayama K, Takeda Y. Metallothionein expression in transplantable mouse mammary tumors. Anticancer Research, 2000, 20(1): 379-384.

[95] Joseph M G, Banerjee D, Kocha W. Metallothionein expression in patients with small cell carcinoma of the lung: Correlation with other molecular markers and clinical outcome. Cancer, 2001, 92(4): 836-842.

[96] Hishikawa Y, Koji T, Dhar D K. Expression of metallothionein in colorectal cancers and synchronous liver metastases. Oncology, 2001, 61(2): 162-167.

[97] Bruewer M, Schmid K, Krieglstein C. Metallothionein: Early marker in the carcinogenesis of ulcerative colitis-associated colorectal carcinoma. World Journal of Surgery, 2002, 26(6): 726-731.

[98] Milnerowicz H, Jablonowska M, Bizon A. Change of zinc copper and metallothionein concentrations and the copper-zinc superoxide dismutase activity in patients with pancreatitis. Pancreas, 2009, 38(6): 681-688.

[99] Rongxian J, Vincent T K C. Metallothionein 2A expression is associated with cell proliferation in breast cancer. Carcinogenesis, 2002, 23(1): 81-86.

[100] Mccluggage W G, Strand K, Abdulkadir A. Immunohistochemical localization of metallothionein in benign and malignant epithelial ovarian tumors. Gynecological Cancer, 2002, 12(1): 62-65.

[101] Sens M A, Somji S, Garrett S H. Metallothionein isoform 3 overexpression is associated with breast cancers having a poor prognosis. American Journal of Pathology, 2001, 159(1): 21-26.

[102] Sutoh I, Kohno H, Naksshima Y. Concurrent expressions of metallo-thionein, glutathione S-transferase-π, and P-glycoprotein in colorectal cancers. Diseases of the Colon & Rectum, 2000, 43(2): 221-232.

[103] Lansdown A. Metallothioneins: potential therapeutic aids for wound healing in the skin. Wound Repair and Regeneration, 2002, 10(5): 130-132.

[104] Chung R S, West A K. A role for extracellular metallothioneins in CNS injury and repair. Neuroscience, 2004, 123(3): 595- 599.

[105] Penkowa M, Carrasco J, Giralt M, et al. CNS wound healing is severely depressed in metallothionein and deficientmice. The Journal of Neuroscience, 1999, 19(7): 2535-2545.

[106] Ceballos D, Lago N, Verdu E, et al. Role of metallothioneinsin peripheral nerve function and regeneration. Cellular and Molecular Life Sciences, 2003, 60(6): 1209-1216.

[107] Simpkins C O. Metallothionein in human disease. Cellular and Molecular Biology (Noisy-Le-Grand, France, 2000, 46(2): 465-488.

[108] Hidalgo J, Penkowa M, Giralt M, et al. Metallothionein expression and oxidative stress in the brain. Methods in Enzymology, 2002, 348: 238-249.

[109] Javier C, Milena P, Mercedes G, et al. Role of metallothionein-III following central nervous system damage. Neurobiology of Disease, 2003, 13(1): 22-36.

[110] 郭杰, 王冬艳. 金属硫蛋白与皮肤. 中国美容医学, 2001, 11(3): 270-273.

[111] Sprietsma J E. Modern diets and diseases: NO-zinc balance. Under Th1, zinc and nitrogen monoxide(NO)collectively protect againstviruses, AIDS, autoimmunity, diabetes, allergies, asthma, infectious diseases, atherosclerosis and cancer. Medical Hypotheses, 1999, 53(1): 6-16.

[112] 吴睿, 张敏红, 冯京海, 等. 日循环高温对肉鸡组织锌离子浓度及金属硫蛋白含量的影响. 动物营养学报, 2011, 23(08): 1273-1279.

[113] 陈诗翔, 张春雷, 马川. 金属硫蛋白(MT)在激光诱导的皮肤血管损伤修复中的作用. 中

国激光医学杂志, 2014, 5: 66.

[114] West A K, Chuah M I, Vickers J C, et al. Protective role of metallothioneins in the injured mammalian brain. Reviews in the Neurosciences, 2004, 15(03): 157-166.

[115] Penkowa M, Metallothioneins are multipurpose neuroprotectants during brain pathology. FEBS Journal, 2006, 273(9): 1857-1870.

[116] 康巧华, 任宏伟, 茹柄根. 金属硫蛋白-3 研究进展. 生命科学, 2001, 13: 103-104.

[117] 郝守进, 茹柄根. 金属硫蛋白及其在食品工业应用中的研究进展. 食品与发酵工业, 2002, 28: 62-67.

[118] Green E M, Adams H R. New perspectives in circulatory shock: Pathophysiologic mediators of the mammalian response to endotoxemia and sepsis. Journal of the American Veterinary Medical Association, 1992, 200(200): 1834-1841.

[119] 祁克宗. 内毒素性微循环障碍山羊氧自由基代谢的研究. 中国农业科学, 1999, 32(3): 90-95.

[120] 安立会, 郑丙辉, 张雷, 等. 渤海湾河口沉积物重金属污染及潜在生态风险评价. 中国环境科学, 2010(5): 666-670.

[121] 任宏伟, 王文清, 茹炳根, 等. 鲫鱼金属硫蛋白的提纯及性质研究. 生物化学与生物物理进展, 1993, 20(4): 281-285.

[122] 李彩娟, 王磊, 凌去非. 镉胁迫对泥鳅金属硫蛋白基因表达的影响. 水生态学杂志, 2014, 35(3): 88-93.

[123] 安立会, 郑丙辉, 付青, 等. 以梭鱼金属硫蛋白基因表达监测海洋重金属污染. 中国环境科学, 2011, 31(8): 1383-1389.

[124] 丁宗一. 金属硫蛋白与环境健康危险因素的防治. 中华儿科杂志, 2003, 41(7): 510-514.

[125] 张艳强, 安立会, 郑丙辉, 等. 浑河野生鲫鱼体内重金属污染水平与金属硫蛋白基因表达. 生态毒理学报, 2012, 7(1): 57-64.

[126] 吴传松. 类金属硫蛋白产生菌的分离培养及特性研究. 武汉: 华中科技大学硕士学位论文, 2009.

[127] Zhang P P, Song P, Tian X W. Effects of metallothionein on nervous system and neurological diseases. International Journal of Biology and Biological Sciences, 2013, 2(9): 129-135.

[128] Hidalgo J, Aschner M, Zatta P, et al. Roles of the metallothionein family of proteins in the central nervous system. Brain Research Bulletin, 2001, 55(2): 133-145.

[129] Jin T, Nordberg G F, Nordberg M. Resistance to acute nephrotoxicity induced by cadmium-metallothionein dependence on pretreatment with cadmium chloride. Pharmacology & Toxicology, 1987, 61(2): 89-93.

[130] Huckle J W. Prokaryotic metallothionein gene isolation, nucleotide sequence and expression. Durham University, 1993.

[131] 史冬燕. 植物金属硫蛋白概述. 生物学教学, 2009, 7: 3-4.

[132] 李丽立, 张彬, 印遇龙, 等. 猪肝金属硫蛋白的诱导效果. 广西农业生物科学, 2004, 4: 270-273.

[133] 茹炳根, 潘爱华, 黄秉乾, 等. 金属硫蛋白. 生物化学与生物物理进展, 1991, 4: 254-259.

[134] 于静, 周妍娇, 茹炳根. 兔肝金属硫蛋白 β 结构域的制备和鉴定. 生物化学杂志, 1997, 4: 86-91.

[135] Sakulsak N. Metallothionein: An overview on its metal homeostatic regulation in mammals.

International Journal of Morphology, 2012, 30(3): 1007-1012.

[136] 付海防. 稀土元素对双壳类金属硫蛋白的诱导效应研究. 青岛: 中国海洋大学, 2010.

[137] 徐卓立, 郭军华, 刘颖, 等. 硒对金属硫蛋白的诱导作用及硒代金属硫蛋白的生成. 解放军药学学报, 2004, 1: 11-14.

[138] 王多伽. 绿原酸对吉戎兔生长性能、血液生化指标及金属硫蛋白基因表达的影响. 长春: 吉林大学硕士学位论文, 2013.

[139] 马艳, 孔席丽, 张杰, 等. 亚砷酸钠对体外培养淋巴细胞存活率及金属硫蛋白含量的影响. 新疆医科大学学报, 2008, 2: 148-150.

[140] Rigby K E, Stillman M J. Structural studies of metal-free metallothionein. Biochemical and Biophysical Research Communications, 2004, 325(4): 1271-1278.

[141] Vasak M. Advances in metallothionein structure and functions. Journal of Trace Elements in Medicine and Biology, 2005, 19: 13-17.

[142] 朱丽梅, 李伟, 张志焱, 等. 益生菌诱导合成金属硫蛋白以及对自由基清除率和安全性研究. 饲料与畜牧, 2013, 5: 50-52.

[143] 吴萍, 彭新君, 何斌, 等. 家兔肝脏中锌-金属硫蛋白提取工艺的研究. 湖南中医学院学报, 2004, 3: 48-51.

[144] Nordberg G F, Nordberg M, Piscator M, et al. Separation of two forms of rabbit metallothionein by isoelectric focusing. Biochemical Journal, 1972, 126: 491-498.

[145] 李砥. 植物金属硫蛋白提取液对镉中毒小鼠的损伤修复作用. 乌鲁木齐: 新疆医科大学硕士学位论文, 2009.

[146] 党蕊叶, 齐凡, 赵淑琳, 等. 兔肝金属硫蛋白提取工艺研究. 西北农业学报, 2012, 6: 22-25.

[147] 孟红恩, 刘忠渊. 植物金属硫蛋白研究进展. 广东农业科学, 2014, 15: 133-138.

[148] 徐振彪, 王平翠, 孙永乐, 等. 植物金属硫蛋白的提取及检测. 山东农业大学学报(自然科学版), 2010, 1: 87-88.

[149] 于立博, 刘继文. 维药鹰嘴豆金属硫蛋白的提取检测. 时珍国医国药, 2013, 05: 1095-1096.

[150] 安建平, 王廷璞, 邹亚丽, 等. 镉诱导黄瓜金属硫蛋白的分离、纯化和鉴定. 安徽农业科学, 2008, 36(18): 7514-7515, 7742.

[151] Kusakabe T, Nakajima K, Suzuki K, et al. The changes of heavy metal and metallothionein distribution in testis induced by cadmium exposure. BioMetals. 2008, 21(1): 71-81.

[152] Simes D C, Bebianno M J, Moura J J G. Isolation and characterisation of metallothioein from the clam Ruditapes decussatus. Aquatic Toxicology, 2003, 63(3): 307-318.

[153] Ryu S K, Park J S, Lee I S. Purification and characterization of a copper-binding protein from Asian periwinkle Littorina brevicula. Comparative Biochemistry and Physiology Part C, 2003, 134(1): 101-107.

[154] 李明春, 李登文, 胡国武, 等. 酵母菌类金属硫蛋白的分离、纯化及性质鉴定. 菌物系统, 2001, 2: 214-221.

[155] 李福荣, 陈坤, 张苏峰. 信阳米酒酵母金属硫蛋白的分离纯化及鉴定. 河南工业大学学报(自然科学版), 2007, 4: 54-56.

[156] 李冰, 王颖, 徐炳政, 等. 超声波辅助提取酵母源类金属硫蛋白工艺的优化. 食品与机械,

2014, 3: 194-197, 205.

[157] 杨丰, 陈荣忠, 徐洵. 褐菖鲉(*Sebastiscus marmoratus*)金属硫蛋白的分离纯化及免疫测定. 环境科学学报, 1996, 16(04): 469-474.

[158] 于立博. 新疆鹰嘴豆中金属硫蛋白对铅毒性作用的干预研究. 乌鲁木齐: 医科大学硕士学位论文, 2013.

[159] Ferrarello C N, Rosario Fernandez Campa M, Carrasco J F, et al. Speciation of metallothionein-like proteins of the mussel Mytilus edulis by orthogonal separate on mechanisms with inductively coupled plasma-mass spectrometry detection: Effect of selenium Administration. Spectrochimica Acta Part B: Atomic Spectroscopy, 2002, 57(3): 439-449.

[160] Santiago-Rivas S, Moreda Pieiro A, Bermejo Barrera A, et al. Fractionation metallothionein proteins in mussels with on lion metal detection by high performance liquid chromatography inductively coupled plasma-optical emission spectrometry. Talanta, 2007, 71(4): 1580-1586.

[161] 杨洪, 黄志勇. 锌胁迫对小球藻抗氧化酶和类金属硫蛋白的影响. 生态学报, 2012, 22: 7117-7123.

[162] 张琪, 程显好, 郭文娟, 等. 蛹虫草金属硫蛋白分离纯化及性质研究. 菌物学报, 2014, 5: 1054-1062.

[163] 魏欣, 茹炳根. 二价铅离子与金属硫蛋白相互作用的研究. 中国生物化学与分子生物学报, 1999, 2: 119-125.

[164] 杨汀, 刘海荣, 李家丽, 等. 金属硫蛋白 2A 重组质粒的构建及其在血管内皮细胞中的表达. 成都医学院学报, 2015, 01: 12-15.

[165] 刘耀明, 余志涛, 朱文雅, 等. 三种重金属对中华稻蝗金属硫蛋白基因表达的影响. 农业环境科学学报, 2015, 2: 227-232.

[166] 唐秀丽, 秦春晶, 孙瑞成, 等. 金属硫蛋白抗氧化作用研究进展. 山东化工, 2015, 11: 42-44, 48.

[167] 郭祥学, 陈正佳, 但春涛, 等. 聚球藻类金属硫蛋白的纯化及部分性能的研究. 生物学杂志, 1997, 13(6): 699-703.

[168] Marketa R, David H, Helena S, et al. Structural changes inmetallothionein isoforms revealed by capillary electrophoresis and Brdicka reaction. Electrophoresis, 2012, 33: 270-279.

[169] Mulder T P J, Janssena R, Verspageth W, et a1. Development of a radioimmuno assay for human metallothionein. Journal of Immunological Methods, 1990, 130(2): 157-161.

[170] Zelazowski A J, Piotrowski J K. The level of metallothionein-like proteins inanimal tissues. Experienta, 1977, 33(12): 1624-1625.

[171] Eaton P L, Toal B F. Evaluvation of the CD hemoglobin affinity assay for the rapid dermination of metallothionein in biological tissues. Toxicology and Applied Pharmacology, 1982, 66(1): 1341-1342.

[172] Viarengo A, Ponzano E, Donderob F, et al. A simple spectrophotometric method for metallothionein evaluation in marine organisms: An application to Mediterranean and Antarctic mollusks . Marine Environmental Research, 1997, 44(1): 69-84.

[173] 王达, 葛刚, 吴兰. 金属硫蛋白(MT)的分离纯化与检测技术. 江西科学, 200422(1): 61-64.

[174] Gottschalg E, Moore N E, Ryan A K, et al. Phenotypic anchoring of arsenic and cadmium toxicity in three hepatic-related cell systems reveals compound and cell specific selective up

regulation of stress protein expression implications for fingerprint profiling of cytotoxicity. Chemico-Biological Interactions, 2006, 161(3): 251-261.

[175] Ren X Y, Zhou Y, Zhang H P, et al. Metallothionein gene expression under different time in testicular sertoli and spermatogenic cells of rats treated with cadmium. Reproductive Toxicology, 2003, 17(2): 219-227.

[176] Park J D, Klaassen C D. Protective effect of metallothionein agasuse the toxicity of cadmium and other metals. Toxicology, 2001, 163: 93-100.

[177] Greenfield N, Fasman G D. Biochemistry 8, 4108-16. of Phospholamban into a Soluble Pentamer. Biochemistry, 1969, 30(4866): 398-453.

[178] Botsford J L, Drexler M. The cyclic 3', 5'-adenosine monophosphate receptor protein and regulation of cyclic 3', 5'-adenosine monophosphate synthesis in *Escherichia coli*. Molecular and General Genetics MGG, 1978, 165(1): 47-56.

[179] Giraud M J, Toulme F, Blazy B, et al. Fluorescence study on the non-specific binding of cyclic-AMP receptor protein to DNA: Effect of pH. Biochimie, 1994, 76(2): 133-139.

[180] Katouzian M, Blazy B, Cremet J Y, et al. Photo-cross-linking of CRP to nonspecific DNA in the absence of cAMP, DNA interacts with both the N-and C-terminal parts of the protein. Biochemistry, 1993, 32(7): 1770-1773.

[181] Ebright R H, Ebright Y W, Gunasekera A. Consensus DNA site for the Escherichia coli catabolite gene activator protein(CAP): CAP exhibits a 450-fold higher affinity for the consensus DNA site than for the E. coli lac DNA site. Nucleic Acids Research, 1989, 17(24): 10295-10305.

[182] Pyles E A, Chin A J, Lee J C. Escherichia coli cAMP receptor protein-DNA complexes. 1. Energetic contributions of half-sites and flanking sequences in DNA recognition. Biochemistry, 1998, 37(15): 5194-5200.

[183] Ebright R H. Transcription activation at class I CAP-dependent promoters. Molecular Microbiology, 1993, 8(5): 797-802.

[184] Kanack K J, Runyen L J, Ferrell E P, Characterization of DNA-binding specificity and analysis of binding sites of the Pseudomonas aeruginosa global regulator, Vfr, a homologue of the *Escherichia coli* cAMP receptor protein. Microbiology, 2006, 10: 152, 3485-3496.

[185] Zheng D L, Constantinidou C, Hobman J L, et al. Identification of the CRP regulon using *in vitro* and *in vivo* transcriptional profiling. Nucleic Acids Research, 2004, 32(19): 5874-5893.

[186] Gaston K, Bell A, Kolb A, et al. Stringent spacing requirements for transcription activation by crp. Cell, 1990, 62(4): 733-743.

[187] Zhng Y, Yang C P. Study advances of metallothio-nein. Molecular Plant Breeding, 2006, 4(3): 73-78.

[188] Scott S, Busby S, Beacham I. Transcriptional co-activation at the ansB promoters: involvement of the activating regions of CRP and FNR when bound in tandem. Molecular Microbiology, 1995, 18(3): 521-531.

[189] Lobell R B, Schleif R F. AraC-DNA looping: Orientation and distance-dependent loop breaking by the cyclic AMP receptor protein. Journal of Molecular Biology, 1991, 218(1): 45-54.

[190] Richet E, Vidal-Ingigliardi D, Raibaud O. A new mechanism for coactivation of transcription initiation: Repositioning of an activator triggered by the binding of a second activator. Cell, 1991, 66(6): 1185-1195.

[191] Merkel T J, Dahl J L, Ebright R H, et al. Transcription activation at the *Escherichia coli* uhpT promoter by the catabolite gene activator protein. Journal of Bacteriology, 1995, 177(7): 1712-1718.

[192] 刘振佳, 司伊康, 陈晓光. 圆二色谱测定技术在小分子化合物与 DNA 相互作用研究中的应用. 药学学报, 2010, 45(12): 1478-1484.

[193] 史朝为. 针对膜蛋白结构解析的磁共振方法发展和应用. 合肥: 中国科学技术大学博士学位论文, 2013.

[194] Kay L E. NMR studies of protein structure and dynamics. Journal of Magnetic Resonance, 2005, 173(2): 193-207.

[195] Dyson H J, Wright P E. Unfolded proteins and protein folding studied by NMR. Chemical Reviews, 2004, 104(8): 3607-3622.

[196] 陈国珍, 黄贤智, 郑朱梓. 荧光分析法. 北京: 科学出版社, 2006.

[197] Zhong W, Wang Y, Yu J S, et al. The interaction of human serum albumin with a novel antidiabetic agent-SU-118. Journal of Pharmaceutical Sciences, 2004, 93(4): 1039-1046.

[198] Sułkowska A. Interaction of drugs with bovine and human serum albumin. Journal of Molecular Structure, 2002, 614(1): 227-232.

[199] Jiang C Q, Gao M X, Meng X Z. Study of the interaction between daunorubicin and human serum albumin, and the determination of daunorubicin in blood serum samples. Spectrochimica Acta Part A: Molecular and Biomolecular Spectroscopy, 2003, 59(7): 1605-1610.

[200] Otagiri M, Masuda K, Imai T, et al. Binding of pirprofen to human serum albumin studied by dialysis and spectroscopy techniques. Biochemical pharmacology, 1989, 38(1): 1-7.

[201] Fehske K J, Schläfer U, Wollert U, et al. Characterization of an important drug binding area on human serum albumin including the high-affinity binding sites of warfarin and azapropazone. Molecular Pharmacology, 1982, 21(02): 387-393.

[202] Woi H S, Yamazaki T, Lee, et al. Structural understanding of the allosteric conformational change of cyclic AMP receptor protein by cyclic AMP binding. Biochemistry, 2000, 39(45): 13953-13962.

[203] Abbas O, Lecler B, Dardenne P, et al Detection of melamine and cyanuric acid in feed ingredients by near infrared spectroscopy and chemometrics. Journal of Near Infrared Spectroscopy, 2013, 21(3): 183-194.

[204] Haughey S A, Graham S F, Cancouet E, et al. The application of near-infrared reflectance spectroscopy(NIRS)to detect melamine adulteration of soya bean meal. Food Chemistry, 2013, 136(3-4): 1557-1561.

[205] Mauer L J, Chemyshova A A, Hiatt A, et al. Melamine detection in infant formula powder using near and mid infrared spectroscopy. Journal of Agricultural and Food Chemistry, 2009, 57(10): 3974-3980

[206] Sreerama N, Venyaminov S Y, Woody R W, et al. Estimation of protein secondary structure from circular dichroism spectra: inclusion of denatured proteins with native proteins in the analysis. Analytical Biochemistry, 2000, 287(2): 243-251.

[207] 籍保平. 近红外光谱技术在农产品加工中的应用. 粮油加工与食品, 2000, (6): 31-33.

[208] 王多加, 周向阳, 金同铭, 等. 近红外光谱检测技术在农业和食品分析上的应用. 光谱学与光谱分析, 2004, 24(4): 447-450.

[209]　陆婉珍, 袁洪福, 徐广通, 等. 现代近红外光谱分析技术. 北京: 中国石化出版社, 2000.

[210]　Nath R, Kambadur R, Gulati S, et al. Molecular aspects, physiological function, and clinical significance of metallothioneins. Critical Reviews in Food Science & Nutrition, 1988, 27(1): 41-85.

[211]　Duncan K E R, Kirby C W, Stillman M, et al. Metal exchange in metallothioneinsa novel structurally significant Cd5 species in the alpha domain of human metallothionein 1a. FEBS Journal, 2008, 275(9): 2227-2239.

[212]　Shi Y B, Fang J L, Liu X Y. Fourier transform IR and Fourier transform Raman spectroscopy studies of metallothionein-III: Amide I band assignments and secondary structural comparison with metallothioneins-I and metallothioneins -II. Biopolymers, 2002, 65(2): 81-88.

[213]　Domenech J T A, Capdevila M. Structural study of the zinc and cadmium complexes of a type 2 plant (*Quercus suber*) metallothionein: Insights by vibrational spectroscopy. Biopolymers, 2007, 86(3): 240-248.

[214]　Li M, Huang Y S, Jeng U S, et al. Resonant x-ray scattering and absorption for the global and local structures of Cu-modified metallothioneins in solution. Biophysical Journal, 2009, 97(2): 609-617.

[215]　Mehra R K, Tarbet E B, Gray W R, et al. Metal-specific synthesis of two metallothioneins and gamma-glutamyl peptides in Candida glabrata. Proceedings of the National Academy of Sciences, 1988, 85(23): 8815-8819.

[216]　Membrane protein purification and crystallization: A practical guide. Academic Press, 2003.

[217]　周文, 陈新, 邵正中. 红外和拉曼光谱用于对丝蛋白构象的研究. 化学进展, 2006, 11: 1514-1522.

第2章　酵母源金属硫蛋白概述

2.1　酵母源金属硫蛋白研究进展

自1957年Margoshes和Vallee L[1]等报道从蓄积镉的马肾脏中分离出金属硫蛋白以来，几乎所有哺乳类动物组织、某些两栖动物、环节动物、海洋动物、植物和某些微生物中均发现了金属硫蛋白的存在。按照习惯，大多数学者将哺乳动物肝、肾组织中重金属诱导产生的典型金属硫蛋白（metallothionein）简称 MT；将植物中发现的植物重金属螯合肽（phytochelatin）简称 PC 或螯合肽（chelatin）；由于真核微生物中分离的金属硫蛋白基本结构、特性、功能与哺乳动物金属硫蛋白类似，因此称为类金属硫蛋白（metallothionein-like）简称类 MT 或某某菌 MT[2]。

酵母菌广泛分布于自然界中，种类繁多，已知的就有几百种，特别是酿酒酵母（*Saccharomyces cerevisiae*），它在生产类 MT 中发挥了重要作用。目前，国内外在酵母菌发酵生产金属硫蛋白领域的研究与开发利用等方面取得了丰硕的成果。为了获得具有特定优良性能的酵母菌株，提高金属硫蛋白的市场竞争力和商业价值，缩短发酵周期和降低生产成本，提高企业的竞争优势和获利能力，探索优良的酵母菌株仍然是重要课题。随着对金属硫蛋白研究的日益深入，其酵母菌株的价值会得到更加充分的体现。

2.1.1　酵母类金属硫蛋白国外研究进展

自1957 年 Margoshes 和 Vallee[1]等报道从蓄积镉的马肾脏中分离出 Cd-MT 以来，现几乎能从所有哺乳动物、鱼类、两栖类和某些植物及真核、原核微生物中分离得到金属硫蛋白[3, 4]。

1960 年，Kagi[5]提纯了这类蛋白质，发现其中含有大量半胱氨酸残基和金属。

1975 年 Prinz 和 Weser[6]从酿酒酵母（*Saccharomyces cerevisiae*）中分离出 Cu-MT 以来，酵母菌 56 属中已在酵母属、裂殖酵母属（*Schizosaccharomyces*）[7]、假丝酵母属（*Candida*）和毕赤酵母属（*Pichia*）中[8, 9]证实含有金属硫蛋白。

1976 年日本学者 Naiki 等[10]报道酿酒酵母 IFO 0044 RCu 菌株中分离出类 MT，该金属硫蛋白不含有芳香族氨基酸。

1986 年 Olafson 等[11]报道在蓝细菌中发现类 MT。

1992 年 Kneer 等 [12]报道的粗糙脉孢菌能诱导类 Cu-MT 产生；全世界科学家对其进行了广泛而深入的研究,生物化学领域国际权威丛书 *Methods In Enzymology* 第 205 卷为 *Metallothionein* 专辑,著名分析学杂志 *Talante* 1998 年 6 月也开辟了金属硫蛋白这一专栏。

1995 年 Tohoyama 等[13]铜诱导酿酒酵母产生金属硫蛋白的耐镉机制。

1997 年 Hasegawa 等[14]利用酵母金属硫蛋白基因转移对植物的重金属耐受性进行遗传改良。1998 年 Wang 等[15]的酵母共识序列显著提高在酿酒酵母中的三种金属硫蛋白的合成。

1999 年 Patricia 等[16]从酿酒酵母的铜金属硫蛋白 R2-PIM8 在蓝藻聚球藻中表达。

1999 年的 Rauser[17]和 Van Hoof 等[18]研究表明类 MT 是低分子质量和富含半胱氨酸的细胞质金属结合蛋白质,可以螯合重金属离子。

在 1978 年、1985 年、1992 年、1996 年、2005 年分别在瑞士、美国、日本、中国（两次）等国家召开过五届关于研究金属硫蛋白的国际会议,金属硫蛋白的研究已经成为当今应用基础科学研究的热点之一。

2005 年镉通过酵母氧化应激诱导金属硫蛋白合成[19]。

2007 年 Nishiuchi 等[20]分离鉴定类 MT 基因蛋白-1,提高酿酒酵母耐受氧化、盐和碳酸盐的能力。

2009 年 Ushakova 等[21]探讨了类 MT 在中枢神经系统中微管的主要功能,以及在神经元和其他细胞的防御反应中的作用。

2011 年 Thirumoorthy 等[22]研究了类 MT 在病理学上的应用,探讨了类 MT 与调节复杂的疾病（如糖尿病、心脏病、癌症等）和自身的免疫系统有关,。

2013 年 Freisinger 和 Vašák [23]对镉诱导产生金属硫蛋白的功能和性质进行研究,讨论聚合态、结合态镉（II）离子与金属离子螯合剂的反应性,研究其三级结构以及金属结合部位。

2.1.2　酵母类金属硫蛋白国内研究进展

我国对金属硫蛋白的研究起步较晚,最初是在 1997 年林稚兰等选出我国第一株酿酒酵母类 Cu-MT,酿酒酵母（YBD101）菌株的类 MT 能清除羟基自由基[24]。

1999 年李峰等[25]在一定条件下,用含不同浓度 CuSO₄ 培养基培养产朊假丝酵母。实验结果,当 CuSO₄ 浓度高达 10 mmol/L 时,菌体生长才被完全抑制,也由此可见产朊假丝酵母对铜离子的耐受力十分突出。随后吸附实验研究表明,随着铜离子浓度不断增大,菌体对银离子的吸附能力也不断增大,说明菌体对铜离子的吸附能力越强,那它的耐受性就会越高。

2000 年邢小云等[26]将酿酒酵母 Cu²⁺抗株 YND21在含一定浓度的氯化铜培养

基诱导培养后，经 Sephadex G-50 和 DEAE-cellulose 柱层析分离可获得三种铜结合蛋白 DE-1，DE-2，DE-3。

2001 年李明春等[27]确定了酵母菌的金属抗性试验最佳培养条件，进行 Sephadex G-100、DEAE-52 结合的两次柱分离纯化，获得了类 MT 的三个亚型，蛋白性质鉴定结果表明含三个亚型、分子质量小、富含半胱氨酸和金属元素，具有典型的巯基吸收特性。

2002 年和 2003 年连续两年将高纯度金属硫蛋白提取列为高新技术。

2005 年袁红莉等[28]研究了分离自矿区土壤的一株对镉具有较强抗性和富集能力的红酵母菌（Y11）的抗镉机制，结果表明镉诱导能明显促进 Y11 菌体产生金属硫蛋白的量，菌体经诱导后金属硫蛋白产量达到 638.8 μg/g。

2007 年李福蓉等[29]从信阳米酒中分离酵母菌，从无细胞抽提液中分离纯化 Cu-MT，该金属硫蛋白由 60 个氨基酸组成，其中半胱氨酸为 6.2%，分子质量 7000 Da。

2008 年吴传松等[30]分离、筛选得到具有产类 MT 能力的酵母菌。对培养条件优化后，类 MT 的产量从 0.885 mg/g 提高到 1.366 mg/g，提高了约 50%。

2009 年成玉梁等[31]以实验室诱变处理得到的金属硫蛋白高产且遗传性状稳定的优良突变株酿酒酵母 N'-1 为研究对象，通过对其发酵诱导培养阶段各影响因素的研究、优化，测得金属硫蛋白产量（以巯基活性计）为 0.074，较之前实验有了大幅提高。

2011 年梁晓峰等[32]对酿酒酵母金属硫蛋白进行表达、纯化及活性检测。结果表明，金属硫蛋白的表达增加了重组酵母菌对铜离子的耐受性和积累量。纯化后的金属硫蛋白的纯度达到 95%。纯化后的金属硫蛋白显示出很好的清除羟基自由基的能力。

2.2　酵母源金属硫蛋白特性

微生物尤其是酵母菌生产类 MT，由于它的生产周期短、成本低等优点，逐渐受到人们的关注。酵母菌是一类单细胞真核微生物的通俗名称，因此酵母源金属硫蛋白具有真核微生物类 MT 的特征。真核微生物中发现的类 MT 基本具备了哺乳动物中金属硫蛋白的最重要的特征，而非一般金属螯合蛋白。真核微生物中金属诱导产生的类 MT 的主要特征为：低分子质量（2000～10000 Da）；高金属含量（每分子类 MT 含 4～13 个金属原子）；氨基酸组成中半胱氨酸含量丰富（7%～48%），含典型的巯基峰；没有芳香族氨基酸或含量极少；具有金属通过硫酯键与蛋白质结合的特殊吸收光谱行为；具有金属硫蛋白中典型的 Cys-Xaa-Cys 多肽序列（Xaa 代表任一非特殊氨基酸残基）。真核微生物中的类 MT 虽然也常被称为 MT，但与哺乳动物中典型的 MT 仍有差别；不同微生物之间差异较大。大致有下列四种类型：

（1）产生类似哺乳动物的 MT

某些种类微生物在 Cu 盐诱导时，合成类似哺乳动物的金属硫蛋白。哺乳动物的金属硫蛋白分子质量一般为 6000～7000 Da，含 61 个氨基酸，其中半胱氨酸含量占 23%～33%，每分子 Cu-MT 含 7～12 个金属原子。而酿酒酵母 X-2180-1Aa 菌株中分离的类 Cu-MT 是由 53 个氨基酸残基组成的分子质量为 5655 Da 的巯基蛋白，在所含的 12 种氨基酸中半胱氨酸占 24.3%，每克分子类 Cu-MT 结合 8～13 克原子 Cu。分子质量为 8000 Da 的椭圆酿酒酵母 ATCC-560 菌株的类 Cu-MT 半胱氨酸含量占 13%[4]。而分子质量为 9000 Da 的酿酒酵母 301N 菌株的类 Cd-MT 半胱氨酸含量占 18.3%[33]。

与哺乳动物 Cu-MT 相比，微生物类 MT 的主要差别是酵母菌中类 MT 有相当高含量的酸性氨基酸残基（如酿酒酵母 X-2180-1Aa 类 Cu-MT 中天冬氨酸占 14.6%，谷氨酸占 19.2%），比哺乳动物中金属硫蛋白酸性氨基酸高 2～3 倍。酿酒酵母 301N 菌株 Cd-MT 的碱性氨基酸含量也相当高（主要是精氨酸、组氨酸），这也是酵母菌中唯一在 Cd-MT 中含组氨酸的报道，而哺乳动物中 Cd-MT 不含组氨酸。另一个差别是哺乳动物中分离的 Cu-MT 中除被 Cu 诱导外，同时也被 Zn、Cd、Ag 诱导；而酵母菌中分离的天然类 Cu-MT，一般只被 Cu、Ag 诱导。表明酵母菌中类 MT 与哺乳动物 MT 性质确有差别。

（2）产生类似植物中的螯合肽

某些微生物在 Cu 和 Cd 存在时，诱导合成类似植物中的螯合肽。如栗酒裂殖酵母诱导合成其中功能相同的 Cd 结合肽（Cd-binding peptides），它们由同样的基肽亚单位（cadystin）构成，基本结构为 γ-谷氨酰肽或称（γ-Glu-Cys）n-Gly，不同在于植物中为 9 个序列的 γ-谷氨酰肽（$n=2～10$），栗酒裂殖酵母为 7 个序列的 Cd-BPs（$n=2～8$）。

（3）产生既不同于 MT 又不同于螯合肽的金属硫蛋白

日本学者 Naiki 等[10]报道的酿酒酵母 IFO 0044 RCu 菌株中分离的类 MT，不含芳香族氨基酸，分子质量 9000 Da±500 Da，具有哺乳动物金属硫蛋白的其他属性，唯蛋白分子中半胱氨酸含量低，只有 6.8%～7.4%，是既不同于 MT，又不同于螯合肽的第三类。

（4）既能产生类 MT 又能产生螯合肽

值得注意的是某些酵母菌如光滑球拟酵母对抗重金属有两套系统，既产生螯合重金属离子、富含半胱氨酸的类 MT，又产生通过半胱氨酸巯基配位键螯合重金属的螯合肽，而且每套系统各受不同重金属离子调节[9]。在 Cu 盐中诱导合成分子质量 7000 Da、且有重复 Cys-Xaa-Cys MT 典型多肽序列的两种分子的类 Cu-MT-1（62 个氨基酸）和类 Cu-MT-2（51 个氨基酸），其半胱氨酸含量为 30%；在 Cd 盐中诱导合成两种 γ-谷氨酰肽（Cd-BP1 分子质量 8000 Da，Cd-BP2 分子质量 4000 Da），这类酵母菌 Cd-结合肽基本结构也是（Glu-Cys）n-Gly。1992 年 Kneer 等[12] 报道粗糙脉孢菌和异常毕赤酵母（Pichia anomla）YBD102 菌株也属此类，即能诱导类 Cu-MT，又检测到 Cd-螯合肽或 Cd-BPs。

2.3　酵母源金属硫蛋白的制备方法

　　微生物源金属硫蛋白的制备方法一般包括以下几个步骤：首先，从环境中分离、筛选、诱变具有产类金属硫蛋白能力的微生物菌株；然后，对菌体产金属硫蛋白的培养条件进行优化，包括培养基优化和培养工艺优化；最后，对菌体产生的金属硫蛋白进行提取、分离和纯化。

2.3.1　菌体选育和诱变

　　金属硫蛋白肽链中含有大量半胱氨酸残基，这使金属硫蛋白结构中含有巯基。金属硫蛋白通过巯基（—SH）结合金属离子，通常情况下，金属硫蛋白对锌、铜、镉、汞等二价金属离子具有高亲和性，并与这些金属形成金属硫醇盐簇。由于金属硫蛋白是一种诱导应激蛋白，自然界中生物体内含量通常很低，并且种类复杂，难以大量提取。因此，目前通常根据不同的需求采用不同金属离子或其他诱导剂诱导产生金属硫蛋白，并可根据金属硫蛋白的含量，评价体内重金属的存在情况[34]。

　　从自然界分离得到的原始微生物菌株用于诱导产生类金属硫蛋白时，无论是产量还是质量均不理想，如果单纯依赖自然界存在的微生物菌群进行自然选育，由于突变率低、突变幅度小，获得高产菌概率较小，因此利用诱发突变处理是最可靠的微生物菌种选育方法，具有方便、经济且高效的特点。目前实验室所采用的诱变剂有非电离辐射类的紫外线、激光以及能引起电离辐射的 X 射线、γ 射线和快中子等；化学诱变剂主要包括烷化剂以及碱基类似物等。其中，烷化剂最常用且高效的有亚硝基胍（NTG），可与巯基、氨基和羧基等直接反应，因而更易引起基因突变。

　　苗兰兰等[35]以酿酒酵母 31206 为出发菌株，采用紫外、微波及 NTG 三重复合诱变，经过初筛、复筛、再复筛的方法筛选出金属硫蛋白产量较高的一株菌，经四代稳定性遗传表明该突变株稳定性较好，均保持在 90%以上。李靖元等[36]以产阮假丝酵母菌为出发菌株，通过物理诱变和化学诱变，得到了一株高产金属硫蛋白的产阮假丝酵母菌株 N''-6，其产金属硫蛋白能力较出发菌株的巯基活性提高了4.77倍。成玉梁等[31]选取酿酒酵母 Cu-3 作为产类金属硫蛋白的出发菌株，采用物理 UV 诱变以及化学诱变（NTG）方法进行复合交替诱变，再进行类金属硫蛋白的诱导实验，得到一株突变菌株 N-1，其类金属硫蛋白 Cu-MT 产量有了明显的提高，并且具有较好的遗传稳定性。王龙等[37]采用亚硝基胍和紫外线诱变，在金属硫蛋白产生菌酿酒酵母（*Saccharomyces cerevisiae*）BD101-25 单倍体中获得遗传稳定的高 Cu^{2+}、Cd^{2+} 抗性突变菌株 BD101-69 和 BD101-30。两个突变菌株类 MT表达量与生物学活性皆有所提高，为产 MT 酵母菌的诱变和筛选理论和应用研究打下了基础。

2.3.2 菌体的培养

菌株的诱导培养条件直接影响着金属硫蛋白的产量，赋予经诱变育种得到的优良突变菌株以合适的发酵培养条件，使其能够在此培养条件下得到充分表达，并使其高产性能和其他优良特性得到最大程度的体现，对发酵生产金属硫蛋白具有重要的意义。实验室对条件的优化一般包含两个方面：培养基组分的优化和培养条件的优化。

在众多酵母源金属硫蛋白研究过程中，因为培养基条件中对类金属硫蛋白产量起决定性作用的是诱导的 Cu 试剂，所以诱导过程中涉及的培养基组分是固定的，即氮源和碳源等组分是固定的，主要研究培养条件对酿酒酵母菌株生产金属硫蛋白产量的影响。实验中主要涉及的研究因素包括：活化时间、诱导剂类型、诱导剂浓度、诱导时间、诱导温度、装液量、诱导 pH、菌体接种量、摇床转速等。如苗兰兰[35]等对突变株 N-8 菌株生产 Cu-MT 的摇瓶发酵条件进行优化，研究的因素有：活化培养时间、诱导剂的选择、诱导剂的浓度、诱导培养时间、诱导培养 pH、摇床转速等。得到最佳条件为：选择 $CuCl_2$ 为诱导 MT 试剂，活化培养时间为 24 h，诱导培养 pH 为 6.5，摇床转速为 140 r/min，接种量为 1 ml/50 ml 培养液，装液量为 50 ml/250 ml 三角瓶，诱导培养温度为 30℃，诱导培养时间为 48 h。选取诱导剂浓度，诱导培养时间，诱导培养温度和诱导培养 pH 四个因素进行响应面试验，求得最佳提取方案为：诱导剂浓度为 0.7 mmol/L，诱导培养时间为 62 h，诱导培养 pH 6.4，诱导培养温度为 30℃。在此提取的条件下，测得类金属硫蛋白产量为170.91 ng/L。李靖元等[36]采用恒温摇床发酵培养高产金属硫蛋白假丝酵母菌，选择优化的培养因素为：活化时间、诱导剂类型、诱导剂浓度、诱导时间、诱导温度、装液量、菌体接种量及摇床转速。通过 8 个单因素试验得到了 N''-6 菌株生产金属硫蛋白的较优发酵条件为：将菌株活化 40 h 后选择含有 1.2 mmol/L $CuCl_2$ 的诱导培养基，作为诱导剂在 30℃下诱导 40 h，摇床转速设定为 200 r/min，同时接种量为 1 ml/50 ml，诱导培养基的装液量设置为 50 ml/250 ml 锥形瓶。

2.3.3　金属硫蛋白的提取分离

　　研究技术较为成熟的酿酒酵母被广泛应用于实验室真菌类金属硫蛋白的生产与性质研究。其中，一次性发酵所得到的类金属硫蛋白的产量低，在很大程度上限制了单次实验处理量以及类金属硫蛋白从实验室向工业化生产规模的转型，类金属硫蛋白的提取工艺无疑是影响终产量的主要因素[32]。金属硫蛋白属于胞内蛋白，因此金属硫蛋白纯化之前，需要对不同组织或细胞进行处理，将金属硫蛋白从细胞内分离出来。由于这个过程中会有其他蛋白或肽类与金属硫蛋白混杂，因此只能获得金属硫蛋白粗品。金属硫蛋白属于耐热蛋白，可采用加热法去除部分不耐热杂蛋白。

　　一般认为，产金属硫蛋白微生物经不同条件诱导后，对细胞需要进行破碎（超声波处理、捣碎、冻融、化学处理等），然后用缓冲溶液（Tris-HCl 或 NaAc-HAc）萃取，经过离心后得到金属硫蛋白粗提液，再经过不同的干燥方法（冻干等），获得金属硫蛋白粗品。主要提取步骤为：微生物→诱导培养→离心→菌体清洗→菌体重悬→细胞破壁→加热去杂→离心→上清液干燥→粗品[38]。与动物源提取相比，通过微生物源尤其是酵母源诱导产生的金属硫蛋白具有来源广、成本低、发酵周期短等优点。

1. 超声波辅助提取法

　　超声波提取法是通过超声波对介质的空化和机械振动作用产生的一种物理破碎过程。超声波振动能产生巨大能量，带动媒质快速振动，促进有效成分融入溶剂。空化作用形成的空化泡破裂伴随产生强大的冲击波，破坏细胞壁结构，释放细胞内物质。目前，超声波提取技术由于具有低温、快速且提取率高等优点已经广泛应用到色素、多糖、蛋白、油脂及农药等多种领域[39~43]。如李福荣等[29]从信阳米酒中分离酵母菌，经 CuSO₄ 诱导、超声波破碎酵母细胞，然后从无细胞抽提液中分离纯化 Cu-MT。李冰[44]等采用超声波辅助提取酵母源类金属硫蛋白得到的金属硫蛋白巯基活性达 0.163 μmol/L，提高了金属硫蛋白的产量，缩短了提取时间。

2. 双水相萃取法

　　双水相萃取技术是近年发展起来的有望用于放大化生产的，用于分离萃取生物活性物质的一种新型萃取分离技术，具有体系含水量高，分相时间短，萃取环境温和使蛋白质在其中不易变性，生物相容性高，易于放大和进行连续性操作等诸多优势, 现已广泛应用于蛋白质的分离和纯化。王月[45]首次采用 PEG-(NH$_4$)$_2$SO$_4$ 双水相体系, 分离铜、锌诱导的诱变酿酒酵母菌表达的金属硫蛋白。响应面优化法分析得到双水相萃取酵母源 Zn-MT 的最佳工艺条件为: 常温 (25℃左右) PEG 2000 的质量分数为 22.44%, (NH$_4$)$_2$SO$_4$ 的质量分数为 17.55%, pH 为 5.97, 在此工艺条件下 MT 的萃取率可达 81.99%。

2.3.4　金属硫蛋白的纯化

纯化是经过合适的方法将金属硫蛋白粗品去杂取精得到精品和纯品的过程[46~48]。

1. 层析色谱法

层析色谱法是一种快速而简便的分离分析技术, 它成本低廉, 操作简便, 设备简单, 具有较高的吸附容量, 对大分子物质有非常好的分离效果, 所以在生物学、医药学等领域应用广泛。其中最常用的分离金属硫蛋白的方法是通过凝胶过滤层析和离子交换层析相结合的办法, 此外还有吸附层析、亲和层析法。吸附层析包括吸附柱层析、聚酰胺薄膜层析和薄层层析。层析法在分离金属硫蛋白方面应用很普遍, 同时也是非常有效的一种分离手段。凝胶过滤层析先将金属硫蛋白与其他杂蛋白分离, 常用凝胶柱为葡聚糖凝胶柱, Sephadex G-25、Sephadex G-50、Sephadex G-75 等。也可以用中空纤维超滤, 替代分子筛的同时又可去除有机溶剂, 使蛋白处于较温和稳定的环境中, 还大大缩减了纯化时间, 更适宜实验室制备[49]。李冬[50]使用结合有 Cu^{2+} 的金属螯合亲和层析柱对粗提蛋白液进行了分离, 分离出两个组分: MT-1 和 MT-2。郭祥学等[49]用镉诱导蓝藻, 经凝胶过滤、离子交换层析和反相 HPLC 法纯化得到类金属硫蛋白。此法为在植物和真菌中提取非典型 MT 建立了一种有效的提取方法。李冰等[44]对 Cu 诱导酵母细胞产生的金属硫蛋白的分离纯化进行研究, 采用凝胶柱层析和离子交换层析对其进行分离纯化, 得到金属硫蛋白的两个亚型 MT-Ⅰ、MT-Ⅱ的分子质量为 7.9 kDa。其中, MT-Ⅰ中半胱氨酸含量可达 30.7%, 高于哺乳动物金属硫蛋白中半胱氨酸含量 (20%)。

2. 其他方法

除层析色谱法外, 常用于微生物源金属硫蛋白的分离纯化外, 部分文献报道了毛细管电泳法、高流速的 DEAE 琼脂糖凝胶法和微磁纯化法等在金属硫蛋白分离纯化中的应用[51], 随着分离纯化技术的不断发展和创新, 几种纯化方法出现交叉应用, 新型高效的分离纯化方法及蛋白芯片检测等新技术也正在得到积极研究和开发。

参 考 文 献

[1] Margoshes M, Vallee B L. A cadmium protein from equine kidney cortex. Journal of the American Chemical Society, 1957, 79(17): 4813-4814.

[2] 林稚兰, 常立梅. 真核微生物的类金属硫蛋白. 生物工程进展, 1996, 16(3): 33-43.

[3] Premakumar R, Winge D R, Wiley R D, et al. Copperchelatin: Purification and properties of a copperbinding protein from rat liver. Archives of Biochemistry and Biophysics, 1975. 170: 253-266.

[4] Comeau R D, McDonald K W, Tolman G L, et al. Gram scale purification and preparation of rabbit liver zinc metallothionein. Preparative Biochemistry, 1992. 22(21): 151-164.

[5] Kagi, Evoluhon J H R. Evolution, structure and chemical activity of class I metallothionem: An overview in metallothionein III.// Suzuki K T, Imura N, Kimura M, eds. Biochemical Pharmacology. Basel: Birkhauser Verlag, 1993: 29-55.

[6] Prinz R, Weser U. A naturally occurring Cu-thionein in *Saccharomyces cerevisiae*. Physiol Chem, 1975, 356: 767-776.

[7] Murasugi A, Wada C, Hayashi Y, et al. Cadmium-biding peptide induced in fission yeast: *Sehizosaceharomycees* pombe. Journal of Biochemistry, 1981, 90: 1561-1564.

[8] Murasugi A, Wada C, Hayashi Y. Purification and unique properties in UV and CD spectra of Cd-binding peptides from *Schizosaccharomyces* pombe. Biochemical and Biophysical Research Communications, 1981, 103(3): 1021-1028.

[9] Mehra R K, Winge D R. Candida glabrate metallothioneins. Proceedings of the National Academy of Sciences USA, 1988, 85: 8815-8819.

[10] Naiki N, Yamagata S. Isolation and some properties of copper-binding proteins bound in a copper-resistant strain of yeast. Plant and Cell Physiology, 1976, 17: 1281-1295.

[11] Olafson R W. Purifleation of prokaryotic metallothioneins. Environmental Health Perspectives, 1986, 65: 71-75.

[12] Kneer R, Kutehan T M. *Saceharomuces cerevisiae* and *Neurospora crassa* contain heavy metal sequesting phytochelatin. Journal of Medical Microbiology, 1992, 157(4): 305-310.

[13] TohoyamaH, Inouhe M, Joho M, et al. Production of metallothionein in copper- and cadmium-resistant strains of Saccharomyces cerevisiae. Journal of Industrial Microbiology, 1995, 14(2): 126-131.

[14] Hasegawa I, Terada E, Sunairi M, et al. Genetic improvement of heavy metal tolerance in plants by transfer of the yeast metallothionein gene (CUP1). Plant and Soil, 1997(2): 277-281.

[15] Wang S-H, Shih Y-H, Lin L-Y. Yeast consensus initiator sequence markedly enhances the synthesis of metallothionein III in *Saccharomyces cerevisiae*. Biotechnology Letters, 1998(1): 9-13.

[16] Patricia M, Gordon C, Sabine H. Expression of the copper metallothionein CUPI from *Saccharomyces cerevisiae* in the Cyanobacterium Synechococcus R2-PIM8 (smtA). Current Microbiology, 1999(2): 202-206.

[17] Rauser W E. Structure and function of metal chelators produced by plants: The case for organic acids, amino acids, phytin, and metallothioneins. Cell Biochemistry and

Biophysics, 1999, 31: 19-48.

[18] Van Hoof N A, Hassinen V H, Hakvoort H W, et al. Enhanced copper tolerance in Silene vulgaris (Moench) Garcke populations from copper mines is associated with increased transcript levels of a 2b-type metallothionein gene. Plant Physiology, 2001, 126: 1519-1526.

[19] Liu J H, Zhang Y M, Huang D J, et al. Cadmium induced MTs synthesis *via* oxidative stress in yeast *Saccharomyces cerevisiae*. Molecular and Cellular Biochemistry, 2005, 280(1-2): 139-145.

[20] Nishiuchi S, Liu S K, Takano T. Isolation and characterization of a metallothionei-n-1 protein in Chloris virgata Swartz that enhances stress tolerances to oxidative, salinity and carbonate stress in *Saccharomyces cerevisiae*. Biotechnology Letters, 2007, 29(8): 1301-1305.

[21] Ushakova G A, Kruchinenko O A, Peculiarities of the molecular structure and functions of metallothioneins in the central nervous system. Neurophysiology, 2009, 41(5): 355-364.

[22] Thirumoorthy N, Sunder A S, Kumar K M, et al. A review of metallothionein isoforms and their role in pathophysiology. World Journal of Surgical Oncology, 2011, 9: 54.

[23] Freisinger E, Vašák M. Cadmium in metallothioneins. //Sigel A, Sigel H, Sigel R K O. Cadmium: From Toxicity to Essentiality. Springer, 2013, 11: 339-371.

[24] 林稚兰, 郝福英, 王龙等. 酵母类金属硫蛋白抗氧化作用的研究. 菌物系统, 1997, 16(4): 291-296.

[25] 李峰, 邹国林, 张西平, 等. 产朊假丝酵母对铜离子的抗性与吸附能力. 常德师范学院学报(自然科学版), 1999(3): 52-53.

[26] 邢小云, 李明春, 侯文强, 等. 抗铜酿酒酵母铜结合蛋白的纯化及性质研究. 南开大学学报(自然科学版), 2000(3): 60-66.

[27] 李明春, 李登文, 胡国武, 等. 酵母菌类金属硫蛋白的分离、纯化及性质鉴定. 菌物系统. 2001(2): 214-221.

[28] 袁红莉, 李志建, 王能飞, 等. 一株红酵母的抗镉机制. 中国科学(地球科学), 2005(S1): 219-225.

[29] 李福荣, 陈坤, 张苏峰. 信阳米酒酵母金属硫蛋白的分离纯化及鉴定. 河南工业大学学报(自然科学版), 2007(4): 54-56.

[30] 吴传松. 类金属硫蛋白产生菌的分离培养及特性研究. 武汉: 华中科技大学硕士学位论文, 2009.

[31] 成玉梁, 姚卫蓉, 钱和, 等. 一种产金属硫蛋白的酿酒酵母(*Saccharomyces cerevisiae*)发酵工艺的研究. 食品工业科技. 2009(1): 170-174.

[32] 梁晓峰, 龚映雪, 肖文娟, 等. 酿酒酵母金属硫蛋白的表达、纯化及活性的检测. 兰州大学学报(自然科学版), 2011, 47(3): 58-62.

[33] lnouhe, M. et al. Biochimicaer Biophysics Acta. 1989, 993(1): 52-55.

[34] Sakulsak N, Sakulsak N. Metallothionein: An overview on its metal homeostatic regulation in mammals. International Journal of Morphology, 2012, 30(3): 1007-1012.

[35] 苗兰兰, 张东杰, 王颖, 等. 复合诱变高产金属硫蛋白酵母菌株的筛选. 食品科学, 2013, 19: 261-264.

[36] 李靖元, 张东杰, 王颖, 等. 高产类金属硫蛋白假丝酵母菌株的筛选. 中国生物制品学杂志, 2013, 11: 1585-1587, 1592.

[37] 王龙, 贾乐. 金属硫蛋白产生菌的诱变育种. 微生物学通报, 1999(2): 102-106.

[38] 朱丽梅, 李伟, 张志焱, 等. 益生菌诱导合成金属硫蛋白以及对自由基清除率和安全性研究. 饲料与畜牧, 2013, 5: 50-52.

[39] 郎印海, 蒋新, 赵振华, 等. 土壤中 13 种有机氯农药超声波提取方法研究. 环境科学学报, 2004, 2: 291-296.

[40] 逯家辉, 董媛, 张益波, 等. 响应面法优化桑黄菌丝体多糖超声波提取工艺的研究. 林产化学与工业, 2009, 2: 63-68.

[41] 许青莲, 邢亚阁, 车振明, 等. 超声波提取紫薯花青素工艺条件优化研究. 食品工业, 2013, 4: 97-99.

[42] 李盼盼, 董海洲, 刘传富, 等. 超声波辅助提取银杏蛋白工艺条件的优化. 中国食品学报, 2012, 6: 88-95.

[43] 史娟. 小油桐种子油脂的超声波提取与脂肪酸组成研究. 粮油食品科技, 2013, 1: 17-19

[44] 李冰, 王颖, 徐炳政, 等. 超声波辅助提取酵母源类金属硫蛋白工艺的优化. 食品与机械, 2014, 3: 194-197, 205.

[45] 王月. 酵母源金属硫蛋白的分离纯化及抗氧化功能构效关系的研究, 大庆: 黑龙江八一农垦大学硕士学位论文, 2015.

[46] Simes D C, Bebianno M J, Moura J G. Isolation and characterisation of metallothioein from the clam *Ruditapes decussatus*. Aquatic Toxicology, 2003, 03: 307-318.

[47] Ryu S K, Park J S, Lee I S. Purification and characterization of a copper-binding protein from Asian periwinkle *Littorina brevicula*. Comparative Biochemistry and Physiology Part C, 2003, 134(1): 101-107.

[48] 杨丰, 陈荣忠, 徐洵. 褐菖鲉(*Sebastiscus marmoratus*)金属硫蛋白的分离纯化及免疫测定. 环境科学报, 1996, 16(4): 69-474.

[49] 郭祥学, 陈正佳, 但春涛, 等. 聚球藻类金属硫蛋白的纯化及部分性质的研究. 生物化学杂志, 1997, 13(6): 699-703.

[50] 李冬. 蚯蚓金属硫蛋白的诱导及分离纯化, 保定: 河北大学硕士学位论文, 2006.

[51] 王翔, 张大成, 李婷, 等. 金属硫蛋白(MT)分离纯化技术进展. 微纳电子技术, 2003, 7(8): 335-336.

第 3 章 铅中毒机制和金属硫蛋白的排铅解毒机制与应用

3.1 铅毒的危害、作用机制及其临床表现

铅中毒分为职业性、公害性、生活性、药源性和母源性五种。在铅中毒初期，因其临床特征表现不明显，发生和发展都较隐蔽，极易被忽视。然而，铅对人体，尤其是对儿童的健康和智力发育危害严重，若不及时消除在脑中蓄积的铅，随发育的不断成熟，会对儿童大脑造成永久性损害并出现智力低下等严重问题。妊娠妇女和老年人均为铅的易感人群。铅对全身各系统和器官均有一定的毒性作用。本节主要阐述铅的基本危害和作用机制，涉及神经系统、心血管系统、消化系统、生殖系统、泌尿系统、免疫系统、酶系统、骨骼系统等方面。

3.1.1 铅对神经系统的毒性

1. 铅对神经系统毒性的表现

在铅中毒研究历程中，铅对神经系统毒性的研究最早，也是了解最为详尽的。主要表现为心理、智力、感觉和神经肌肉上的功能障碍，与成年人相比，低龄儿童对铅的敏感性更为明显，环境中低浓度铅即可造成儿童中枢神经系统功能失调[1, 2]。

大脑作为铅毒敏感的靶器官之一，如果长时间接触铅极易影响孩子的记忆力、语言能力和学习能力，还会对大脑造成永久性、不可逆的损伤[3]。只要微量的铅蓄积就可引起神经系统的功能障碍，严重时还会造成中枢神经细胞退行性改变，导致脑病。铅毒性脑病在病理上的主要表现为脑水肿，神经细胞弥漫性变性，此外尚可见小脑颗粒层细胞坏死、脑疝及软脑膜小灶性出血[4, 5]。铅还能导致周围神经系统运动功能障碍，降低神经传导速度，从而造成对肌肉的损伤。

2. 铅对神经系统毒性的机制

研究表明，在铅的神经毒性方面，未成熟的中枢神经系统比发育成熟的更敏感[6]。这是因为铅主要使尿 δ-氨基-γ-酮戊酸（ALA）增多，ALA 与 γ-氨基丁酸（GABA）化学结构相似，可与 GABA 产生竞争性抑制作用，GABA 位于中枢神经

的突触前及突触后的线粒体中，抑制并干扰神经系统基本功能，改变意识行为及神经效应等[7]。

铅在干扰脑内 Ca^{2+} 的运转时，一方面扰乱脑海马区长时程增强（long-term potentiation，LTP）过程，另一方面竞争性阻断钙通道，从而抑制神经介质的释放，影响神经细胞功能[8]。铅还可选择性蓄积在海马区上，低剂量的铅暴露就可降低海马区细胞的存活率，影响脑细胞的增殖、神经纤维的延伸和突触的形成[9]。即使是低浓度的铅也可阻抑脑组织中四氢生物蝶呤合成酶、腺苷酸环化酶及 Na^+、K^+、ATP 酶的活性，使中枢神经介质乙酰胆碱和儿茶酚的代谢紊乱，进而影响脑功能[10]。此外，铅可通过血-脑屏障干扰星形胶质细胞的发育，扰乱神经信号的传导，损害脑的发育[11]，还能对脑内儿茶酚胺代谢造成影响，使脑内和尿中高香草酸和香草扁桃酸显著增高，最终导致铅毒性脑病和周围神经病。

随着自由基研究的不断深入，目前普遍认为铅是通过神经细胞内丰富的脂质氧化损伤来发挥神经毒作用的[12]。大量实验证明，染铅后脂质过氧化作用增强，与染铅量呈正相关（$r=0.75$，$p<0.05$）[13]；以抗氧化物超氧化物歧化酶（SOD）、过氧化氢酶（CAT）和谷胱甘肽过氧化物酶（GSH-Px）为标志的神经元抗氧化能力下降，膜上乙酰胆碱酯酶活力明显下降，与染铅量呈负相关（$r= -0.83$，$p<0.05$）。小剂量的醋酸铅可能抑制脑细胞膜钠泵和 SOD 活力，促进脂质过氧化作用，使抗氧化能力减弱，导致脑细胞的损伤[14]。

3.1.2　铅对心血管系统的毒性

1. 铅对心血管系统毒性的表现

经证实动脉中铅过量会导致心血管病死亡率增高。临床资料显示心血管病患者的血铅和 24 h 尿铅水平明显高于非心血管病患者[15]；铅暴露还可引起血管痉挛、高血压症状，心脏病变及心肌炎、心电图扫描异常、心率不正常等心脏功能紊乱[16] 等现象；贫血和溶血也是铅对心血管系统急性和慢性中毒的重要临床表现之一[17]。

2. 铅对心血管系统毒性的机制

铅导致血管痉挛主要是通过抑制血管平滑肌一氧化氮合成酶（NOS）活性而实现的。铅与 NOS 结合时会抑制一氧化氮（NO）合成，NO 生成减少，会引起血管平滑肌痉挛；当铅与 Ca^{2+} 竞争钙调蛋白时也会抑制依赖于钙调蛋白的 NOS 活性。在卟啉代谢过程中，铅还会抑制血红蛋白合成酶，使 NOS 分子结构中重要的组成部分——血红蛋白和四氢生物嘌呤的合成受到阻遏，铅破坏巯基酶的作用直接影响血红蛋白的合成。铅对 δ-氨基-γ-酮戊酸脱水酶（δ-ALAD）、血红蛋白合成酶（HS）、δ-氨基乙酰丙酸合成酶（δ-ALAS）、粪卟啉原氧化酶（UROD）和亚铁络合酶（COPROD）具有明显的抑制作用[18]，机制见图 3-1。

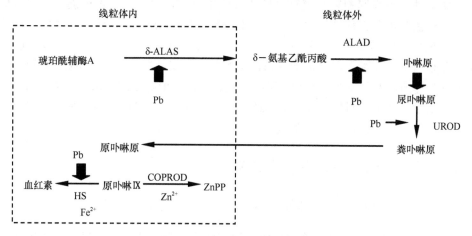

图 3-1　铅对血红蛋白的影响

慢性铅中毒致贫血与血红蛋白的合成障碍息息相关，溶血只在急性铅中毒时表现较明显[19]。铅中毒贫血不仅由于血红蛋白合成的减少，与红细胞寿命缩短也呈正相关[20]。当铅抑制红细胞膜上的 Na^+、K^+ 和 ATP 酶活性时，K^+ 逸出，结合在红细胞表面上的不溶性磷酸铅，增加了细胞机械脆性，致细胞膜崩溃而溶血[21]。

铅中毒时，肝细胞的色素系统功能紊乱，肝内小动脉痉挛，引起局部缺血而致肝脏受损，出现肝大。发生急性铅中毒性肝病时，呈现黄疸甚至肝硬化或肝坏死[22, 23]。

3.1.3　铅对消化系统的毒性

1. 铅对消化系统毒性的表现

经口途径铅中毒时，会对局部产生直接的刺激和腐蚀，亦可通过神经反射造成平滑肌和血管痉挛，继之产生坏死、溃疡和自我消化。临床表现主要为腹痛、恶心呕吐、便秘腹泻等[24]。慢性铅中毒患者胃黏膜病理损害检出率高达 96.7%，并会出现萎缩性胃炎[25]。还有报道称，慢性、中度和重度铅中毒患者易被初诊为浅表性胃炎，3 年后 91%转为萎缩性胃炎。常见的临床症状为恶心、腹胀、腹隐痛、腹泻或便秘，少数患者齿龈边缘会出现约 1 mm 的蓝灰色或蓝黑色"铅线"且口腔黏膜具有较大的铅斑[26]。

2. 铅对消化系统毒性的机制

铅对消化道黏膜和胃黏膜有直接的毒性作用[27]，对黏膜的再生能力具有破坏作用，使黏膜出现炎症性变化。铅抑制肠壁碱性磷酸酶和 ATP 酶的活性时，造成平滑肌痉挛，引起腹痛；铅可导致太阳神经丛的病变，或使小动脉壁平滑肌收缩引起肠道缺血。支配胃肠道的 NO 来源于黏膜下和肌间神经丛的含 NOS 神经元，以 NO 为递质的神经支配消化道、泌尿生殖道和血管壁等处的平滑肌，松弛相应部位的平滑肌；铅能促进肠壁 NOS 神经元数量减少，部分 NOS 阳性神经元退行性变，并伴随染毒时间的延长而加剧[28, 29]。

3.1.4 铅对生殖和泌尿系统的毒性

1. 铅对生殖和泌尿系统毒性的表现

铅对生殖和泌尿系统影响的临床表征主要为肾功能的衰竭，男、女生殖能力和质量的退化。类似范科尼综合征（Fanconi syndrome）的肾小管再吸收障碍、高尿酸血症[30]的多发、肾小球旁器功能减退、接触铅的女性不孕症、流产及死胎率增多[31]，说明铅对性腺、胚胎具有明显毒性和致畸作用。

2. 铅对生殖和泌尿系统毒性的机制

体内的蓄积铅间接影响男性的生殖功能，主要表现在通过阻断下丘脑-垂体-睾丸轴的调节功能而减少生殖激素的分泌；可以通过使肾小球滤过率下降，导致尿肌酐排出减少，血肌酐、血尿素氮和尿糖排泄增加，尿 γ-谷氨酚转肽酶（γ-GT）活性降低，尿 N-2-酰-β-D-氨基葡萄糖苷酶（NAG）活性增高[32, 33]；还可以通过阻断肾小球旁器的功能，引起肾素合成和释放的增加，导致血管痉挛和高血压；能够通过损害线粒体，影响 ATP 酶而干扰主动运转机制，破坏近曲小管内皮细胞及其功能，造成肾小管重吸收功能的障碍[34]。机体接触过量铅对生殖和泌尿系统损害的机制见图 3-2[30]。

3.1.5 铅对免疫系统的毒性

1. 铅对免疫系统毒性的表现

人体的免疫系统主要分为细胞免疫和体液免疫。如长期接触低剂量铅会降低血清免疫球蛋白的含量，白细胞数减少，白细胞吞噬能力下降，进而减弱机体的免疫能力[35]。铅取代了 K^+ 或干扰细胞器膜上的 ATP 酶和腺嘌呤环化酶可以导致线

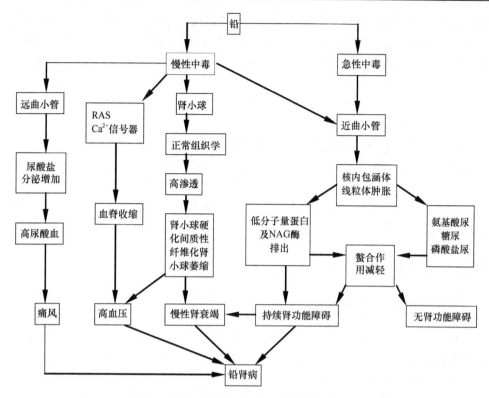

图 3-2　接触过量铅对生殖和泌尿系统的影响

粒体能量下降；铅还干扰第二信使物质磷酸化的过程，改变神经递质释放方式和调节机制[36]。免疫系统受到铅的毒性影响时，常引起免疫功能低下，儿童的主要表现为容易发生感染、患佝偻病、大脑发育迟缓、智力减退、语言障碍、注意力不集中、学习困难和动作协调性差等[37]。

2. 铅对免疫系统毒性的机制

铅对机体免疫系统的影响也分为对体液免疫功能的干扰和对细胞免疫功能的干扰两方面。主要是铅抑制 T 辅助细胞和自然杀伤细胞的功能，使免疫调控能力大大下降，机体对某些慢性病的抵抗能力降低，容易患病。实验证实[38, 39]：铅中毒对人体免疫功能的影响主要是通过对 CD3 细胞（代表总 T 淋巴细胞）和 CD4 细胞的损害，细胞免疫损害程度与铅吸收的程度呈正相关。铅对 T 细胞亚群的损害引发体内自由基增多。日本学者研究发现，对照组工人外周血 T 细胞亚群所占比例明显高于铅作业工人，活性氧自由基活动频繁[40]。还有报道用黄嘌呤、黄嘌呤氧化酶，与人外周血单核细胞共同温育，实验组玫瑰花结形成数量比对照组低。

植物血凝素（PHA）诱导的淋巴细胞转化时间延长，而 CAT 可以保护免疫淋巴细胞免受活性氧自由基的损伤。运用 OKT 单克隆抗体系列检测铅作业工人、铅吸收和中毒者的 T 细胞免疫功能[41-43]，可发现，铅作业各实验组中，中毒组的 OKT3、OKT4、T4、T8 显著降低，即使无任何临床表现的接触组也比对照组明显降低，说明铅可以明显抑制 T 细胞亚群，使其总数下降，尤其对具有诱导和辅助作用的 OKT4 亚群受抑制更为明显。

免疫系统铅中毒时，机体对铁元素的吸收会减少，导致含铁酶活性降低，影响大脑的生理过程；同时还会影响锌的吸收，缺锌后可引起脑超微结构神经递质水平发生改变，引起脑的异常变化。但免疫系统又是个复杂、交叉的整体，欲进一步探讨和精确阐述铅的影响和作用还需要在细胞水平、分子水平上展开更深入和更详尽的研究[44]。

3.1.6　铅对酶系统的毒性

1. 铅对酶系统毒性的表现

对抗氧化指标 SOD、GSH-Px 和 CAT 等的试验研究证实了铅对酶系统的毒性。在接触铅的动物和工人身上发现，铅中毒会引起细胞中一些抗氧化酶活性降低，如 SOD、CAT、GSH-Px 等的活性和细胞内抗氧化剂含量。采用 Heikkla 法，在以 6-羟多巴胺为底物的自氧化系统中测定 SOD 活力，结果显示铅对 SOD 活性具有抑制作用[45]。平均血铅浓度为 57.1 μg/L 的铅作业工人，其红细胞 SOD、血铅浓度与红细胞 GSH 含量呈负相关[46, 47]，说明铅中毒可抑制抗氧化酶系统，削弱机体清除氧自由基的能力。

2. 铅对酶系统毒性的机制

铅对抗氧化酶活性的抑制作用将损伤机体的抗氧化体系，增加细胞对氧化损伤的敏感性[48~50]。对于机体中的多数酶，铅主要通过与酶蛋白中的巯基（多数酶的活性中心）结合而抑制酶活性，如谷胱甘肽还原酶和葡萄糖-6-磷酸脱氢酶。铅与酶中的巯基结合一方面降低酶的活性，另一方面作为非竞争性抑制剂，影响酶与葡萄糖-6-磷酸和 NADP 结合。而对另一些酶，如 SOD、CAT 和 GSH-Px，则是通过影响酶中的微量元素的有效性而产生作用的。如硒是 GSH-Px 必需的成分，铁和铜、锌和锰分别是 SOD 和 CAT 的辅基，铅可以影响它们的吸收。细胞中还原型谷胱甘肽是受铅影响最大的抗氧化物。醋酸铅染毒大鼠的肝组织有较强的氧自由基信号，表明铅可引发氧自由基的增加[51~53]。由于铅竞争性取代 SOD 活性中心所必需的锌和铜，抑制 SOD 消除氧自由基的作用，引起生物膜的脂质过氧化和机体损害。GSH-Px 也是机体抗氧化系统的重要组成部分，铅易与该酶结合使活力降低，加重脂质过氧化[54]。

3.1.7　铅对骨骼系统的毒性

1. 铅对骨骼系统毒性的表现

骨骼是铅毒性的重要靶器官之一。尤其在儿童，主要表现为身材矮小、体重减轻、胸围减少等症状[55]。据实验研究表明：血铅水平每升高 10 μg/L，儿童身高每年则少长 1.3 cm。

2. 铅对骨骼系统毒性的机制

铅对骨骼的毒性作用，主要是通过损伤内分泌器官，从而间接影响激素合成或对骨功能和骨矿物代谢的调节能力；其次，通过毒化细胞、干扰基本细胞过程和酶功能，进而改变成骨细胞、破骨细胞偶联关系和影响钙信使系统也是铅干扰骨细胞的功能的重要渠道[56, 57]。

由此可见，铅中毒的危害之严重。铅中毒后的症状往往非常隐蔽，难以被发现，因此预防和检测工作就变得非常重要，血液检查是目前最可靠的方法。

3.2　铅中毒危害的改善方法现状和存在问题

3.2.1　西药制剂的改善治疗

西药制剂主要为高巯基螯合剂和蛋羧络合剂，以注射和口服方式进行治疗，其特点是治疗周期短、药效快[58]。络合药物的驱铅治疗是通过驱铅药物结合血液和组织中的铅，使铅与药物的结合物经小便或大便排出，从而降低体内铅负荷，阻止铅继续对机体产生毒性作用[59]。

（1）巯基（DMSA）类竞争性解毒剂

用活泼巯基夺取与细胞及组织结合的铅，从而促进铅从组织解离并排除，这种方法对其他有益的金属离子的结合有一定的选择性。

（2）氨羧络合（EDTA）类金属螯合剂

以羧基与铅螯合，并将其排除，可以与体内的配体竞争重金属，并与重金属结合成大分子螯合物。这样既可以预防重金属离子与体内配体结合，还可以分离已结合配体的重金属离子。但其对铅及其他离子的排除无选择性且排除彻底，使得蓄积在骨组织和脏器的铅于一定条件下又重新进入血液再度造成铅毒性损害[60]。

（3）DDTC 类络合物

研究表明，二乙基二硫代氨基甲酸钠（DDTC）可显著降低小鼠肝、肾、脾中铅的浓度，但因铅与 DDTC 形成亲脂性大的螯合物，造成铅在脑中的重新分布，副作用大。一些药物还具有过敏反应，如二巯基丁二酸钠会引起过敏性皮疹，二巯基丙磺酸钠引起全身疲乏四肢酸软、食欲减退等[61]。

改进螯合剂也是驱铅临床药物研究的热点之一，一些学者改进了西药 2,3-二巯基丁二酸的毒副作用，研制出以预防为主的复合方剂。常见药物经药理学会鉴定，有明确螯合效果的络合剂驱铅作用强弱情况为：CaNa$_3$DTPA（钙促排灵）＞CaNa$_2$EDTA（依地酸二钠钙）＞ ZnNa$_3$DTPA（锌促排灵）＞Na$_2$DMS（二巯基丁二钠）＞DMSA（二巯基丁二酸）。相关性能比较见表 3-1[62, 63]。

表 3-1　几种典型常见临床治疗重金属中毒药品的药性比较

药品名称	血药浓度高峰	代谢时间	作用位点
二巯丙醇（BAL）	注射后 30～60 min	4 h	较强的清除骨细胞的能力，在红细胞内也有螯合作用；对肾、脑和软组织的能力次于 CaNa$_2$EDTA
青霉胺（penicillamine）	注射后 1～2 h	半衰期 1 h	对体液和细胞内的结合能力较强
二巯基丁二酸（DMSA）	注射后 2 h	半衰期 48 h	对软组织、脑和肾结合能力较强
依地酸二钠钙（CaNa$_2$EDTA）	注射后 24～48 h	半衰期 20～60 min	细胞外液，脑脊液中药物的浓度可达到血浆浓度 5‰。不能进入红细胞，能很容易地通过胎盘

1. 乙二胺四乙酸

由于乙二胺四乙酸（ethylene diamine tetraacetic acid，EDTA）对金属离子的络合作用具有非专一性，因此也会络合排出体内锌、钙、锰、铁、铅、钴等元素造成体内必需微量元素失衡，出现副作用。常见症状是全身疲乏无力、膝部酸软、头昏、食欲减退等，体内铅负荷相对低者，被络合出其他微量元素就多，副作用更大[64]。

2. 青霉胺

青霉胺（D-盐酸青霉胺，penicillamine）在排铅的同时也排出其他必需微量元素，如锌、铜等有益元素，主要以络合物形式随小便排出，应在治疗同时或治疗后及时补充有益元素。青霉胺结合铅的具体机制可能是铅原子与青霉胺中的单一巯基结合或与毗邻的硫和氮原子结合又或与两个青霉胺分子结合。铝镁制酸药和食物能影响其吸收。

3. 二巯基丁二酸

二巯基丁二酸（2,4-dimercaptosuccinic acid，DMSA）最先应用于治疗血吸虫病。1965 年中国药理学家丁光生等发现其对铅中毒可达到治疗效果。此后，DMSA 被广泛应用于职业性铅中毒的治疗。DMSA 疗效确切，能选择性排铅。美国 FDA 于 1991 年正式批准 DMSA 作为口服驱铅治疗药物应用于儿童铅中毒的治疗，DMSA 的广泛应用成为 20 世纪 90 年代儿童铅中毒治疗方面最主要的进展。动物试验表明，DMSA 的驱铅功效不如 $CaNa_2EDTA$，但对铅毒性所致生化变化的改善效果较好，且能与铅结合成水溶性络合物从肾脏排出。

4. 依地酸二钠钙

依地酸二钠钙（calcium disodium edetate，$CaNa_2EDTA$）能与多种二价和三价重金属离子高效结合生成可溶性复合物，由组织释放到细胞外液，通过肾小球滤过，由小便排出。$CaNa_2EDTA$ 对各种金属离子有不同的络合能力，对铅最有效，对其他金属效果较差，特别是对汞和砷无效。美国 FDA 研究确定，目前对铅性脑病的治疗方案是先用 BAL，药效产生作用，待肾脏开始泌尿后再开始用 $CaNa_2EDTA$，至今仍采用该方法治疗临床铅中毒[65]。

研究表明，高浓度铅接触所致肾损害既影响肾小管的重吸收，又累及肾小球的过滤功能。表现为尿 β_2-微球蛋白、血尿酸、血清肌酐检测值升高。据文献报道，$CaNa_2EDTA$ 最重要的毒作用是肾损害，出现肾小管细胞变性，早期停药可恢复。发病机制可能为络合剂与近端肾小管胞内内源性金属相近作用有关。同时，关于使用络合剂治疗后发现蛋白尿，从而证实络合剂对肾脏有一定损害的研究也见诸报道。

5. 碘化钾

碘化钾（KI）早在 1821 年被发现，其药物动力学和毒理学作用已经被清楚地研究阐明。碘化钾经口可由消化道全部吸收，在血液中以无机碘形式存在。20% 被甲状腺摄取作为甲状腺素合成的原料，合成的甲状腺素分泌进入血液，并在末梢器官发挥生理功能后在肝脏分解，分解后的碘可再次被利用；30% 经由肾脏滤过后随尿液排出，还有近 10% 经汗腺随汗液排出[66]。

碘化钾经口时，可与经消化道进入机体的铅离子结合，形成碘化铅随粪便排出；而未被结合的碘化钾经肠黏膜吸收进入血液，与游离的铅离子结合，也可进入红细胞及其他组织细胞内，从而将细胞内铅离子排除。30% 的碘化钾从尿中排出，足以与长期缓慢从尿中排泄的铅结合。有学者曾研究证明，碘化钾能黏附在肾小管上皮细胞膜表面，阻止铅的重吸收[67]。经呼吸道吸入铅尘、铅烟是铅接触人员吸收铅的主要途径。而碘化钾经呼吸道腺体排出,黏附在肺泡膜表面,与进入呼吸道的铅结合,阻断铅从呼吸道吸收,是预防铅中毒的重要途径。碘化钾与铅在体内动力学变化相似,是排铅和预防铅对人体损害的重要基础[68, 69]。

KI 对铅的促排作用可能是通过形成络合物和修复染色体损伤而完成的。细胞的染色体损伤两种形式主要表现为单条或双条染色单体的非着色性损伤,即染色体裂隙。当血铅在 250 μg/L 水平时,染色体有受损的危险;血铅值达 350～910 μg/L 时,可引起铅接触者外周血淋巴细胞姐妹染色单体互换率增高,自由基是铅产生致裂效应的重要媒介,加入羟基自由基清除剂碘化钾后,这些缺口可大部分封闭,多余的游离碘也会因正常的甲状腺的碘泵作用而平衡体内碘量,不影响其正常的生理功能。

6. 二巯丙醇

二巯丙醇(dimercaprol,BAL)在 1950 年经报道证实,能大大降低儿童铅中毒导致的脑病死亡率。1 分子的 BAL 能结合 1 个重金属离子,形成不溶性复合物;当 2 分子的 BAL 与一个金属原子结合,形成稳定的水溶性复合物;由于该复合物在动物体内有一部分可重新逐渐解离为金属和 BAL,后者很快被氧化并失去作用,而游离出的金属仍能引起机体中毒。因此,必须反复给予足够剂量,以保持血液中药物与金属浓度 2∶1 的优势,确保游离的金属不断与 BAL 结合,直到由尿液排出。BAL 主要用于急性金属中毒,当发生慢性金属中毒时,虽然能够增加尿中的金属排泄量,单由于被金属抑制过久的含巯基细胞酶的活力已无法恢复,因此治疗效果不佳。BAL 用于症状性铅中毒或因铅中毒而导致脑病的患儿时常与 $CaNa_2EDTA$ 合用。

7. 吡咯并喹啉醌

吡咯并喹啉醌(PQQ)最早是从微生物中发现的,它是小分子化合物。PQQ 是细菌中多种重要酶类的辅基,能影响呼吸链功能与体内自由基水平,目前已证实,PQQ 在高等真核生物体内存在。在动物研究中发现,PQQ 缺乏的小鼠生长缓慢,生殖能力差,易产生关节炎症,因此推断,PQQ 可能是体内必需的维生素之一[70]。国家 863 项目研究发现,PQQ 能降低铅中毒小鼠体内的铅含量。PQQ 具有毒副作用少,不影响体内铜与锌含量,可补充铅损伤所致内源性 PQQ 缺乏且 PQQ 治疗铅中毒的用量大大低于 EDTA 的优点,因此,PQQ 有希望成为儿童铅中毒治疗中更安全的药物。目前认为,PQQ 的主要生理功能有四4 个:①抗氧化作用;②对毒素引起的肝损伤起防护作用;③加快对乙醇的降解作用;④促神经生长作用。

8. α-硫辛酸

α-硫辛酸（α-lipoic acid，LA）是已知最强的天然抗氧化剂之一，具有很强的清除自由基和活性氧的功能，可与其他抗氧化剂协同作用。α-硫辛酸对铅致肾氧化损伤的恢复具有一定的促进作用。LA 与在生物体内的还原型产物二氢硫辛酸（DHLA）联合作用，能消除几乎所有种类的活性氧和自由基。LA 可促进肝肾GSH-Px 和 SOD 活力恢复，降低肾脏 GSH 含量，减少丙二醛（MDA）生成，从而减轻亚慢性铅中毒所致的肾氧化损伤，使尿酶和尿蛋白趋向正常。LA 和二氢硫辛酸间的氧化还原激活了生物体内其他抗氧化剂的代谢循环，形成独特的生物抗氧化剂再生循环网络，维持机体正常的抗氧化剂水平，共同发挥生物抗氧化作用[71]。实验结果表明，LA 干预使尿酶和尿蛋白下降，说明 LA 有助于肾小管功能的恢复。二氢硫辛酸是一种强还原剂，能将胱氨酸还原为半胱氨酸，细胞对半胱氨酸的吸收速率比对胱氨酸的吸收快 10 倍，有利于 GSH 的生物合成。在肝脏中，脂质过氧化程度相对较轻，LA 促使 GSH 大量合成而消耗较少，所以与单纯铅染毒组比较，LA 干预组肝脏 GSH 含量并没有显著下降，而在肾脏 GSH 大量消耗导致其含量显著降低。另外，LA 和二氢硫辛酸能螯合铅、镉等金属离子，抑制其发挥毒性作用，降低脂质过氧化水平。

9. 新型螯合剂

N-对羟甲苯甲基-D-葡萄糖二硫代氨基甲酸钠（HBGD）和 N-苯甲基-D-葡糖二硫代氨基甲酸钠（BGD）对铅致小鼠睾丸毒性有较好的解毒作用，且自身毒性小，有望成为铅的解毒剂。有报道，HBGD 及 BGD 可与 Pb^{2+} 形成组成比 1∶2 的脂溶性螯合物，其易经胆汁随粪便排出体外。由于它们含有亲水性葡萄糖基，所以还可促进铅经肾脏从尿液的排出。螯合剂 DDTC 对铅致小鼠睾丸毒性有较明显的解毒作用，但因铅与 DDTC 形成亲脂性大的螯合物，用 DDTC 治疗会产生铅在脑中的重新分布，导致脑中铅浓度增加，因而不良反应较大。而 HBGD 及 BGD 与铅所形成的螯合物也有一定的脂溶性，但均未见它们引起铅在脑中重新分布。这可能是因为 HBGD 及 BGD 分子质量大于 DDTC，且分子中引入了亲水性的葡萄糖基及易产生位阻效应的苯环，其与 Pb^{2+} 所形成的铅配合物通过血-脑屏障的能力相对较差所致[72]。

10. 乙酰消旋青霉胺

乙酰消旋青霉胺（N-acetyl-D，L-penicillamine）是一种常见的治疗汞中毒的药物。青霉胺的不良反应多，乙酰消旋青霉胺对肾脏的毒性较青霉胺小，每日剂量 1 g，分 4 次口服。副作用有乏力、头晕、恶心、腹泻、尿道排尿灼痛，少数出现发热、皮疹、淋巴结肿大等过敏反应和粒细胞减少。

11. 硫普罗宁

硫普罗宁是一种含有巯基的化合物，具有有机络合体内铅、汞，吸收、钝化其毒性，促进毒物排泄的作用。同时具有生物膜保护作用，并可有效维持细胞内还原型谷胱甘肽水平，疗效稍逊于二巯基丁二酸，但不良反应较少，安全性高。

综上所述，西药制剂能较快发挥解毒作用，但由于其产生的与金属的络合作用，在促排重金属的同时，也导致机体必需元素，特别是微量元素的流失，产生疲乏无力、头痛、头晕等不良反应，长期使用对健康不利，且有不可作为预防用药的缺点，给药途径也不便，极大地限制了临床的应用。

3.2.2　中药方剂

中医药诊治疾病的独到之处，在于其思想体系以整体观为指导，邪正兼顾，标本兼治，通过整体调整作用达到治疗目的。中药方剂以传统中医处方为主，以疗效广、预防早和治疗兼具为特色，立足解毒祛邪，辅以健脾扶正，初步临床应用效果良好。中药方剂不但能有效地降低重金属对机体的负荷，且与西药相比，还有不良副作用小、对重金属的选择性高（对其他元素的代谢过程影响较小）等优点，尤为突出的是中药所含的活性成分和微量元素种类繁多，有利于整体的协调作用。

1. 甘草

甘草（*Glycyrrhiza uralensis*）在历代知名药书上都被称为解百毒的圣药，利尿泻火。其主要成分甘草甜素（glycyrrhizin），甘草次酸（glycyrrhertinic acid）为主，还有类黄酮化合物，其抗氧化功能是维生素 E 的 100 倍、维生素 C 的 40 倍以上。甘草在肝脏分解为甘草次酸和葡萄糖醛酸，含量最高的有机化合物为甘草酸（达 1%～5%），其单铵盐-甘草酸铵可促进维生素 C 与铅的结合，增大维生素 C-铅配合物的配合稳定常数，有利于体内铅的排出；甘草酸的苷元为甘草次酸，甘草酸及其苷元均容易与金属离子结合，达到解毒的作用。

2. 枸杞子

现代医学分析表明，枸杞子（*Lycii fructus*）中富含蛋白质、碳水化合物、钙、磷、微量元素锗、维生素 C 和胡萝卜素等，尤以胡萝卜素的含量更为可观。枸杞子能使体内 SOD 活性显著上升，及时清除体内氧自由基，使血清过氧化脂质含量显著地下降。枸杞富含的甜菜碱，可以替代蛋氨酸类的含硫氨基酸和胆碱的消耗，减少神经递质的释放，增强记忆功能。

此外，枸杞子中维生素 B_1 和 B_2 的含量丰富，也使得其在解除铅毒的药物中占据了重要的位置。

3. 泽泻

泽泻（*Alismatis rhizoma*）对大鼠的利尿作用因生产季节、用药部位、炮制方法不同而效果各异，其所含的挥发油、生物碱、苷类、天门冬氨酸、植物类固醇、脂肪酸、胆碱及泽泻醇等，含钾量很高。泽泻含大量的羟基和羧基可以与金属离子形成五环状螯合物，随代谢途径排出。猪苓、泽泻主要是抑制肾小管对钠离子的重吸收。健康人口服泽泻煎剂可使尿量、钠、尿素排出增加，家兔口服效果极弱，但以泽泻流浸膏腹腔注射则有利尿作用[73]。泽泻含钾达 147.5 mg/kg，用于切除肾上腺的大白鼠可显著增加尿钾排出，可见泽泻的利尿与其含大量钾盐有关。

4. 茯苓

茯苓（*Poria cocos*）等致泻中药具有利尿解毒的作用，有助于不溶性铅化合物的排泄。茯苓的主要成分为羧甲基茯苓多糖及三萜类化合物，且具有保肝降酶、延缓衰老、安神健胃、美容养颜的作用，突出的是多糖功效。用土茯苓、木瓜、当归、黑豆、扁豆、乌梅、甘草等七味药组方，对铅中毒 110 例患者进行系统治疗，达到了令人满意的效果。与其他药物配伍，如五苓散（茯苓、猪苓、泽泻、白术和桂枝）、四苓散（茯苓、猪苓、泽泻和白术）等经试验证明利尿作用显著，增加铅等有害重金属离子随尿的排出量。

五加皮和茯苓在实验剂量范围内，对体细胞无遗传毒性。五加皮和茯苓对环境中的诱变剂铅所致的遗传损伤具有明显的拮抗作用，是两种良好的诱变剂的阻遏剂，但两者抗诱变效应无明显差异[74]。值得注意的是，五加皮所致微核率低于阴性对照组。此两种中药除已证实的药理作用外，还有更广泛的开发利用价值。

5. 黄芪

黄芪（*Astragali radix*）活性成分对多种自由基均有良好的清除作用，可预防生物膜的脂质过氧化，其中黄芪总黄酮（TFA）是黄芪抗氧化的主要活性成分。黄芪有防止脂质过氧化、减少自由基产生的作用[75]。

6. 中药配伍应用

将茯苓、银花、甘草等，经生化提取制成，经口服用治疗后，铅中毒肝细胞、肝小叶等受损明显减轻。该促排铅口服液可提高小鼠的免疫功能。铅中毒对小鼠的免疫功能损害显著，尤其是对 IgG 的分泌和合成影响最大，治疗后免疫功能大幅度提高。作用机制主要为：①稳定生物膜，保护线粒体功能，减少自由基产生；

②解除铅与含巯基（—SH）酶中—SH 的结合，恢复酶的活性，维持细胞的正常代谢，使肝脏及其他重要器官免于受损或减轻其损害程度；③减轻钙超载，降低磷脂酶 A2 的活性，减少细胞骨架降解；④刺激机体产生 GSH，可增强机体清除自由基的能力，提高机体的抗氧化活性。

黄芪、当归、党参等中药组方能提高 SOD 活性和降低血清中 MDA 水平，使机体清除氧自由基的能力增强，减轻机体脂质过氧化的程度；SOD 活性与铅中毒患者脂质过氧化物水平并无关联性。该中药组方对铅中毒患者心电图的 ST-T 改变、P 波异常有一定的治疗效果；同时该中药组方还能使患者血清中谷胱甘肽 S-转移酶（GSTs）的活性检出降低，说明其可以减轻铅中毒对肝细胞的损伤。现代医学研究证明，黄芪、当归、党参均有清除自由基、保护肝脏和心血管系统等作用，这也是中药组方治疗慢性铅中毒患者的可能机制。

3.2.3　矿物元素和维生素

事实上，利用矿物元素和维生素来促进排铅和防治铅中毒在半个世纪前即为人们所认识，以之为主的营养保健品的相继问世，增强了铅作业工人对重金属毒性机体防御能力。铅中毒非药物防治被广大民众所接受却是 20 多年前才逐步实现的。

1. 矿物元素

增加饲料中钙水平能在很大程度上降低铅在大鼠及幼鼠组织中的蓄积和毒性。研究发现低钙饲料可使肾、肝、红细胞中铅含量大幅度增加，而低磷饲料仅使肝铅含量增加，与人体内铅保留呈负相关[76]。有人曾证明，在动物饲料中加入适量的钙，可减少动物对铅的吸收；另外，钙摄入量较高的孕妇或产后哺乳妇女的血铅和骨铅浓度较低。现已研究表明，增加膳食钙的摄入可降低机体对铅的吸收和铅的蓄积毒性，这可能是钙与铅在体内的拮抗作用的结果。补充锌和赖氨酸可减少组织中铅的积累，防治由铅引起的一系列生化反应。研究还表明，赖氨酸和锌的协同作用可预防由铅所引起的内源性钙和镁的耗竭。

通过动物试验对铁和铅的相互作用关系进行研究。试验表明铁缺乏的大鼠其血铅浓度高于正常对照组，铁不足会促进组织对铅的吸收，而血铅浓度的高低对铁的摄入影响不大。对儿童的血铅浓度与膳食铁的关系作用研究表明，血铅浓度与膳食铁摄入量呈显著负相关，即膳食铁摄入量越高，血铅浓度越低[77]。儿童铁摄入不足者其血铅≥50 μg/L 和血铅≥100 μg/L 的危险性分别为铁含量正常者的 1.63 倍和 1.44 倍，因此铁摄入不足与儿童的轻度铅中毒有密切的关系。

硒是 GSH-Px 的重要成分，与金属有很强的亲和力，在体内可与铅结合成金属硒蛋白复合物并使之排出体外，且对体内自由基和过氧化脂质的清除作用显著。

给雄性大鼠预先注射硒酸钠，减少肌注醋酸铅引发的肝肾脂质过氧化，提高 SOD、GR 的活性，进而提升细胞抗氧化能力。

2. 维生素

实验证明，维生素 B_6 可使铅中毒大鼠血铅、肾铅和肝铅水平下降，但脑铅无变化。维生素 B_6 作为几种转硫酶的辅酶参与半胱氨酸的合成代谢，诱导谷胱甘肽（GSH）的合成，从而增强机体的抗氧化防御功能，起到间接的抗氧化作用。用治疗量的维生素 B_1 预防小牛铅中毒时发现，维生素 B_1 降低了铅暴露下小牛的死亡率，还可预防肾、肝、脑和骨组织中铅的蓄积，同时研究发现维生素 B_1 在初期增加组织对铅的吸收，但也能促进铅从组织中迅速释放。

将试验动物分为铅感染组、维生素 E 干预组和对照组，监测各组的血压、肌醇清除率和尿中一氧化氮代谢产物的排出量。结果表明，维生素 E 能够在病理情况下改善高血压，减轻组织的氨酪氨酸负荷，促进尿中氮氧化物的排出。

维生素 C 对清除体内自由基也十分有效，可以明显减轻铅中毒的各项指标，并在一定程度上有加速铅排泄的作用。适量摄入维生素 C 就可以减轻体内的铅负荷，达到预防铅中毒的目的。但也有试验表明维生素 C 和 Zn 联合作用可明显降低血铅浓度。详细地研究血铅浓度与血中维生素 C 含量及膳食维生素 C 摄入量的关系可以知道血清维生素 C 浓度较高的儿童的血铅浓度较低。

3.2.4 生物活性物质

1. 含硫氨基酸和蛋白质

GSH 是由谷氨酸、半胱氨酸和甘氨酸结合而成的三肽，具有抗氧化和整合解毒两种作用。半胱氨酸上的巯基为其活性基团，易与碘醋酸、芥子气（一种毒气）、铅、汞、铅等重金属盐络合，还能与某些药物（如对乙酰氨基酚）、毒素（如自由基）等结合，参与生物转化作用，把机体内有害的毒物转化为无害的，排出体外。有研究表明无论单独给予蛋氨酸或与锌同时给予，均可阻止铅致肝 GSH 水平降低和血 ALAD 活性下降，并可降低尿 ALA 排泄以及铅在组织中的蓄积。在铅暴露的同时补充蛋氨酸和（或）锌比铅暴露后再给予效果明显。此外，补充蛋氨酸或蛋氨酸和锌除可减少铅吸收外，还可使 $CaNa_2EDTA$ 或 DMSA 驱除体内铅以及恢复生物化学改变的效果增强。

2. 茶多酚

茶叶活性成分茶多酚，主要由儿茶素类物质组成，具有抗衰老、抗辐射、抑癌等药理作用。给铅染毒小鼠灌服茶多酚后，可使其红细胞中 SOD 活性恢复至高于正常水平，说明茶多酚有较强的清除自由基、抗脂质过氧化的能力。铅对红细胞中 SOD 活性抑制可能与铅破坏其空间构象和干扰 SOD 酶蛋白与 Zn^{2+}、Cu^{2+} 结合位点有关；SOD 活性下降，会造成体内超氧阴离子自由基蓄积，加剧生物膜脂质过氧化，从而对机体造成损害。虽然茶多酚能拮抗中毒引起的脂质过氧化，但无直接排铅能力。研究者认为茶的直接驱铅能力与茶中含有维生素 C 和维生素 B 及微量元素有关，这有待于进一步研究。

3.2.5　医疗仪器物理辅助治疗

1. 血液透析

　　血液透析能有效地吸附和清除蓄积在血液中的铅，减少损害，避免严重的并发症。在清除血铅的同时又能清除过高的肌酐，使肾功能得以恢复。在应用足够量的螯合剂治疗基础上，早期应用高流量持续静脉血液透析，能去除血铅总量的12.7%，血透适用于严重铅中毒的前三天，特别是有急性肾衰的患者早期。铅中毒采用螯合治疗清除一半血铅需 11～30 d，配合血液透析清除一半血铅的时间为2.5～8.5 d。说明在应用螯合剂基础上，配合持续血液透析能够加速无机铅的排泄，减少肾损害。

2. 血液灌流

　　血液灌流是目前职业中毒治疗中使用最多的一种血液污染疗法。血液灌流是血液经过含吸附颗粒的吸附剂，使血液中有害物质被吸附清除的方法，常用活性炭及树脂吸附。目前正在研究采用抗体包被的吸附剂，以特异性清除某种物质。血液灌流的最大缺陷是不能维持机体水、电解质及酸碱均衡，所以必要时结合运用血液透析治疗。临床上联用血液透析和血液灌流驱除污染性重金属效果明显。

3. 沸石治疗重金属中毒

　　国外学者研究发现，沸石对重金属中毒的治疗很安全，主要集中在汞中毒方面。沸石是自然界中少数带负电荷的矿石，它能以磁性吸附带正电的汞和其他有害重金属，其特殊的蜂窝形结构能吸附重金属和毒物。其在人体内的作用是"物理性而非化学性"。沸石天然、安全和无毒，肠道内仅存留 8～11 h，不参与体液循环，无结石可长期放心使用。美国食品药品管理局（FDA）把特殊的沸石列入一般认为安全（GRAS）类。其主要成分的安全性已被俄罗斯卫生部药理委员会进行的分析所确认并认可，同意将红十字标志用于该产品的商标中，沸石的系列产品在国外使用已经相当普遍。目前在国外将沸石用于营养保健领域的产品有：美国惠乐公司的"NCD 细胞防御精华"、德国的"Megamin（超矿）"。在所有的重金属中对汞的吸附能力最强，能快速吸附组织和体液中的汞，且不造成人体内有益金属元素的流失，国内目前对沸石的研究较少。

3.2.6　其他食源性食物

1. 绿豆

绿豆自古就具有清热解毒、利尿明目、补益元气的功效，近期实验证明其有排铅抗毒的作用。绿豆中含有铁、锌、硒等与铅同属二价元素，能竞争性地拮抗铅的毒性作用；富含巯基、绿豆蛋白、鞣质及黄酮类化合物，可与铅、砷、汞等有害元素结合形成沉淀物。有研究表明，绿豆、甘草煎汤喝可促进体内铅排出。绿豆提取物可提高铅中毒大鼠的铅排出量，降低骨铅和肝铅，这可能与绿豆提取物中含绿豆蛋白、多肽、鞣酸、黄酮类化合物有关。

2. 富含果胶和维生素的食物

富含果胶和维生素的果蔬类食物中果胶具有抑制铅吸收作用，天然维生素具有排毒抗氧化等功效。它们能够在体内产生天然的络合作用，有助于拮抗铅损伤和去除体内的铅毒。同时，果蔬（如柑橘、菠萝、草莓、香蕉、苹果、洋葱、苜蓿和海带等）还含有较多糖类、异黄酮和激素类功效成分，可保肝护肝，保障正常的解毒功能。

3. 大蒜

大蒜本身含有能直接与铅反应的物质，如果胶、半胱氨酸、胡蒜素、三硫醚等；同时，大蒜中的某些含硫化合物如硫醚、硫肽等进入人体后，可释放出活性巯基物质，巯基物质可与铅反应生成配合物，通过尿液或粪便排出体外，从而达到排铅的目的。

4. 菊花茶

菊花中富含维生素 C 及硒、锌、铁、钙等微量元素。维生素 C 可弥补体内由铅造成的自身损失，并与铅结合成溶解度较低的抗坏血酸铅盐，降低铅吸收，它还可直接参与解毒过程，促进铅排出；硒元素与金属有很强的亲和力，在体内可与铅结合成金属硒蛋白复合物使之排出体外，降低血铅；锌、铁、钙等金属元素对体内铅吸收有一定拮抗作用。研究表明，菊花茶可明显降低小鼠血铅和骨铅含量，同时对铅致造血系统损伤有一定的修复作用。

5. 猕猴桃

在高铅动物模型成立的前提下，10.0 ml/kg、20.0 ml/kg、40.0 ml/kg 猕猴桃果汁可显著降低染铅小鼠全血铅和肝组织铅水平。根据卫生部《保健食品检验与评价技术规范》中的判定标准，受试物具有促进排铅作用，猕猴桃果汁果胶能与高价态重金属离子络合而用作重金属中毒的解毒剂，其所包含的大量维生素 C 有很强的辅助驱铅作用。

在驱铅治疗中选择安全的、适宜日常保健的食品是今后研究的重点，现代研究显示，茶叶、大蒜、猕猴桃等有很好的排铅效能，具有很大的研究意义。从食物和药物本身材质来讲，都来源于自然界的动植物，而且有不少品种既属于药物又属于食物，很难分开。中医药膳食疗学就是将药物与食物结合运用，以达到养生防病、祛病疗疾的目的。有人认为目前在亚洲日本和新加坡的食品标准较高，可以按照这两个国家的标准来制定具体的药食同源产品的标准。

6. 刺梨果汁

对刺梨果汁驱铅效果进行深入的研究结果表明，刺梨果汁与 EDTA 一样具有类似驱铅作用，其作用机制为：①刺梨果汁含大量维生素 C（每 100 g 干果中平均 2088 mg），能保护体内有解毒功能的酶的巯基；②刺梨果汁含多种微量元素（如钾、钙、铁、锌等），锌对铅有拮抗作用，而钾、钙、铁等可降低铅的吸收；③刺梨果汁含超氧化物歧化酶、刺梨多糖等，可与维生素 C、微量元素等活性成分起到综合治疗的作用。维生素能与铅形成一种不易解离的抗坏血酸盐，此种物质可随粪便排出体外，降低铅吸收，如枣、山楂、油菜、卷心菜、蒜薹、西红柿等。

3.2.7　铅中毒改善治疗尚存在的问题

近年来，国家从防和治两方面进行全国性的"零铅工程"，我国科学工作者在铅中毒研究和防治工作中取得了突出的成果，紧随国际研究的潮流。但是，对我国主要铅污染来源缺乏定量的评估，特别是当前针对我国区域环境的特点，缺乏以宏观和微观相结合来研究我国铅中毒的环境、地域差异的成果；另一方面，缺少适合我国国情的防治铅中毒的新药物和排铅功能食品[78]。

在排铅治疗上，目前西医主要采用金属络合剂和竞争性解毒剂进行排铅治疗，静脉滴注或肌内注射。前者虽然排铅作用明显，但是排铅的同时还存在着不同程度的不良反应，在治疗过程中还会排出钙、铁、锌、锰、铜、钴等微量元素，破坏了体内微量元素的平衡，而这些元素与很多酶的活性有关，并且可以引起肾脏损伤，甚至会出现严重低钙，导致惊厥甚至死亡，所以在络合剂治疗前、治疗中及治疗后适当地补充丢失的微量元素是有益的；后者则以活泼巯基夺取与细胞和酶系中结合的铅而排除之[79, 80]。但人体内 66%～90%的铅储存在骨骼中，只排了细胞和酶系中结合的铅，排铅并不彻底。因为之后蓄积在骨组织和脏器的铅于一定条件下又能重新进入血液，再度呈现铅毒性损害。所以不要盲目使用药物排铅，排铅药物具有较大的毒副作用且排铅不彻底。

中药驱铅提倡富锌中药及组方的应用，不仅弥补了西药驱铅兼有排微量元素（祛邪伤正）的不足，同时，从微量元素这一角度也揭示了中医药驱铅的祛邪扶正的机制，为中医药辨证施治奠定了量化基础，更为应用中医药驱铅提供了科学依据。目前，仍存在辨证分型不统一、解毒机制尚不清楚、疗效评定标准不规范等不足之处[81]。虽然中药及民族药驱铅有一定优势，但其化学成分的复杂性，又给驱铅研究造成了极大的困扰[82]。建议今后应有组织、有计划地进行该项研究，要突出中医特色，灵活应用中医辨证施治的有关思维原则和方法，做到理法方药完整统一，并利用现代科研手段，从各个不同的角度来阐明中医药驱铅的理论和实践问题[83]。

保健品市场上，我国排铅保健品有千果花降铅保健液、葵花盘低酯果胶、强化 SOD 刺梨汁等，没有明显副作用。尽管如此，对预防性排铅饮料的研究还是较少。如何开发一种大众化的、经济的、具有排铅功能的、以预防性为主的、长期使用而没有副作用的食品是亟待解决的事情。另外，针对广泛低水平的铅接触，国内外先后开发了驱铅盐、预防性排铅饮料、营养性驱铅饮料、驱铅茶等，探讨了一些营养素、微量元素等对铅毒性的影响作用，但至今尚未研制出较为成熟的产品。为此，亟待研制副作用小、服用方便、经济、有效的防治铅中毒药物和防铅保健品、排铅功能食品。根据目前我国铅污染、铅中毒较为严重和普遍的状况，防铅保健品、排铅功能食品的研究有很大的发展前景[84]。

3.3　金属硫蛋白排铅解毒机制及在排铅产品中的应用

3.3.1　金属硫蛋白排铅解毒机制

虽然大量研究表明，金属硫蛋白在排铅等重金属离子及解除铅毒性方面具有显著效果，但由于金属硫蛋白结构与功能的复杂性，目前对于金属硫蛋白的排铅解毒机制认识尚不统一，普遍认为金属硫蛋白对铅等重金属的解毒机制主要包括通过结合重金属离子减少机体游离重金属元素和修复重金属致机体损伤两个方面，其作用途径包括金属离子代谢调节、修复重金属氧化损伤、提高重金属耐受性和促维生素吸收等。

1. 金属离子代谢调节

目前研究普遍认为金属硫蛋白的重金属解毒机制主要是其能够参与机体离子代谢平衡。金属硫蛋白富含大量的巯基，对金属离子具有强亲和性，由于金属离子与金属硫蛋白的亲和程度不同（$Hg^{2+} > Ag^+ > Pb^{2+} > Cu^{2+} > Cd^{2+} > Zn^{2+}$），当机体接触金属离子后，部分金属离子会取代机体内金属硫蛋白原有金属离子，形成稳定无毒的金属离子络合物，增加机体重金属排泄，从而减少机体内重金属蓄积，主要反应过程如表达式 3-1 所示。

$$Pb(II) + \begin{bmatrix} & Cys\,S: & \\ Cys\,S: & Zn(II): & S\,syD \\ & Cys\,S: & \end{bmatrix} \rightarrow +[Cys\,S:S\,cyD] + [Cys\,S:Pb(I):S\,syD] + e + Zn \quad (3\text{-}1)$$

López-Alonso 等[85]采用富含 Zn-MT 的饲料饲喂蓄积镉的猪，研究结果发现，猪肝肾中的镉含量显著降低。由此推测当不同金属离子接触金属硫蛋白后，金属离子会争夺与金属硫蛋白的结合位点，其中镉的亲和力要强于锌。梁艺怀等[85]通过锌或铜诱导肝脏产生金属硫蛋白，通过测定不同金属离子与金属硫蛋白结合比值分析金属硫蛋白重金属解毒机制。分析表明，锌离子、铜离子及镉离子均能诱导金属硫蛋白的生成，其中锌与金属硫蛋白的结合力最弱，Zn-MT 在重金属解毒方面主要机制为 Zn-MT 能够与更高亲和力的金属离子结合，锌还能刺激机体其他组织产生金属硫蛋白，细胞内存在某种机制能够使与金属硫蛋白结合的金属离子比值趋于平衡，从而稳定机体金属离子含量。

目前已知铅与金属硫蛋白结合的平衡稳定常数为 $K_{Pb}=1\times10^{20}$，锌与金属硫蛋白结合的平衡稳定常数为 $K_{Zn}=1\times10^{18}$，即铅与金属硫蛋白的结合力要比锌强 100 倍，且锌是人体必需有益元素，在生长发育、免疫系统、内分泌系统、遗传及生殖系统等重要生理过程中起着不可替代的作用。当铅与 Zn-MT 接触后，铅能够迅速与Zn-MT 结合发生置换反应，将锌离子从 Zn-MT 中置换下来，而铅离子本身与去Zn^{2+}蛋白结合为无毒物质，从而减轻铅对机体的损伤，置换下的锌离子在体内仍可发挥重要作用。因此当前多根据此机制采用锌、硒及铜诱导用于金属硫蛋白的生产。

国内对于铅离子与金属硫蛋白置换及螯合反应过程及相关动力学，梁艺怀、季清州及其研究团队[85, 86]做出大量工作，并得到大量研究成果。其团队研究了自制兔肝 Zn-MT 与铅离子的竞争和置换反应。圆二色性光谱及紫外吸收光谱显示在pH 7.0 条件下，铅离子能与金属硫蛋白结合，并发生置换反应，但其反应状态及最终结合物结构与金属硫蛋白亚型、铅离子浓度及金属硫蛋白结构中是否有其他金属离子存在有关。进一步研究还可发现，正常情况下金属硫蛋白能够结合 7 个铅离子，其中 α 结构域可协同结合 4 个铅，β 结构域只能松散地结合 3 个铅，且

β 结构域稳定性较差，α 结构域也能够同时结合 7 个铅，但此时稳定性下降。

2. 内源性金属硫蛋白高表达诱导

金属硫蛋白作为"贮锌库"及"蛋白保卫士"广泛存在于多种生物中。多项研究表明，当外源性重金属离子侵入机体后，机体内源性金属硫蛋白含量与金属离子浓度呈线性关系，其机制主要源自金属离子能够调节多个金属硫蛋白表达基因。当金属离子浓度升高后，会显著刺激金属硫蛋白基因表达，机体通过整合半胱氨酸等多肽片段，产生大量内源性金属硫蛋白，因此目前多采用金属离子直接刺激机体生产金属硫蛋白或者利用基因工程方法直接获取金属硫蛋白表达基因进行蛋白表达。

王磊[87]研究了 Cd 胁迫对泥鳅金属硫蛋白基因表达的影响，结果表明，泥鳅肝脏金属硫蛋白基因对 Cd 极为敏感。当泥鳅接触重金属 Cd 后，肝脏金属硫蛋白基因表达水平显著升高，且与 Cd 浓度、胁迫时间呈正相关。目前金属硫蛋白的产业化生产也主要通过外部给予诱导剂处理，诱导哺乳动物（兔、猪及牛等）肝脏金属硫蛋白基因表达生产金属硫蛋白。目前已知重金属离子[88]、机体炎症[89]、辐射[90]及化学药物等均能够刺激机体金属硫蛋白基因的表达[91]。

3. 自由基猝灭与促抗氧化酶表达

关于金属硫蛋白清除自由基及抗氧化方面的研究，最初仅局限于单纯的功能性测定，随着分子生物学的不断发展，其清除自由基机制日益清晰，普遍认为金属硫蛋白具有亲核性，主要通过巯基还原自由基电子完成自由基的清除，使自由基自行猝灭。以超氧阴离子（$\cdot O_2^-$）和羟基自由基（$\cdot OH$）为例，金属硫蛋白与其反应过程主要为：$4(—SH)+2(\cdot O_2^-)\rightarrow 4(—S\cdot)+2H_2O+O_2$ 与 $—S—S—+\cdot OH\rightarrow SO_3H+(—S\cdot)$。在反应过程中，自由基失掉电子后而猝灭，金属硫蛋白被分解为半胱氨酸残片，仍会再次参与内源性金属硫蛋白生成过程，对于清除机体氧化应激产生的 ROOH 等，金属硫蛋白作用机制与上述类似。

另一方面，金属硫蛋白在进入过氧化损伤组织后，能够提高 SOD 和 GSH-Px 等抗氧化酶基因表达，激发机体抗氧化酶系活力，从而协同抗氧化应激。同时金属硫蛋白与自由基反应断裂后，生成大量半胱氨酸，这为维持机体中各种酶和蛋白构象所必需的二硫键提供了原料[92]。邹学敏等[93]以金属硫蛋白处理铬中毒小鼠发现，金属硫蛋白能够调节小鼠肝组织 SOD 活性和 MDA 含量趋于常态，并改善了小鼠肝脏脏器系数，对铬引起的肝脏氧化损伤具有较好的修复作用，此现象说明金属硫蛋白具有保护机体免受重金属毒害及修复已受重金属毒害损伤组织的双重功效。

4. 提高重金属耐受性

传统金属硫蛋白研究主要是哺乳动物类金属硫蛋白，而对植物类金属硫蛋白的研究相对较少。随着对金属硫蛋白研究深入，植物类金属硫蛋白因其来源广泛、提取简便、成本较低及其强大的生物活性越来越多地引起了金属硫蛋白研究学者的重视。植物金属硫蛋白主要为金属硫蛋白的第三种亚型（MT-III），又称为植物螯合肽（PC）[94]，目前认为植物生长环境易受重金属污染却不易受其毒害的主要原因是植物含有大量金属硫蛋白，金属硫蛋白能够提高植物对重金属的耐受性。当植物受外界重金属刺激后，机体内大量 PC 合成酶应激产生，PC 合成酶能够促进 MT-III 的生成。MT-III 能够与重金属离子结合形成无生物毒性的形式，从而达到解毒效果。另外，部分植物能够通过金属硫蛋白与金属离子结合，将结合物质累积于细胞壁中或直接排出体外，提高了植物对重金属的耐受性并降低了金属离子对细胞的毒害。

近期，美国佛罗里达州卫生署（FDOH）通过调查发现重金属中毒患者对维生素的吸收率较低[95]，但长期口服金属硫蛋白后，机体对维生素的吸收升高，减少了机体过氧化疾病的发生率，说明金属硫蛋白对机体吸收维生素具有一定的促进作用，但具体的作用机制尚不明确。

3.3.2　金属硫蛋白在排铅解毒产品中的应用

随着金属硫蛋白提纯技术以及对其生物学功能认识的日益成熟，金属硫蛋白在排铅解毒方面的研究趋于产品化。金属硫蛋白因其良好的排铅解毒效果及安全性不断被应用于促排铅药物、保健食品及化妆品领域。由于国外对金属硫蛋白的研究较早且成熟，已有大量含金属硫蛋白的药物、功能食品、抗体及化妆品等产品投放市场，带来了极大的经济效益[96]。

我国对金属硫蛋白的研究起步较晚，且受设备及工艺的限制，将金属硫蛋白生产批量化及产品化较为困难，但目前市场上也已经有部分金属硫蛋白产品出现，且主要集中于动物源性金属硫蛋白在排铅化妆品和药品领域的应用。以哈尔滨春源生物科技开发有限公司[97]和湛江市索奇生物技术有限公司[98]等为代表的生物制品企业生产的促排铅金属硫蛋白制剂、饮片和功能食品等经临床试验证实具有良好的促排铅功能，并没有毒副作用。以大宝为代表的化妆品企业将金属硫蛋白应用于各类化妆品中，能够有效减少铅对皮肤引起的过氧化反应，广受市场好评。

参　考　文　献

[1]　Needleman H L, Schell A, Bellinger D, et al. The long-term effects of exposure to low

doses of lead in childhood. The New England Journal of Medicine, 1990, 322: 83-85.

[2] McMichael A J, Baghurst P A, Wigg N R, et al. Port pirie Cohort Study: Environmental exposure to lead and children's abilities at the age of four years. The New England Journal of Medicine, 1988, 319: 468-472.

[3] 张丁丁, 丁世彬, 廖丹, 等. 鲟鱼金属硫蛋白排铅作用及对锌含量影响的研究. 微量元素与健康研究, 2011, 5: 1-3.

[4] Christie N T, Costa M. *In vitro* assessment of the toxicity of metal comprounds. IV. Disposition of metals in cells: Interaction with membranes, glutathione, metallothionein, and DNA. Biological Trace Element Research, 1984, 6: 139-158.

[5] 杨惠琴, 张睿, 丁世彬, 等. 金属硫蛋白对铅染毒小鼠的排铅作用研究. 工业卫生与职业病, 2014, 2: 105-107, 113.

[6] Stružyñska L, Bubko I, Walski M, et al. Astroglial reaction during the early phase of acute lead toxicity in the adult rat brain. Toxicology, 2001, 165: 121-131.

[7] 于东, 丁世彬, 廖丹, 等. 金属硫蛋白排铅和肝脏保护作用的实验研究. 工业卫生与职业病, 2012, 3: 150-153.

[8] Agrawal S, Flora G, Bhatnagar P, et al. Comparative oxidative stress, metallothionein induction and organ toxicity following chronic exposure to arsenic, lead and mercury in rats. Cellular and Molecular Biology, 2014, 60(2): 13-21.

[9] Cronopoulos J. Variation in plant and soil lead and cadmium content in urban parks in Athens, Greece. Science of the Total Environment, 1997, 196(1): 91-98.

[10] Lucchi L. Chronic lead treatment induce in rat: A special and differential effect on dopamine receptors in difference brain areas. Brain Research, 1981, 213: 397-401.

[11] Lindahl L S, Bird L. Differential ability of astroglia and neuronal cells to accumulate lead: Dependence on cell type and on degree of differentiation. Toxicological Sciences, 1999, 50: 236-243.

[12] 胡秀丽, 荣会, 李才, 等. MT 蛋奶粉对铅中毒大鼠的排铅作用. 吉林大学学报(医学版), 2006, 4: 636-638.

[13] 陆巍. 铅的神经毒作用机制. 国外医学卫生学分册, 1995, 22: 341-343.

[14] 王桂芝, 刘双年, 候玉春, 等. 铅对大鼠脑细胞脂质过氧化及超氧物歧化酶活性的影响. 卫生毒理学杂志, 1995, 9: 175.

[15] 全先庆, 张洪涛, 单雷, 等. 植物金属硫蛋白及其重金属解毒机制研究进展. 遗传, 2006, 3: 375-382.

[16] Kopp S J. Cardiovascular actions of lead and relationship to hypertension: A review. Health Perspectives, 1988, 78: 91-99.

[17] 蔡宏道. 环境污染与卫生监测. 北京: 人民卫生出版社, 1979: 55-62.

[18] Jain S K. In externalization of phosphatidyl serine and phosphatidyle thanolamine in the membrane bilayer and hypercoagulability by the lipid peroxidation of erythrocytes in rats. Journal of Clinical Investigation, 1985, 76: 281.

[19] D'Alessandro Gandolfo L, Macrì A, Biolcati G, et al. An unusual mechanism of lead poisoning. Presentation of a case. Recenti Progressi in Medicina, 1989, 80(3), 140-145.

[20] 景浩, 刘世杰. 铅中毒贫血机制的研究进展. 中华内科杂志, 1993, 32: 840-841.

[21] Deuticke B, Heller R B, Haest C W. Progressive oxidative membrane damage in

erythrocytes after pulse treatment with *t*-butylhydroperoxide. Biochimica et Biophysica Acta, 1987, 899: 113-124.

[22] 李胜联, 施文样. 醋酸铅致肝毒性的实验研究. 中国职业医学, 2002, 29(2): 9-10.

[23] Magyar J S, Weng T-C, Stern C M, et al. Reexamination of lead(II)coordination preferences in sulfur-rich sites: Implications for a critical mechanism of lead poisoning. Journal of the American Chemical Society, 2005, 127(26): 9495-505

[24] 王粉荣, 孟如意. 铅中毒与消化系统的变化及临床分析. 世界元素医学, 2000, 7(1): 33.

[25] Parent M E, Siemiatycki J, Fritschi L, et al. Occupational eaposure and gastric cancer . Epidemiology, 1989, 9(1): 48-54.

[26] Torres-Escribano S, Denis S, Blanquet-Diot S, et al. Comparison of a static and a dynamic *in vitro* model to estimate the bioaccessibility of As, Cd, Pb and Hg from food reference materials *Fucus* sp.(IAEA-140/TM)and Lobster hepatopancreas(TORT-2). Science of the total environment, 2011, 409(3): 604-611.

[27] 刘金玲, 崔毅, 贾崇奇, 等. 甲醛职业暴露与胃癌关系的回顾性队列研究. 环境与健康杂志, 1994, 11(5): 253-255.

[28] 胡家荣, 伍洛鸿, 蒲瑞芬. 铅污染铅中毒与排铅药物. 医药导报, 2003, 7: 484-486.

[29] 吴怡, 杨华平. 金属硫蛋白对大鼠体内铅促排作用的研究. 环境与健康杂志, 1998, 6: 13-14, 17.

[30] Mahmoud L A. Renal effects of environment and occupational lead exposure. Environmental Health Prospectives, 1997, 105: 928-938.

[31] 纪云晶. 实用毒理学手册. 北京: 中国环境科学出版社, 1991: 389-407.

[32] 徐成伟, 孙绍秋. 铅中毒肾性病国内研究进展. 铅污染的危害与防治研究. 香港新闻出版社, 1997, (1): 17.

[33] 汪慧琼, 黄永平, 刘建文, 等. 铅神经毒性机制及神经保护药物的研究进展. 毒理学杂志, 2015, 3: 222-226.

[34] Lin J L. Environmental lead exposure and progression of chronic renal diseases inpatients without diabetes. The New England Journal of Medicine, 2003, 348(4): 277-286.

[35] 张遵真, 廖艳. 四种金属化合物对小鼠生殖细胞 DNA 损伤的研究. 卫生毒理学杂志, 2000, 14(4): 227-228.

[36] Ündeğer Ü, Başaran N, et al. Immune alterations in lead-exposed workers. Toxicology, 1996, 109: 167-172.

[37] Lachant N A, Tomoda A, Tanaka K R. Inhibition of the pentose phosphate shunt by lead: A potential mechanism for hemolysis in lead poisoning. Blood, 1984, 63(3), 518-524.

[38] 王刚垛. 铅对人体红细胞免疫功能影响的探讨. 工业卫生和职业病, 1994, 20(1): 45-47.

[39] Eduard B, Bingman C A, Wesenberg G E, et al. Structure of pyrimidine 5'-nucleotidase type 1. Insight into mechanism of action and inhibition during lead poisoning. Journal of Biological Chemistry, 2006, 281(29): 205-219

[40] 胡志成, 陈洁, 党玉涛, 等. 中枢神经铅中毒机制及维生素 C 的保护作用研究进展. 国际儿科学杂志, 2007, 5: 380-382.

[41] 王刚垛, 黄芙蓉, 林瑞存. 铅对作业工人免疫功能影响的研究. 职业医学, 1994, 21(4): 4-6.

[42] 王刚垛, 黄芙蓉, 林瑞存, 等. 铅免疫毒性的实验研究. 卫生毒理学杂志, 1994, 8(2): 86-87.

[43] Adler A J. Lead can effect the metabalish of oxygen free radicals-inhibit superoxide dismutase activity. Journal of Trace Elements in Medicine and Biology, 1993, 10: 93-96.

[44] 王琼. 铅中毒患者免疫球蛋白及 T 细胞的临床分析. 医学理论与实践, 2013, 23: 3141-3142.

[45] Sugawara E, Nakamura K, Miyake T, et al. Lipid peroxidation and concentration of glutethione in erythrocytes from workers exposed to lead. British Journal of Industrial Medicine, 1991, 48: 239-243.

[46] Fahey R C, Sundquist A R. Evolution of glutathione metabolism. Advances in Enzymology and Related Areas of Molecular Biology, 1991, 64: 51-53.

[47] 黄化刚, 李廷轩, 杨肖娥, 等. 植物对铅胁迫的耐性及其解毒机制研究进展. 应用生态学报, 2009, 3: 696-704.

[48] Sandhir R, Julka D, Gill K D, et al. Lipoperoxidative damage on lead exposure in rat brain and its implications on membrane bound enzymes. Pharmacology and Toxicology, 1994, 74: 66-71.

[49] Othman AI, El-Missiry M A. Role of selenium against lead toxicity in male rats. Journal of Biochemical and Molecular Toxicology, 1998, 12: 345-346.

[50] Mylroie A A, Collins H, Umbles C, et al. Erythrocyte superoxide dismutase activity and otherparameters of copper status in rats ingesting lead acetate. Toxicology and Applied Pharmacology, 1996, 82: 512-520.

[51] 刘毓谷. 中国医学百科全书: 营养与食品卫生学. 上海: 上海科学技术出版社, 1992: 75.

[52] Chaturvedi A K, Mishra A, Tiwari V, et al. Cloning and transcript analysis of type 2 metallothionein gene(SbMT2)from extreme halophyte *Salicornia brachiate* and its heterologous expression in *E. coli.* Gene, 2012, 499(2): 280-287.

[53] Baudrimont M, Andres S, Durrieu G, et al. The key role of metallothioneins in the bivalve *Corbicula fluminea* during the depuration phase after *in situ* exposure to Cd and Zn. Aquatic Toxicology, 2003, 63(2): 89-102

[54] 吴怡, 晨阳, 杨华平, 等. 金属硫蛋白对体内铅促排作用的研究. 内蒙古医学院学报, 1998, 2: 29-31, 38.

[55] 张晓枫. 微量元素与人体健康的关系. 数理医药学杂志, 2004, 17(5): 473-477.

[56] 戈果. V_E 对慢性镉中毒小鼠黑质神经元的保护作用. 中国地方病学杂志, 2002, 21(6): 450-452.

[57] Crinnion W J. EDTA redistribution of lead and cadmium into the soft tissues in a human with a high lead burden-should DMSA always be used to follow EDTA in such cases? Alternative Medicine Review: A Journal of Clinical Therapeutic, 2011, 16(2): 109-112.

[58] 张东杰, 王颖, 马中苏. 复方促排铅功能制剂组分的优化. 中国农学通报, 2010, 26(14): 101-107.

[59] Skrzycki M, Majewska M, Podsiad M, et al. Hymenolepis diminuta: Experimental studies

on the antioxidant system with short and long term infection periods in the rats. Experimental Parasitology, 2011, 129(2): 158-163.

[60] 李铉, 郝守进, 刘颖, 等. 金属硫蛋白的 α、β 结构域与铅结合形式及稳定性的研究. 卫生研究, 2001, 4: 198-200.

[61] 梁冰, 李晓兵, 张伟. 铅的污染危害及天然产物防治铅中毒. 四川环境, 2000, 19(2): 17-21.

[62] 厉有名, 姜玲玲. 铅中毒病理生理机制的若干研究进展. 广东微量元素科学, 2001, 9: 8-11.

[63] 张季, 严春临, 侯勇, 等. 大黄酚对铅中毒小鼠免疫功能的影响. 中国药理学通报, 2014, 5: 696-700.

[64] 陆新华. 自由基与铅中毒机制的研究进展. 中华劳动卫生职业病杂志, 1998, 3: 63-65.

[65] Ponce-Canchihuamán J C, Pérez-Méndez O, Hernández-Muñoz R, et al. Protective effects of *Spirulina maxima* on hyperlipidemia and oxidative-stress induced by lead acetate in the liver and kidney. Lipids in Health and Disease, 2009, 9(1): 1-7.

[66] 吴传云, 周美启, 董昌武, 等. 哺乳期重度铅中毒的神经毒理机制及中医辨证分型探析. 成都中医药大学学报, 2014, 4: 92-93, 112.

[67] 杜林, 黄鸿志, 王雅茜. 铅中毒及其防治研究进展. 广东微量元素科学, 2001, 5: 9-18.

[68] 张季, 严春临, 王博奥, 等. 苦荞麦多糖对铅中毒小鼠的保护作用研究. 现代食品科技, 2015, 7: 12-17, 11.

[69] 廖丹, 丁世彬, 龙甲, 等. 金属硫蛋白和黄酮对急性铅中毒大鼠代谢的研究. 微量元素与健康研究, 2013, 1: 1-3, 11.

[70] 张新辉, 熊正英. α-辛酸的生物学功能及提高运动能力的机制. 体育科学研究, 2007, 11(4): 65-68.

[71] 陈敏, 宋霞, 田晓蕾, 等. 新型螯合剂对镉致小鼠睾丸毒性的解毒作用. 中国公共卫生, 2007, 4(23): 470-472.

[72] 徐晖. 泽泻药理作用研究进展. 湖南中医杂志, 2004, 20(3): 77-78.

[73] 吕团伟, 刘孟宇, 李淑红, 等. 中草药五加皮和茯苓的拮抗镉诱变作用. 吉林大学学报(医药版), 2008, 34(4): 598-600.

[74] 梁培育, 李浩勇, 彭晓晖, 等. 黄芪注射液对镉诱导大鼠精子畸形的拮抗作用. 中华男科学, 2004, 10(1): 42-48.

[75] 董颖超, 李俊, 秦玉昌, 等. 真空后喷涂技术在酶制剂中的应用研究. 饲料研究, 2008, (6): 6-8.

[76] 李静, 江国虹, 常改. 铅污染的途径及铅毒性. 预防医学文献信息, 2003, 9(6): 698-700.

[77] 李晓霞, 陈祥贵, 张庆, 等. 排铅机制与方法. 食品工业科技, 2005, 26(9): 181-183.

[78] 孙晓梅, 匡晶晶, 张美群. 职业性铅中毒. 职业与健康, 2007, 23(23): 2220-2222.

[79] 袁爱梅. 小儿铅中毒的病因分析及预防. 邯郸医学高等专科学校学报, 2005, 18(3): 237-238.

[80] 左立云, 于慧敏. 中医药治疗铅中毒的研究进展. 中国中医药信息杂志, 2002, 9(4): 87-88.

[81] 韩艳春, 阿依吐伦. 儿童铅毒性临床和实验研究进展. 环境与健康杂志, 2009, 26(8): 746-748.

[82] 黄守峰. 如何解决少儿铅中毒. 创新科技, 2005, (1): 49-51.

[83] 杜霞, 李璧玉, 朱红. 食品中的化学污染及预防. 云南化工, 2007, 34(2): 54-58.

[84] López-Alonso M, Benedito J L, García-Vaquero M, et al. The involvement of metallothionein in hepatic and renal Cd, Cu and Zn accumulation in pigs. Livestock Science, 2012, 150(1): 152-158.

[85] 梁艺怀, 金泰廙. 锌或铜诱导肝脏金属硫蛋白结合锌镉比值与铜镉比值的研究. 环境与职业医学, 2010, 27(1): 31-33.

[86] 季清洲, 王立波, 周元, 等. 金属硫蛋白结合铅离子的竞争反应和置换反应研究. 北京大学学报(自然科学版), 2000, 36(4): 503-508.

[87] 王磊. 镉胁迫对泥鳅的毒理效应及金属硫蛋白基因表达的影响. 苏州: 苏州大学硕士学位论文, 2012.

[88] Espinoza H M, Williams C R, Gallagher E P. Effect of cadmium on glutathione S-transferase and metallothionein gene expression in coho salmon liver, gill and olfactory tissues. Aquatic Toxicology, 2012, 110(1): 37-44.

[89] Manso Y, Adlard P A, Carrasco J, et al. Metallothionein and brain inflammation. Journal of Biological Lnorganic Chemistry, 2011, 16(7): 1103-1113.

[90] Fujiwara Y, Satoh M. Protective role of metallothionein in chemical and radiation carcinogenesis. Current Pharmaceutical Biotechnology, 2013, 14(4): 394.

[91] Andrews G K. Regulation of metallothionein gene expression by oxidative stress and metal ions. Biochemical Pharmacology, 2000, 59(1): 95-104.

[92] Ruttkay-Nedecky B, Nejdl L, Gumulec J, et al. The role of metallothionein in oxidative stress. International Journal of Molecular Sciences, 2013, 14(3): 6044-6066.

[93] 邹学敏, 李梓民, 杨双波, 等. 金属硫蛋白对铬染毒小鼠肝脏氧化损伤的修复作用, 微量元素与健康研究, 2013, 30(6): 1-3.

[94] 王亚琴, 叶青华, 王小宁. 植物螯合肽功能的研究进展. 吉首大学学报(自然科学版), 2009, 30(2): 85-89.

[95] Ibrahim D, Froberg B, Wolf A, et al. Heavy metal poisoning: Clinical presentations and pathophysiology. Clinics in Laboratory Medicine, 2006, 26(1): 67-97.

[96] Blindauer C A. Bacterial metallothioneins: Past, present, and questions for the future. Journal of Biological Inorganic Chemistry, 2011, 16(7): 1011-1024.

[97] 赵红光, 王志成, 杜翔, 等. 含 MT 蛋奶粉对小鼠辐射损伤的保护作用. 吉林大学学报(医学版), 2005, 31(4): 543-546.

[98] 周宇红, 严卫星, 刘海波. MT 生物饮品的毒性研究. 中国食品卫生杂志, 1998, 10(2): 5-8.

第二篇

酵母源金属硫蛋白的抗氧化
作用和铅毒危害改善试验探索

第4章　高产酵母源金属硫蛋白菌株的筛选和培养优化

4.1　筛选高产酵母源金属硫蛋白菌株的实验

金属硫蛋白（MT）是一类低分子质量、含有半胱氨酸，可被金属离子诱导的蛋白质。MT 构象稳固，强耐热性，有重复的氨基酸序列[1]。MT 的生物学功能有：解毒重金属、清除自由基、防止细胞癌变、抗辐射和紫外线等[2~5]。MT 的独特结构和多样功能受到了国际学术界的关注，从动植物体内提取 MT，成本比较高，周期比较长等缺点，使 MT 的开发受限。而微生物生产却和动植物种不同，特别是酵母菌生产类 MT，成本比较低，周期比较短，方法简单并具有独特的优点。自1997 年林稚兰筛选出我国第一株酵母类 Cu-MT，直至目前对金属硫蛋白高产菌株的研究仍是一个引人瞩目的领域，如何提高产金属硫蛋白的能力，将成为一个发展方向。

自然菌株的产率低，突变率小，而利用诱变处理可以使自然菌株的产率提高。目前，微生物诱变方法分两种，物理方法和化学方法。物理方法包括紫外照射、微波处理、激光等，紫外照射是最常用的诱变方法，而微波突变频率高、效果好，具有显著的成效[6~8]。化学方法，包括烷基化剂和碱基类似物等，有比较显著效果的是亚硝基胍（NTG）。尤兰兰[9]以一株酿酒酵母菌株为出发菌株，通过紫外（UV）和 NTG 复合诱变的方法，获得了 1 株具有铜高抗性突变菌株，并且研究了生物学功能。研究结果显示，金属硫蛋白具有抗辐射、清除自由基的能力，铜解毒能力比出发菌株高，培养 50 代，其遗传稳定性良好，均保持在 96%以上。王乃富[10]以酒精酵母和面包酵母菌株为出发菌株，经过 UV 和 NTG 复合诱变，得到 SY1-2-14-2（Cu^{2+}抗性为 8 mmol/L）和 SY4-2-14-5（Cd^{2+}抗性为 1 mmol/L）两个突变菌株，结果显示，突变菌株的生物活性与酿酒酵母细胞对 Cu^{2+}或 Cd^{2+}的抗性有正相关性，比出发菌株均有所提高。

本节拟采用物理和化学复合的方法对菌株进行诱变处理，以提高菌株的产金属硫蛋白能力，为工业化生产金属硫蛋白提供有力保障。

4.1.1 材料与设备

1. 材料与试剂

酿酒酵母菌 31206	中国工业微生物菌种保藏管理中心
酵母菌金属硫蛋白酶联免疫分析试剂盒	上海劲马生物科技有限公司
葡萄糖（分析纯）	北京奥博星生物技术有限责任公司
牛肉膏	北京奥博星生物技术有限责任公司
蛋白胨（生化试剂）	北京奥博星生物技术有限责任公司
琼脂（生化试剂）	北京奥博星生物技术有限责任公司
牛血清白蛋白（生化试剂）	北京奥博星生物技术有限责任公司
氯化铜	上海化学试剂公司
考马斯亮蓝 G-250（生化试剂）	上海化学试剂公司
90%乙醇	上海化学试剂公司
85%（w/v①）的磷酸	上海化学试剂公司
丙酮	上海化学试剂公司
NaOH	上海化学试剂公司
NTG	上海化学试剂公司

2. 仪器与设备

79-1 磁力加热搅拌器	金坛市虹盛仪器厂
20 W 紫外诱变灯	江苏巨光光电科技有限公司
紫外分光光度仪	北京普析通用仪器有限公司
JBT/C-YCL400/3P 可调式超声波处理机	济宁金百特电子有限责任公司
海尔微波炉（2450 MHz，700 W）	青岛海尔微波制品有限公司
JY92-2D 超声波细胞粉碎机	宁波新芝生物科技股份有限公司
YXQ-SG46-280A 手提式压力蒸气消毒器	上海生银医疗仪器仪表有限公司
DH4000 型电热恒温培养箱	天津市泰斯特仪器有限公司
HZQ-F160 振荡培养箱	哈尔滨东联电子技术开发有限公司
JD100-3B 电子分析天平	沈阳龙腾电子有限公司
微量移液器（200 μl、1000 μl）	芬兰雷伯公司
BCN-136000 超净工作台	哈尔滨东联电子技术开发有限公司
LGR10-4.2 高速冷冻离心机	北京医用离心机厂

---

① 本书中用 w/v 表示质量浓度，特此说明。

4.1.2　实验方法

1. 培养基配制

活化培养基（YPD）：蛋白胨 20 g/L，葡萄糖 20 g/L，酵母膏 10 g/L。

诱导培养基（YEPD）：蛋白胨 20 g/L，葡萄糖 20 g/L，酵母膏 10 g/L，铜盐。

2. Cu-MT 的诱导

将活化三次的种子液转接至 YEPD 诱导培养基中（含 $CuCl_2$），于 30℃诱导培养 48 h。以 5000 r/min 离心 25 min，去上清，收集菌体，后用 0.01 mol/L Tris-HCl（pH 8.6）缓冲液反复洗涤，去除残留的培养基，向离心管中加入 15 ml，0.0 1 mol/L Tris- HCl（pH 8.6）缓冲液，充分搅拌，混匀，用超声波破壁器破壁 40 min；10000 r/min 离心 15 min，收集上清液，于沸水浴中加热 3 min，迅速冷却，加入离心管中，以 10000 r/min 离心 15 min，收集上清液。

3. 酿酒酵母类 MT 的分析测定

（1）总蛋白含量的测定：考马斯亮蓝 G-250 法[11]

考马斯亮蓝法是一种快速、灵敏的方法。它是利用蛋白质与染料相互结合的原理，定量地进行蛋白质浓度的测定，测定范围为 10～100 μg 蛋白质，微量测定范围是 1～10 μg 蛋白质。

A. 试剂的配制

标准蛋白质溶液：烧杯中称取 100 mg 牛血清白蛋白，把它溶于 100 ml 水中，此溶液为 1000 μg/ml 的原液。

考马斯亮蓝 G-250：称取 100 mg 考马斯亮蓝 G-250，将它溶于 50 ml 95%乙醇中，摇匀，再加入 100 ml 85%的磷酸，加入蒸馏水至 1000 ml，过滤保存。最终试剂中含 0.01%（w/v）考马斯亮蓝 G-250，4.7%（w/v）乙醇，8.5%（w/v）磷酸，常温下该溶液可放置 1 个月。

B. 标准曲线绘制

绘制低浓度标准曲线：取 12 支试管，分两组按表 4-1 平行操作。溶液混匀后放置 2 min，在 595 nm 进行比色，记录数据。

绘制高浓度标准曲线：另取 12 支试管，分两组按表 4-2 平行操作，其余步骤同上。

C. 样品测定

在试管中吸取 0.1 ml 样品提取液，加入考马斯亮蓝 5 ml 后混合均匀，2 min

表 4-1 低浓度标准曲线绘制

试管号	1	2	3	4	5	6
1000 μg/ml 标准蛋白液（ml）	0.00	0.02	0.04	0.06	0.08	0.10
蒸馏水（ml）	1.00	0.98	0.96	0.94	0.92	0.90
考马斯亮蓝 G-250 试剂（ml）	5	5	5	5	5	5
蛋白质含量（μg）	0	20	40	60	80	100
OD595（nm）	0	0.022	0.039	0.051	0.076	0.102

表 4-2 高浓度标准曲线绘制

试管号	1	2	3	4	5	6
1000 μg/ml 标准蛋白液（ml）	0	0.2	0.4	0.6	0.8	1.0
蒸馏水（ml）	1.0	0.8	0.6	0.4	0.2	0.0
考马斯亮蓝 G-250 试剂（ml）	5	5	5	5	5	5
蛋白质含量（μg）	0	200	400	600	800	1000
OD595（nm）	0	0.161	0.253	0.405	0.610	0.731

后在 595 nm 下进行比色，记录数据，绘制标准曲线，并在标准曲线上查得待测样品液中蛋白质的含量 X（μg），空白是 1 号试管。

D. 总蛋白含量计算

$$总蛋白质的含量（μg/g 菌体）= \frac{X \times \dfrac{提取液总体积（ml）}{测定时取样体积（ml）}}{菌体重（g）} \tag{4-1}$$

式中，X 为在标准曲线上查得的蛋白质含量（μg）。

（2）金属硫蛋白含量的测定：酶联免疫分析法（ELISA 法）

用纯化的抗体包被微量滴定板，制成固相载体，往包被抗 MT 抗体微孔中依次加入标准品或样品、生物素化的抗 MT 抗体、辣根过氧化物酶标记的抗生物素蛋白，经过彻底洗涤后，底物 TMB 显色。TMB 在过氧化物酶的催化下转化成蓝色，并在酸的作用下转化成最终的黄色。样品颜色的深浅和 MT 含量呈正相关。用酶标仪在 450 nm 波长下测定光密度（optical density，OD）值，计算样品的浓度。

A. 试剂盒组成

试剂盒组成见表 4-3。

表 4-3　试剂盒的组成

试管号	试剂	容量	试管号	试剂	容量
1	30 倍浓缩洗涤液	20 ml×1 瓶	7	终止液	6 ml×1 瓶
2	酶标试剂	6 ml×1 瓶	8	标准品（72 ng/L）	0.5 ml×1 瓶
3	酶标包被板	12 孔×8 条	9	标准品稀释液	1.5 ml×1 瓶
4	样品稀释液	6 ml×1 瓶	10	说明书	1 份
5	显色剂 A 液	6 ml×1 瓶	11	封板膜	2 张
6	显色剂 B 液	6 ml×1 瓶	12	密封袋	1 个

B. 标准要求

样品采集后尽早进行提取，提取后应尽快操作。如果不能立刻操作，可将样品在−20℃条件下保存，保存中避免反复对样品进行冻融。

C. 操作步骤

1）标准品的稀释：提供原倍标准品 1 支，按表 4-4 在小试管中进行稀释。

表 4-4　标准品的稀释

浓度	标准品	稀释液倍数
36 ng/L	5 号标准品	150 µl 的原倍标准品加入 150 µl 标准品稀释液
18 ng/L	4 号标准品	150 µl 的 5 号标准品加入 150 µl 标准品稀释液
9 ng/L	3 号标准品	150 µl 的 4 号标准品加入 150 µl 标准品稀释液
4.5 ng/L	2 号标准品	150 µl 的 3 号标准品加入 150 µl 标准品稀释液
2.25 ng/L	1 号标准品	150 µl 的 2 号标准品加入 150 µl 标准品稀释液

2）加样：在酶标板加 50 µl 标准品，待测样品孔中先加 40 µl 样品稀释液，然后再加待测样品 10 µl。将样品加入酶标板底部，轻晃混匀。

3）温育：用封板膜封板后在 37℃下 30 min。

4）配液：将 30 倍浓缩洗涤液用蒸馏水 30 倍稀释后留用。

5）洗涤：去掉封板膜，倒出液体，每孔加入洗涤液，静置 30 s 后弃去废液，重复 5 次，拍干。

6）加酶：每孔加入酶标试剂 50 µl，空白孔除外。

7）温育：操作同 3）。

8）洗涤：操作同 5）。

9）显色：每孔先加 50 µl 显色剂 A，再加 50 µl 显色剂 B，混匀，37℃下避光反应 15 min。

10）终止：每孔加终止液 50 µl，终止反应（此时颜色由蓝色转为黄色）。

11）测定：以空白孔调零，依次测量各孔的 450 nm 吸光度。

D. 计算

以标准物的浓度为横坐标，OD 值为纵坐标，在坐标纸上绘出标准曲线，根据样品的 OD 值由标准曲线查出相应的浓度，再乘以稀释倍数；或用标准物的浓度与 OD 值计算出标准曲线的直线回归方程式，将样品的 OD 值代入方程式，计算出样品浓度，再乘以稀释倍数，即为样品的实际浓度。

（3）巯基活性的测定：简化的巯基试剂（DTNB）法

巯基试剂的配置[12]：称取 DTNB 0.0594 g，盐酸胍 0.0172 g，EDTA 0.0112 g 用 0.1 mol/L PBS 试剂溶解定容至 100 ml。

将样品配成 100 μl 溶液，加入 20 μl 1.2 mol/L HCl 和 400 μl 0.1 mol/L EDTA 反应 10 min 去除金属，加入 200 μl 巯基试剂，混匀 3 min 使 MT 变性后与 DTNB 形成黄色络合物，用 0.1 mol/L PBS pH 7.3 稀释至 6 ml，在 412 nm 处测紫外吸收值。

4. 菌株的诱变

（1）紫外诱变

1）将活化三次的菌株，制成 10^6 个细胞/ml 菌悬液。

2）将 10 ml 菌液加入培养皿并放入一枚无菌大头针，放在磁力搅拌器上，在 20 W 紫外灯下，30 cm 处，分别照射 10～60 s。

3）紫外照射后，立即将稀释 10^6 倍未照射菌液和照射菌液避光 4℃冷藏 1 h。

4）取 0.2 ml 菌液涂布于 YPD 平板上，30℃培养 48 h，进行菌落的筛选。

5）计算致死率：

$$致死率 = \frac{未处理菌液菌数 - 处理后稀释菌液菌数}{未处理菌液菌数} \times 100\% \qquad (4-2)$$

（2）微波诱变

1）选取经紫外诱变后优势较好的菌株为出发菌株，制成 10^6 个细胞/ml 菌悬液。

2）选用最大功率 700 W，额定微波频率 2450 MHz 的微波炉，按不同的辐照时间对菌悬液进行微波辐照处理，每隔 5 s 取出用冰浴法消除微波的热效应。

3）避光 4℃冷藏 12 h 后涂布于 YPD 平板上，30℃恒温培养 2 d 后，计算活菌数并进行菌落的筛选，计算致死率。

（3）NTG 诱变

1）选取经微波诱变后优势较好的菌株为出发菌株，制成 10^6 个细胞/ml 菌悬液。

2）NTG 溶液的配制：缓冲溶液与 NTG 丙酮溶液的比例为 9∶1（缓冲溶液 9 ml+NTG 丙酮溶液 1 ml），配成 1 mg/ml NTG 溶液。使用时，NTG 最终使用浓度为 100 μg/ml。

3）将菌悬液和 NTG 溶液置于锥形瓶内混匀，30℃下处理时间为 10 min，20 min，30 min，40 min，50 min，60 min。

4）用冷生理盐水稀释到 50 倍终止反应，离心洗涤 3 次去除药物，然后再稀释成 10^6 倍。

5）取 0.2 ml 未处理菌液和处理后菌液涂布于 YPD 平板上，30℃培养 2 d，计算活菌数并进行菌落的筛选。

6）计算致死率。处理结束后，立即用 2 mol/L NaOH 把接触过 NTG 的器皿浸泡处理。

5. 菌株的筛选

1）初筛：选择 YPD 平板上直径较大、生长速度快、颜色呈乳白色的菌落，用其来筛选酿酒酵母高产菌株；同时，淘汰生长速度慢、偏小的菌落。

2）复筛：将初筛得到的菌株转至 YEPD 诱导培养基中，于 30℃，150 r/min 摇床培养 2 d。按照"3. 酿酒酵母类 MT 的分析测定"方法进行分析测定，选取测定结果较好的突变菌株进行再复筛。

3）再复筛：方法同复筛，选取测定结果呈明显优势的菌株为理想的突变菌株。

4.1.3　结果与讨论

1. 标准曲线的制作及筛选的结果

1）低浓度和高浓度标准蛋白曲线如图 4-1 和图 4-2 所示。

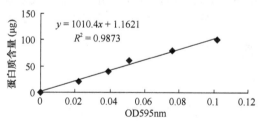

$$y = 1010.4x + 1.1621$$
$$R^2 = 0.9873$$

图 4-1　低浓度蛋白标准曲线

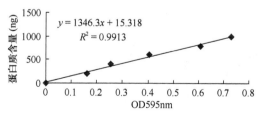

$$y = 1346.3x + 15.318$$
$$R^2 = 0.9913$$

图 4-2　高浓度蛋白标准曲线

2）金属硫蛋白的标准曲线如图 4-3 所示。

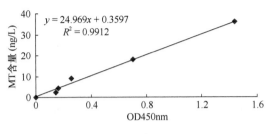

图 4-3　MT 标准曲线

3）选取的酵母菌落生长速度快，菌落直径大，颜色呈乳白色，如图 4-4 所示。

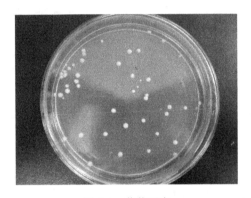

图 4-4　菌落形态

4）致死率在 80%～90%区间内，有利于菌株向正向突变发展，所以本试验致死率选取此区间，来判定紫外、微波及 NTG 诱变的合理处理时间。

2. 诱变菌株的筛选

（1）紫外诱变的筛选

出发酿酒酵母菌株经紫外线照射，得到致死率曲线，结果如图 4-5 所示。

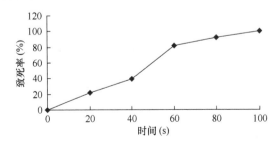

图 4-5　紫外诱变致死率曲线

　　由图 4-5 可以看出，随着紫外照射时间的增加，致死率在不断上升。选取致死率为 80%～90%，即紫外照射时间为 60 s，致死率达 81.7%，平板分离培养并进行菌落的筛选。

　　挑选 50 株菌进行初筛，得到 20 株菌，再经过复筛和再复筛（表 4-5），最后得到一株总蛋白含量为 50.2 mg/g 菌体、金属硫蛋白含量为 47.3 ng/L、巯基活性为 0.042 μmol（表 4-6）的 J-10 菌株。该菌株所测得的各项指标与原始菌株相比，均有所提高（表 4-7），但提高的幅度不是很大，可能是由于原始菌株对紫外诱变的敏感性不佳。

表 4-5　紫外诱变复筛结果

菌株编号	总蛋白的含量（mg/g 菌体）	金属硫蛋白含量（ng/L）	巯基活性（μmol）
J-1	32.2	29.4	0.022
J-2	38.6	20.8	0.017
J-3	34.5	30.2	0.024
J-4	38.9	32.6	0.026
J-5	30.2	26.4	0.019
J-6	44.6	34.9	0.032
J-7	15.1	12.6	0.008
J-8	45.2	36.4	0.034
J-9	39.3	28.2	0.006
J-10	48.5	39.9	0.034
J-11	33.7	21.1	0.012
J-12	34.0	26.9	0.018
J-13	47.1	37.3	0.023
J-14	49.6	43.1	0.038
J-15	37.2	23.5	0.005
J-16	41.9	30.2	0.019
J-17	48.2	40.7	0.029
J-18	26.4	18.9	0.004
J-19	46.2	33.3	0.022
J-20	40.3	34.6	0.036

表 4-6　紫外诱变再复筛结果

菌株编号	总蛋白含量（mg/g 菌体）	MT 含量（ng/L）	巯基活性（μmol）
J-6	46.6	39.7	0.038
J-10	50.2	47.3	0.042
J-14	53.7	43.5	0.032
J-17	46.4	40.6	0.030

表 4-7　出发菌株的检测结果

菌株编号	总蛋白含量（mg/g 菌体）	MT 含量（ng/L）	巯基活性（μmol）
出发菌株	44.6	38.3	0.029

（2）微波诱变的筛选

微波诱变致死率如图 4-6 所示。

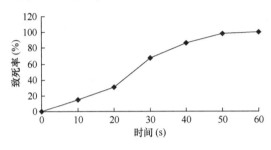

图 4-6　微波诱变致死率曲线

如图 4-6 所示，酿酒酵母 J-14 对微波辐照很敏感，在 50 s 时，致死率达 100%。选取时间为 40 s，致死率为 86.7% 的菌株进行筛选。

从微波处理 50 s 的平板中选取生长迅速，菌落成乳白色的单菌落 20 株进行摇瓶发酵培养，从中选出 4 株较好的菌株进行再复筛，测定结果见表 4-8 和表 4-9。

表 4-8　微波诱变复筛结果

菌株编号	总蛋白的含量（mg/g 菌体）	金属硫蛋白含量（ng/L）	巯基活性（μmol）
W-1	48.2	42.5	0.038
W-2	23.9	19.7	0.008
W-3	42.2	40.1	0.040
W-4	48.7	45.6	0.039
W-5	54.6	51.4	0.049
W-6	52.5	48.8	0.044
W-7	17.7	14.9	0.007
W-8	50.2	47.0	0.045
W-9	39.6	37.1	0.031
W-10	52.4	50.8	0.048
W-11	44.5	40.7	0.011
W-12	47.2	38.4	0.030
W-13	45.9	42.6	0.036
W-14	48.8	47.7	0.041
W-15	36.5	32.5	0.028
W-16	51.3	49.3	0.037
W-17	46.7	42.2	0.033
W-18	48.2	40.7	0.032
W-19	38.5	34.0	0.027
W-20	48.2	45.1	0.042

表 4-9　微波诱变再复筛结果

菌株编号	总蛋白含量（mg/g 菌体）	MT 含量（ng/L）	巯基活性（μmol）
W-6	53.8	51.4	0.047
W-10	51.2	49.9	0.040
W-14	49.6	46.2	0.038
W-16	52.4	50.3	0.042

如表 4-9 所示，W-6 菌株的各个指标含量均高于其他菌株，故选取 W-6 作为 NTG 诱变的出发菌株。

（3）NTG 诱变的筛选

亚硝基胍（NTG）在学术界被认为是效果显著的化学超诱变剂，在适宜的条件下，致死率低而诱变率高，可以使细胞产生一次至多次的突变。

不同时间菌株 NTG 诱变致死率如图 4-7 所示。

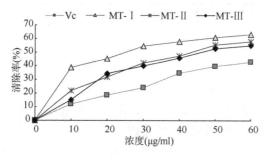

图 4-7　NTG 诱变致死率曲线

由图 4-7 可以看出，随着时间的增长，致死率也在不断上升。选取时间为 30 min，致死率在 81.7%的菌株进行筛选。从 50 株酵母菌中挑选出长势良好的 20 株酵母菌，进行复筛（表 4-10），选取 4 株较好的酵母菌进行再复筛，结果如表 4-11 所示。

表 4-10　NTG 诱变复筛结果

菌株编号	总蛋白的含量（mg/g 菌体）	金属硫蛋白含量（ng/L）	巯基活性（μmol）
N-1	90.2	87.8	0.075
N-2	99.3	98.0	0.065
N-3	105.9	83.1	0.077
N-4	127.7	120.9	0.106
N-5	68.6	65.4	0.062
N-6	122.3	61.3	0.056
N-7	54.0	50.7	0.047

菌株编号	总蛋白的含量（mg/g 菌体）	金属硫蛋白含量（ng/L）	巯基活性（μmol）
N-8	168.9	154.2	0.126
N-9	24.3	20.8	0.013
N-10	94.8	90.1	0.087
N-11	158.9	108.5	0.094
N-12	92.8	91.3	0.076
N-13	47.7	40.4	0.038
N-14	118.3	107.8	0.088
N-15	99.2	97.6	0.095
N-16	104.0	102.5	0.097
N-17	96.8	90.3	0.082
N-18	100.4	89.2	0.077
N-19	107.1	94.1	0.093
N-20	112.5	103.6	0.099

表 4-11　　NTG 诱变再复筛结果

菌株编号	总蛋白含量（mg/g 菌体）	MT 含量（ng/L）	巯基活性（μmol）
N-4	133.5	100.5	0.087
N-8	170.2	163.4	0.146
N-11	179.0	135.2	0.112
N-14	98.2	97.8	0.095

NTG 诱变的原理是通过烷化作用，使菌体的碱基发生变化，菌体的性状发生改变，使其生长迅速，产金属硫蛋白的能力也随之增强。从表 4-11 可以看出，N-8 总蛋白含量、金属硫蛋白含量及巯基活性明显提高，提高了近 5 倍。

（4）遗传稳定性检测

对菌株 N-8 进行遗传稳定性实验，连续转接 4 代，用上述方法进行测定每代经实验后菌体总蛋白含量、金属硫蛋白含量和巯基活性，结果如表 4-12 所示。

表 4-12　　菌株遗传稳定性实验结果

菌株编号	总蛋白含量（mg/g 菌体）	MT 含量（ng/L）	巯基活性（μmol）
1	169.5	158.2	0.142
2	172.2	165.4	0.144
3	168.0	159.7	0.139
4	174.4	166.8	0.147

由表 4-12 可以看出，对突变菌株 N-8 进行连续四次传代培养，该菌株遗传稳定性较好，金属硫蛋白产量也较稳定。经过三次重复实验，均得出了一致的结果，实验证明突变菌株 N-8 金属硫蛋白产量具有很可靠的遗传稳定性。

4.1.4　小结

MT 的研究一直稳居国内外科研的前沿，2006 年成玉梁的研究中筛选出一株酵母菌株，金属硫蛋白产量（以巯基活性计）由出发菌株的 0.012 μmol 提高到 0.041 μmol，提高了 3.42 倍。2009 年吴传松的类金属硫蛋白产生菌的分离培养及特性研究中筛选出 W-1 金属硫蛋白的含量达到 0.885 mg/g。

本文以酿酒酵母 31206 作为出发菌株，采用三重复合处理对金属硫蛋白产生菌的诱变效果进行了研究，结果表明三种处理方法都有很好的诱变效果，但 NTG 诱变的效果最好。获得了 1 株巯基活性达到 0.146 μmol，金属硫蛋白产量达到 163.4 ng/L，比原出发菌株高 5 倍的高产突变株 N-8，经四次传代培养，其遗传稳定性较好。通过诱变方法选育优质、高产的金属硫蛋白菌株，为日后工业化生产金属硫蛋白奠定了基础。

4.2　筛选高产金属硫蛋白的产朊假丝酵母菌株实验

使用原始菌株诱导产金属硫蛋白，产品在质量和产量等方面都不是很高，而利用诱变处理菌株，培育出适合生产金属硫蛋白的菌株，增加产量和产品质量使得工业化生产成为可能[13]。实验室常用的诱变剂分为物理诱变剂和化学诱变剂两大类[14]。化学诱变包括碱基类似物和亚硝基胍（NTG）等烷化剂；物理诱变剂有紫外诱变（UV）、微波诱变、激光、X 射线等。有研究证明，单独使用一类诱变方法（只是用物理诱变剂或是化学诱变剂）虽然诱变后菌株的产量得到了提高，但是提升空间并不大，效果也不是特别的明显，所以本实验采用物理诱变剂和化学诱变剂多次交替进行，通过多次紫外诱变和 NTG 诱变来撼动菌株多种基因的稳定性，使菌株多种基因功能发生改变从而增加突变率，提高效率。希望能够对工业化生产提供技术支持。

4.2.1　材料与设备

1. 菌种

产朊假丝酵母菌购自中国工业微生物菌种保藏管理中心，菌种编号 31126。

2. 培养基

活化培养基：蛋白胨 20 g/L，葡萄糖 20 g/L，酵母膏 10 g/L，自然 pH；

诱导培养基：蛋白胨 20 g/L，葡萄糖 20 g/L，酵母膏 10 g/L，Cu 盐 g/L，自然 pH；

斜面及分离培养基：蛋白胨 20 g/L，葡萄糖 20 g/L，酵母膏 10 g/L，琼脂条 20 g/L，自然 pH。

3. 材料与试剂

磷酸二氢钾	国药集团化学试剂有限公司
磷酸氢二钾	天津大茂化学试剂厂
亚硝基胍	天津光复精细化工研究所
葡萄糖	北方医药化学试剂厂
蛋白胨	北京奥博星生物技术有限公司
酵母膏	北京奥博星生物技术有限公司
琼脂	北京奥博星生物技术有限公司
Sephadex G-50	上海 Sigma 公司
考马斯亮蓝 G-250	上海 Sigma 公司

4. 仪器与设备

PHS-3C 型 pH 计	天津市鑫普机械制造有限公司
紫外分光光度计	天津欧诺仪器有限公司
TD5A-WS 台式低速离心机	东莞艾伯特仪器设备有限公司
UV759 紫外可见分光光度计	上海仪电仪器有限公司
JY92-2D 超声波细胞粉碎机	宁波新芝生物科技股份有限公司
20 W 紫外灯	深圳顾友特种光源有限公司
高压蒸汽灭菌锅	浙江新丰医疗器械有限公司
电热恒温培养箱	上海博迅实业有限公司
恒温调速摇瓶柜	上海将来实业有限公司
台式离心机	上海精密仪器厂
电子天平	梅特勒-托利多国际股份有限公司
无菌操作台	无锡一静净化设备有限公司
磁力加热搅拌器	上海一科仪器设备有限公司
移液枪	上海精密仪器厂

4.2.2　实验方法

1. 紫外诱变条件

取培养 48 h 活力旺盛的斜面菌菌种加入 10 ml 磷酸缓冲液，振荡过滤制得单孢子悬液。将悬液加入直径 9 cm 的平皿中，置于磁力搅拌器上，在 20 W 紫外灯

（紫外灯需预热 15 min）下 30 cm 处照射 2～5 min。取未经紫外照射菌液和经紫外照射菌液均梯度稀释后在 30℃下分离培养，2 d 以后计算致死率。同时取不同照射时间菌液各 2 ml 于液体培养基中，培养 12 h 后分离培养，2 d 后选取致死率合适的平皿，筛选性状良好的菌落。致死率计算公式为：

$$致死率（\%）=\frac{未处理菌液菌数-处理后稀释菌液菌数}{未处理菌液菌数}\times100\% \qquad (4\text{-}3)$$

2. NTG 诱变条件

取培养 48 h 活力旺盛的斜面菌菌种加入 10 ml 磷酸缓冲液，振荡过滤制得单孢子悬液。将单孢子菌悬液和 NTG 溶液置于锥形瓶内混合，且使混合液中 NTG 的浓度达到 1 g/L，30℃下处理 15～30 min。取梯度稀释后的未处理菌液和处理菌液在 30℃下分离培养，2 d 以后计算致死率[式（4-3）]；同时取 NTG 处理时间不同的菌液各 2 ml 于液体培养基中，培养 12 h 后分离培养，2 d 后选取致死率合适的平皿，筛选性状良好的菌落。

处理完毕后，马上把接触过 NTG 的器皿用 2 mol/L NaOH 浸泡处理。

3. 筛选方法

诱变所得菌株的初筛顺序为诱导、纯化和检测。复筛顺序为重复诱导、纯化和检测。

（1）诱导及提取粗蛋白的方法

将性状良好的菌落接种至活化培养基中，摇床培养 1 d，再接种至诱导培养基培养 2 d 后，离心收集菌体，通风干燥后称重得菌体干重。取 1 g 干菌体加入到 20 ml Tris-HCl 缓冲液（0.05 mol/L，pH8.6）中。超声波破碎 30 min，离心收集上清液，记录体积。

预先灌装 3 cm×90 cm 的 Sephadex G-50 层析柱，使用前先平衡。上清液以 0.8 ml/min 的速度上样，然后用缓冲液（pH8.6，20 mmol/ml NH_4HCO_3）进行洗脱，在洗脱过程中同时检测紫外吸收为 270 nm 和 280 nm 的吸收峰及 Cu 的含量，确定富含铜离子且 270 nm 处吸收峰大于 280 nm 处的吸收峰，收集所有符合条件的吸收峰，得到样品提取液记录总体积。

（2）综合分析测定方法

总蛋白含量的测定：使用考马斯亮蓝 G-250 法测定总蛋白含量。

1）试剂配制

标准牛血清白蛋白溶液：将 1L 双重蒸馏水中融入 1 g 牛血清白蛋白，得到 1 g/L

的牛血清白蛋白溶液。

考马斯亮蓝 G-250：将 25 ml 的 90%的乙醇溶液中加入 0.05 g 考马斯亮蓝 G-250，然后加入 50 ml 的 85%（w/v）磷酸溶液，充分混匀后用双重蒸馏水定容至 500 ml。

2）标准曲线的绘制方法

低浓度的标准曲线绘制方法：按表 4-13 顺序加样至 6 只试管内。混匀，放置 2 min，在 595 nm 波长处测定 OD 值。

表 4-13　低浓度的标准曲线的绘制

管号	1	2	3	4	5	6
1000 μg/ml 标准蛋白溶液（ml）	0	0.02	0.04	0.06	0.08	0.10
蒸馏水（ml）	1.00	0.98	0.96	0.94	0.92	0.90
考马斯亮蓝 G-250 试剂（ml）	5	5	5	5	5	5
蛋白质含量（μg）	0	20	40	60	80	100

高浓度的标准曲线绘制方法：按表 4-14 所示顺序加样。混匀，放置 2 min，在 595 nm 波长处测定 OD 值。

表 4-14　高浓度的标准曲线的绘制

管号	1	2	3	4	5	6
1000 μg/ml 标准蛋白溶液（ml）	0	0.2	0.4	0.6	0.8	1.0
蒸馏水（ml）	1.00	0.8	0.6	0.4	0.2	0
考马斯亮蓝 G-250 试剂（ml）	5	5	5	5	5	5
蛋白质含量（μg）	0	200	400	600	800	1000

3）样品测定：

将 0.1 ml 的样品加入到预先准备好的洁净试管内，再加入 5 ml 考马斯亮蓝 G-250 试剂，混匀，放置 2 min，在 595 nm 处测定 OD 值，通过标准曲线法计算得出待测样品中的蛋白质总量（μg）。（1 号试管为空白液）

4）总蛋白含量的计算：

$$总蛋白含量（μg/g菌体）= \frac{X \times \dfrac{提取液总体积（ml）}{测定时取样体积（ml）}}{菌体重（g）} \quad (4-4)$$

式中 X 为在标准曲线上查得的蛋白质的含量（μg）

5）Cu 含量的测定

采用原子吸收法来测定试样中的 Cu 含量。设置 Cu 测量参数为工作灯电流为 3.0 mA，预热灯电流 2.0 mA。光谱带宽 0.4 nm，波长为 324.7 nm，负高压 300.0 V，燃气流量 2000 ml/min。

6）测定巯基活性

精确量取 0.1 ml 样品的提取液和 0.1 ml 的双重蒸馏水来替代样品溶液，再各精确加入 0.3 ml 的 2,2′-二硫代联吡啶的饱和水溶液和 2.6 ml pH 4.0 的 0.2 mol/L NaAc-HAc 缓冲液，得检测试剂液和试剂空白液，分别摇匀。置 35℃水浴 20 min，以紫外分光光度计测定 λ_{max}（343 nm）处的吸光度 A_a（由杂蛋白和 Cu-MT 反应引起）。

再精确量取 0.1 ml 样品的提取液和 0.1 ml 双重蒸馏水来替代样品溶液。再各精确加入 2.6 ml pH 4.0 的 0.2 mol/L NaAc-HAc 缓冲液和 0.3 ml 双重蒸馏水，得到检测液和空白液，同样以紫外分光光度计测定 λ_{max}（343 nm）处的吸光度 A_b（杂蛋白吸光度）；以 $\triangle A = A_a - A_b$ 表示巯基活性。

4.2.3 结果与讨论

1. 蛋白标准曲线

绘制蛋白标准曲线如图 4-8、图 4-9 所示。

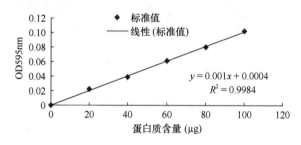

图 4-8 低浓度标准曲线

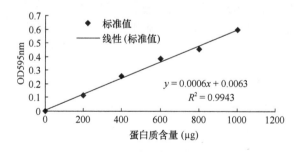

图 4-9 高浓度标准曲线

2. 诱变结果

所选诱变剂的效果和出发菌株的特性以及诱变剂对基因作用的特异性相关。

紫外诱变具有不易恢复突变且诱变频率高的优势，是实验室最常用且技术最成熟的诱变方法；而亚硝基胍的活化烷基可以取代 DNA 分子中的多个活泼氢原子，导致 DNA 复制时碱基配对错误而引起突变，能够使菌株发生多次突变，诱变效果好，有"诱变之王"的美誉。本实验需要诱变同一菌株，采用紫外诱变和亚硝基胍诱变这两种物理、化学诱变方法进行交替处理撼动其基因的稳固性，来达到降低菌株发生基因回复及产生抗性的可能。

（1）UV 诱变结果

UV 诱变出发菌株，设定照射处理时间为 2～5 min，不同的致死率和处理时间的关系，如表 4-15 所示。

表 4-15　UV 诱变处理的致死率与时间的关系

处理时间（min）	2	3	4	5
致死率（%）	72.58	88.42	92.32	94.79

选取致死率为 94.79% 的平板，挑选其中性状优良的菌落进行筛选。

表 4-16　出发菌株及 UV 诱变以后再复筛的分析结果

菌株编号	总蛋白含量（mg/g 菌体）	巯基活性（ΔA）	Cu 含量（μg/ml）
U-0	40.5	0.013	1.06
U-3	51.6	0.007	1.21
U-6	52.1	0.016	1.02
U-8	61.7	0.021	1.24
U-11	39.2	0.011	1.17

菌株 U-0 为出发产朊假丝酵母菌诱导后测得的数据。在初筛和复筛后，得到一株优良菌株 U-8（表 4-16）在总蛋白含量、类 MT 含量以及巯基活性上要高于出发菌株，但是升高幅度很小，可能是因为出发假丝酵母菌对紫外线诱变的敏感度很低所导致的。

（2）亚硝基胍诱变结果

亚硝基胍诱变菌株 U-8 的处理时间设定为 15～30 min，不同致死率和处理时间的关系如表 4-17 所示。

表 4-17　亚硝基胍诱变致死率和处理时间的关系

处理时间（min）	15	20	25	30
致死率（%）	88.40	94.25	98.74	99.87

选致死率为 94.25% 的平板，挑选其中性状优良的菌落进行筛选。

在初筛和反复复筛后（表 4-18），到一株优良菌株 N-5。该菌株在总蛋白含量、类 MT 含量以及巯基活性上，都要高于 U-8 菌株，说明化学诱变剂亚硝基胍诱变效果强于紫外诱变的效果，但金属硫蛋白的产量仍然很低，继续对 N-5 菌株进行交替诱导处理。

表 4-18　NTG 诱变以后再复筛的分析结果

菌株编号	总蛋白含量（mg/g 菌体）	巯基活性（ΔA）	Cu 含量（μg/ml）
N-3	72.2	0.021	2.54
N-5	93.6	0.034	3.07
N-8	81.7	0.017	2.54
N-9	61.9	0.025	2.19

（3）第二次 UV 诱变结果

二次紫外诱变菌株 N-5，设定照射处理时间 2～5 min，不同处理时间的致死率如表 4-19 所示。

表 4-19　第二次 UV 诱变处理时间与致死率的关系

处理时间（min）	2	3	4	5
致死率（%）	72.54	86.54	90.21	93.97

选取照射处理时间为 5 min 的平板，挑选性状优良的菌落筛选。

经过初筛和复筛以及再复筛，得到一株优良菌株 U'-7（表 4-20）在总蛋白含量、类 MT 含量以及巯基活性上，都要高于 N-5 菌株，说明多次进行物理化学交替诱变方法有效，分析可能是因为单一诱变剂导致菌株产生抗性而对诱变剂不敏感，而物理化学诱变剂的交替进行在一定程度上降低了菌株发生基因回复及产生抗性的可能性。

表 4-20　第二次 UV 诱变再复筛分析结果

菌株编号	总蛋白含量（mg/g 菌体）	巯基活性（ΔA）	Cu 含量（μg/ml）
U'-2	102.5	0.033	3.04
U'-4	116.8	0.038	3.27
U'-7	123.6	0.042	3.54

（4）第二次 NTG 诱变结果

亚硝基胍诱变 U'-7 菌株，设定诱变处理时间为 15～30 min，亚硝基胍诱变处理致死率和处理时间的关系如表 4-21 所示。

表 4-21　第二次亚硝基胍诱变致死率与处理时间的关系

处理时间（min）	15	20	25	30
致死率（%）	90.86	96.10	98.79	98.98

经过初筛和复筛以及再复筛后，得到菌株 N''-6（表 4-22）。菌株 N''-6 在总蛋白含量、类 MT 含量以及巯基活性上都要优于 U'-7。综合考虑上述两次物理和化学的诱变结果，假丝酵母菌对化学诱变剂亚硝基胍的敏感度明显高于物理诱变紫外线。

表 4-22　第二次亚硝基胍诱变以后再复筛的分析结果

菌株编号	总蛋白含量（mg/g 菌体）	巯基活性（ΔA）	Cu 含量（μg/ml）
N''-2	164.1	0.051	3.27
N''-5	171.5	0.055	3.54
N''-6	185.2	0.062	3.66

选取处理时间为 20 min 的平板，挑选性状优良的菌落筛选。

3. 菌株遗传稳定性考察

对于菌株 N''-6 进行遗传稳定性实验，传代 5 代，测定每代的总蛋白含量、巯基活性、类 MT 含量并计算变异度，结果如表 4-23 所示。

表 4-23　N''-6 菌株遗传稳定性试验结果

代数	蛋白总量（mg/g 菌体）	巯基活性（ΔA）	Cu 含量（μg/ml）
第 1 代	183.1	0.063	3.64
第 2 代	186.7	0.061	3.67
第 3 代	187.2	0.056	3.68
第 4 代	187.3	0.057	3.62
第 5 代	184.6	0.063	3.61
平均差 δ	1.82	0.0030	3.43
变异系数 CV（%）	2.09	2.04	2.06

分析表 4-23 可知，对于菌株 N''-6 连续转接，所得总蛋白含量、巯基活性和类 MT 含量变异系数较小，测定值的波动在允许的范围之内。可以看出菌株 N''-6 具有较好的遗传稳定性。

4.2.4　小结

本实验针对产朊假丝酵母菌诱导培养，经诱变和筛选得到一株高产类 MT 的诱变菌株 N"-6。其金属硫蛋白产量达到 185.2 mg/g，巯基活性达到 0.062。为出发时的巯基活性 0.013 的 4.77 倍。该菌株经过五次传代培养，各项指标变化不大，可以确定其遗传稳定性较好。本实验首次通过产朊假丝酵母诱变获得类 MT，成本低，产量大，具有较高的应用价值。另外，在实验中发现，物理化学诱变交替进行比单一诱变方法的诱变效果好，可操作性强；但单独使用紫外照射诱变的效果相比单独使用 NTG 诱变差，可考虑使用微波技术等其他物理诱变方法替换紫外照射诱变法。除诱变法以外，利用分子生物学技术为微生物植入基因等方法，也有可能进一步获得稳定高产的目的菌株。本实验为类 MT 的工业化生产奠定了基础。

4.3　产酵母源金属硫蛋白菌株诱导培养条件的优化实验

酵母菌株的诱导培养条件直接影响着金属硫蛋白的产量[15]。选择合适的诱导培养条件，使其高产性能及优良特性充分表达，对发酵生产金属硫蛋白具有重要的意义[16~18]。实验室对条件的优化一般包含两个方面：培养基组分的优化和培养条件的优化[19, 20]。本实验的培养基条件中对类金属硫蛋白产量起决定性作用的是诱导的 Cu 试剂，所以诱导过程中涉及的培养基组分是固定的，即氮源和碳源等组分是固定的。本实验主要研究培养条件对酿酒酵母菌株生产金属硫蛋白产量的影响，最终确定最佳的培养条件。实验研究的因素有：活化培养时间，诱导剂的选择，诱导剂的浓度，诱导培养时间，诱导培养温度，诱导培养 pH，摇床转速等。

4.3.1　材料与设备

1. 菌种

酿酒酵母（Saccharomyces cerevisiae）N-8 经筛选得到。

2. 培养基

活化培养基（YPD）：蛋白胨 20 g/L，葡萄糖 20 g/L，酵母膏 10 g/L。

诱导培养基（YEPD）：蛋白胨 20 g/L，葡萄糖 20 g /L，酵母膏 10 g/L，铜盐。

3. 材料与试剂

酵母菌金属硫蛋白酶联免疫分析试剂盒　　上海劲马生物科技有限公司

葡萄糖（分析纯）　　　　　　　　　　　　北京奥博星生物技术有限责任公司

牛肉膏	北京奥博星生物技术有限责任公司
蛋白胨（生化试剂）	北京奥博星生物技术有限责任公司
琼脂（生化试剂）	北京奥博星生物技术有限责任公司
牛血清白蛋白（生化试剂）	北京奥博星生物技术有限责任公司
氯化铜	上海化学试剂公司
考马斯亮蓝 G-250（生化试剂）	上海化学试剂公司
90%乙醇	上海化学试剂公司
85%（w/v）的磷酸	上海化学试剂公司
丙酮	上海化学试剂公司
NaOH	上海化学试剂公司

4. 仪器与设备

79-1 磁力加热搅拌器	金坛市虹盛仪器厂
20W 紫外诱变灯	江苏巨光光电科技有限公司
紫外分光光度仪	北京普析通用仪器有限公司
JBT/C-YCL400/3P 可调式超声波药品处理机	济宁金百特电子有限责任公司
JY92-2D 超声波细胞粉碎机	宁波新芝生物科技股份有限公司
YXQ-SG46-280A 手提式压力蒸气消毒器	上海生银医疗仪器仪表有限公司
DH4000 型电热恒温培养箱	天津市泰斯特仪器有限公司
HZQ-F160 振荡培养箱	哈尔滨东联电子技术开发有限公司
JD100-3B 电子分析天平	沈阳龙腾电子有限公司
微量移液器（200 μl、1000 μl）	芬兰雷伯公司
BCN-136000 超净工作台	哈尔滨东联电子技术开发有限公司
LGR10-4.2 高速冷冻离心机	北京医用离心机厂

4.3.2　实验方法

1. 分析测定

（1）金属硫蛋白含量的测定：酶联免疫分析法（ELISA 法）

相关内容参见 4.1.2.3（2）。

（2）巯基活性的测定：简化的巯基试剂（DTNB）法

相关内容参见 4.1.2.3（3）。

2. 诱导金属硫蛋白培养条件的单因素研究

选定活化培养时间、诱导剂浓度、诱导培养时间、诱导培养温度、诱导培养 pH、摇床转速等做单因素试验，考察各单因素对 MT 诱导条件的影响。

（1）活化培养时间对 MT 的影响

在确定诱导培养条件的情况下，先确定最适活化培养的时间。活化培养时间的长短与最终 MT 的产量有一定关系，若活化时间较长，发酵的时间会延长，直接导致生产成本的增加。若活化的时间较短，菌液没有出在最佳的生产状态，可能会导致 MT 的诱导不够充分，因此会直接影响到最终 MT 的产量。

将活化培养时间设置为 12 h、24 h、48 h、72 h、96 h，其他诱导条件的参数一定，分析测定金属硫蛋白产量、疏基活性等指标，确定最佳的活化培养时间。

（2）诱导剂浓度对 MT 的影响

对于同一种铜盐做诱导实验，浓度的高低与 MT 产量有直接的关系。若诱导剂浓度较低，菌体生长虽然会旺盛，蛋白的产量也会高，但是可能会导致 MT 富集不足。若诱导剂浓度较高，对酵母菌菌体的生长会起到较大的抑制作用，最终会影响到 MT 的产量，所以选择较合适的诱导剂浓度，是非常重要的。

将 2 ml 活化的菌液接至 100 ml 诱导培养基中，含 Cu 试剂浓度分别为 0.5 mmol/L、1.0 mmol/L、1.5 mmol/L、2.0 mmol/L、2.5 mmol/L，其他诱导条件参数一定，分析测定金属硫蛋白含量、疏基活性等指标，确定最佳的 Cu 试剂浓度。

（3）诱导培养的时间对 MT 的影响

诱导培养时间的长短在一定程度上对菌体的生长量和 MT 的质量与产量有很大的关系。若诱导的时间较长，菌体不断积累的代谢产物可能会对诱导培养过程中菌体生长产生抑制作用，会直接影响到最终 MT 的产量。若诱导培养的时间较短，那么会产生诱导作用不完全，最终会导致 MT 的产量低。

将 2 ml 活化的菌液接至 100 ml 诱导培养基中，诱导培养时间设置为 24 h、48 h、72 h、96 h、120 h，其他诱导条件参数一定，分析测定金属硫蛋白产量、疏基活性等指标，确定最佳诱导培养时间。

（4）诱导培养的温度对 MT 的影响

温度与微生物生长有一定影响作用，在诱导过程中，温度的高低会影响着酵母菌的生长状况，进而会影响到 MT 的最终产量，酿酒酵母菌最适的生长温度一般为 27～30℃。

将 2 ml 活化的菌液接至 100 ml 诱导培养基中，选取 27℃、30℃、33℃ 三个温度，其他诱导实验条件一定，分析测定金属硫蛋白含量、巯基活性等指标，来考察温度对于酵母菌 MT 产量的影响，确定最适诱导培养的温度。

（5）诱导培养的 pH 对 MT 的影响

一般来说，酵母菌在偏酸的环境中生长。但不同的酵母菌要求的最适 pH 不同，pH 过高或过低都会抑制酵母菌的生长。

将 2 ml 活化的菌液接至 100 ml 诱导培养基中，设置 pH 依次为 5.0、5.5、6.0、6.5、7.0，其他实验条件保持不变，分析测定 MT 的含量、巯基活性等指标，进行最佳诱导的 pH 的确定。

（6）摇床转速对 MT 的影响

酵母菌产金属硫蛋白是一个需氧发酵过程。在整个诱导培养阶段，足够的供氧是确保诱导过程成功进行的关键所在。摇床转速的快慢直接影响着整个实验供氧的多少，在试验中酵母菌只能利用培养基中的氧，通过控制摇床转速来调节发酵过程供氧的量。

将 2 ml 活化的菌液接至 100 ml 诱导培养基中，设置摇床转速为 100 r/min、120 r/min、140 r/min、160 r/min、180 r/min，其他诱导实验条件参数一定，分析测定金属硫蛋白含量、巯基活性等指标，确定最适宜的摇床转速条件参数。

（7）诱导培养基装液量和接种量对 MT 的影响

诱导培养基主要是在整个诱导培养过程中，给菌液提供丰富的营养物质以及金属环境，使发酵菌能充分利用营养成分，从而有助于发酵菌的生长，更利于 MT 的积累；另外，接种量也直接关系着酵母菌生长的好坏，并对最终 MT 的产量有明显影响。

将 2 ml 活化的菌液接至 100 ml 诱导培养基中，设置诱导培养基装液量依次为 40 ml/250 ml 三角瓶、45 ml/250 ml 三角瓶、50 ml/250 ml 三角瓶、55 ml/250 ml 三角瓶、60 ml/250 ml 三角瓶，其他实验条件参数一定，分析测定金属硫蛋白的产量、巯基活性等指标，确定最适宜的装液量；在此基础上考察了接种量（活化菌液）依次为 0.5 ml、1.0 ml、1.5 ml、2.0 ml、2.5 ml 时对实验结果的影响。

3. 诱导金属硫蛋白的响应面优化试验

在单因素的基础上，选取诱导培养 pH、温度、时间及 Cu 试剂的浓度，以金属硫蛋白含量为指标，采用 SAS9.1 数据处理系统，设计响应面试验，优化提取条件。

4.3.3　结果与讨论

1. 单因素对酵母菌 N-8 产类 MT 的影响

（1）诱导培养时间对酵母菌 N-8 产类 MT 的影响

在诱导培养时间的五点三次重复的因素分析中，采用 SAS9.1 统计系统进行分析，得出 F 值为 33.14 和 27 137.29，$p < 0.0001$，说明不同诱导培养时间对类 MT 产量的影响差异显著。由图 4-10 可以看出，MT 的含量和巯基活性随着诱导培养时间的增长先升高后呈现逐渐减小的趋势，在 48 h 时达到最高。在 48 h 后逐渐下降，可能是由于当诱导培养时间足够长时，由于累积产物的自我抑制作用以及生长过程中产生的其他不利物质的影响和作用，导致酵母菌诱导培养过程中整体效果变差，目标产物累积逐步减少。综合考虑诱导培养时间对上述两指标的影响，所以诱导培养时间选择 48 h 较为合适。

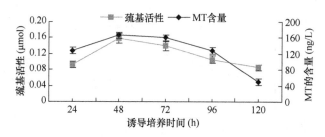

图 4-10　不同诱导培养时间产类 MT 的比较

（2）诱导 Cu 试剂浓度对酵母菌 N-8 产类 MT 的影响

在不同 Cu 试剂浓度的五点三次重复的因素分析中，采用 SAS9.1 统计系统进行分析，得出 F 值为 1002.07 和 86 216.73，$p < 0.0001$，说明不同 Cu 试剂浓度对类 MT 产量的影响差异显著。由图 4-11 可见，金属硫蛋白产量、巯基活性在 Cu 试剂浓度为 1.0 mmol/L 时达到最高分别为 169.3 ng/L 和 0.168 μmol，在 Cu 试剂浓度提高至 2.5 mmol/L 时，金属硫蛋白含量和巯基活性几乎为零，可能是由于 Cu 浓度过高，菌种生长被完全抑制，导致菌种"铜中毒"，几乎没有任何蛋白生成，由此可以确定最佳诱导 Cu 试剂浓度应取 1.0 mmol/L。

（3）诱导培养温度对酵母菌 N-8 产类 MT 的影响

在不同诱导温度的五点三次重复的因素分析中，采用 SAS9.1 统计系统进行分析，得出 F 值为 7327.15 和 14 274，$p < 0.0001$，说明不同诱导温度对类 MT 产量

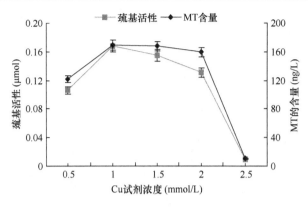

图 4-11　不同 Cu 试剂浓度产类 MT 的比较

的影响差异显著。由图 4-12 可以看出，在 30℃时，酵母菌 N-8 的金属硫蛋白产量和巯基活性均达到最高分别为 153.6 ng/L 和 0.142 μmol。由此，可以确定最佳的诱导培养温度应取 30℃为宜。

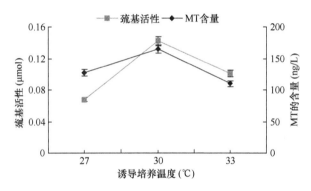

图 4-12　不同诱导温度产类 MT 的比较

（4）诱导培养 pH 对酵母菌 N-8 产类 MT 的影响

在不同诱导 pH 的五点三次重复的因素分析中，采用 SAS9.1 统计系统进行分析，得出 F 值为 342.67 和 19 366.67，$p<0.0001$，说明不同诱导 pH 对类 MT 产量的影响差异显著。由图 4-13 可以看出，诱导培养的 pH 过高或过低都会抑制菌种的生长，进而影响金属硫蛋白的产量和巯基的活性，在 pH 为 6.5 时，产金属硫蛋白的能力达到最大。因此选取 pH 为 6.5 较为适宜。

（5）摇床转速对酵母菌 N-8 产类 MT 的影响

在不同摇床转速的五点三次重复的因素分析中，采用 SAS9.1 统计系统进行分

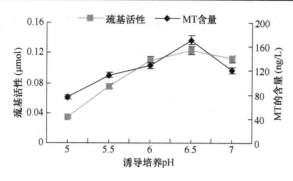

图 4-13　不同诱导 pH 产类 MT 的比较

析，得出 F 值为 1.89 和 2.41，$p>0.05$，说明不同摇床转速对产类 MT 产量的影响差异不显著。分析图 4-14 中的数据可以得出，在摇床转速为 140 r/min 时，金属硫蛋白的含量和巯基活性都先升高后降低。在 140 r/min 时金属硫蛋白含量和巯基活性达到最大。综合考虑可以得出，最佳摇床转速应选择 140 r/min 为宜。

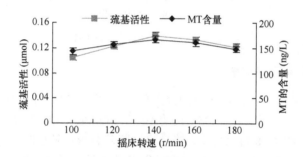

图 4-14　不同摇床转速产类 MT 的比较

（6）不同诱导剂对酵母菌 N-8 产类 MT 的影响

由表 4-24 可以确定选择 $CuCl_2$ 作为诱导剂较为合适。

表 4-24　不同诱导剂对类 MT 产量的影响

诱导剂	MT 含量（ng/L）	巯基活性（μmol）
$CuCl_2$	163.4	0.176
$CuSO_4$	102.5	0.177

（7）活化培养时间对酵母菌 N-8 产类 MT 的影响

由图 4-15 和图 4-16 可以看出，随着活化培养时间的增长，MT 的含量和巯基活性呈现增高的趋势，在 24 h 时达到最高值，之后降低。可能是由于培养时间过长,菌体积累代谢产物增多,抑制了 MT 的产生。因此,应选择活化培养时间在 24 h 较为合适。

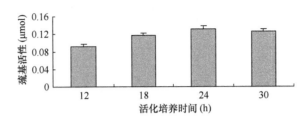

图 4-15　不同活化时间巯基活性的比较

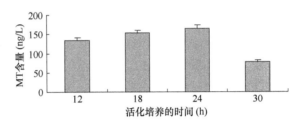

图 4-16　不同活化时间产类 MT 的比较

(8) 诱导培养基装液量的影响

在不同装液量的五点三次重复的因素分析中,采用 SAS9.1 统计系统进行分析,得出 F 值为 2.84 和 2.74,$p > 0.05$,说明不同装液量对类 MT 产量的影响差异不显著。由图 4-17 和图 4-18 可以看出,当诱导培养基装液量较低时,发酵菌得不到充足的营养成分,发酵不完全,导致发酵过程中类金属硫蛋白的积累不足,MT 产量和巯基活性均较低。随着装液量的增加直至最佳比例,发酵菌能够充分利用营养成分并发酵完全,MT 含量及巯基活性均呈现升高趋势。但当装液量过多时,由于富营养作用导致发酵菌利用培养液营养成分效率下降,与 MT 含量和巯基活性反而逐步下降。由图 4-17 和图 4-18 可以得出最佳诱导培养基装液量为 50 ml/250 ml 三角瓶。

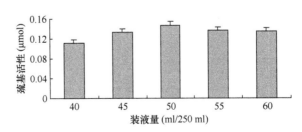

图 4-17　不同装液量巯基活性的比较

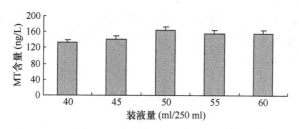

图 4-18　不同装液量产类 MT 的比较

（9）诱导培养基接种量的影响

在不同接种量的五点三次重复的因素分析中，采用 SAS9.1 统计系统进行分析，得出 F 值为 1.74 和 3.24，$p > 0.05$，说明不同接种量对类 MT 产量的影响差异不显著。由图 4-19 和图 4-20 可知，巯基活性及 MT 含量两指标均随着接种量的增加呈现先升高再降低的趋势，这可能是由于过多的发酵菌竞争利用营养成分，从而导致发酵不完全并进而影响到最终类金属硫蛋白产量。在接种量为 1.0 ml/50 ml 培养液时，接种量最适宜，发酵菌充分利用营养成分并完全发酵，MT 含量及巯基活性均达到最高。

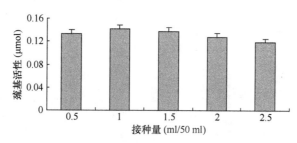

图 4-19　不同接种量巯基活性的比较

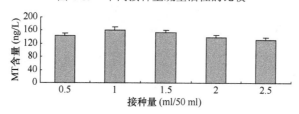

图 4-20　不同接种量产类 MT 的比较

2. 诱导条件的响应面优化试验

（1）诱导条件的正交旋转组合设计

在单因素试验的基础上，以金属硫蛋白的含量为评价指标进行单因素方差分析，选取诱导培养时间（X_1）、Cu 试剂的浓度（X_2）、诱导培养的温度（X_3）、诱导培养 pH（X_4）四个因素做响应面试验，优化提取条件，试验因素及水平见表 4-25，试验设计与结果见表 4-26。

表 4-25　因素水平编码表

编码值	X_1（时间/h）	X_2[浓度/（mmol/L）]	X_3（温度/℃）	X_4（pH）
+1	72	1.5	33	7.0
0	48	1.0	30	6.5
−1	24	0.5	27	6.0

表 4-26　响应面分析方案及试验结果

序号	X_1	X_2	X_3	X_4	Y
1	−1	−1	0	0	162.2
2	−1	1	0	0	163.6
3	1	−1	0	0	168.4
4	1	1	0	0	167.2
5	0	0	−1	−1	156.6
6	0	0	−1	1	167.7
7	0	0	1	−1	166.9
8	0	0	1	1	165.0
9	−1	0	0	−1	152.0
10	−1	0	0	1	165.2
11	1	0	0	−1	168.0
12	1	0	0	1	163.6
13	0	−1	−1	0	168.8
14	0	−1	1	0	167.7
15	0	1	−1	0	158.6
16	0	1	1	0	168.6
17	−1	0	−1	0	156.0
18	−1	0	1	0	160.8
19	1	0	−1	0	167.8
20	1	0	1	0	169.0
21	0	−1	0	−1	165.5
22	0	−1	0	1	166.4
23	0	1	0	−1	158.9
24	0	1	0	1	167.6
25	0	0	0	0	170.1
26	0	0	0	0	171.2
27	0	0	0	0	170.5

为考察各因素对金属硫蛋白产量的影响，根据表 4-26 中实验结果，以金属硫蛋白含量为指标，利用 SAS 9.1 数据处理系统对实验结果进行分析，见表 4-27 所示。

表 4-27　回归方程方差分析

方差来源	自由度	平方和	均方和	F 值	p 值
一次项	4	285.991 7	71.497 92	29.994 76	<0.000 1
二次项	4	141.396 9	35.349 21	14.829 68	<0.000 1
交互项	6	170.632 5	28.438 75	11.930 6	<0.000 1
失拟项	10	27.984 17	2.798 417	9.027 151	0.103 778
纯误差	2	0.62	0.31		
总误差	12	28.604 17	2.383 681		
回归模型	14	598.021	42.715 79	17.920 1	<0.000 1
总和	26	626.625 2			

该决定系数 R^2=0.9544，如表 4-27 所示，回归模型的 F 值为 17.9201，p 值 <0.0001；而失拟项的 p 值>0.05，说明该模型的拟合效果良好。由表 4-27 可知，一次项、二次项和交互项 p 值<0.0001，说明各个因素对金属硫蛋白产量有极其显著的影响。

由表 4-28 t 检验方差分析得，各因素对金属硫蛋白产量的影响程度从大到小的顺序依次为：诱导培养时间（X_1），诱导培养 pH（X_4），诱导培养的温度（X_3），Cu 试剂的浓度（X_2）。

表 4-28　t 检验方差分析表

模型	参数估计值	标准误差	t 值	显著性检验
X_1	3.683 333 3	0.445 691	8.264 329	0.000 1
X_2	−1.208 333	0.445 691	−2.711 15	0.018 915
X_3	1.875	0.445 691	4.206 955	0.001 217
X_4	2.3	0.445 691	5.160 531	0.000 237
X_{12}	−4.079 167	0.668 536	−6.101 64	0.000 1
X_{22}	−1.616 667	0.668 536	−2.418 22	0.032 423
X_{32}	−2.866 667	0.668 536	−4.287 98	0.001 054
X_{42}	−4.129 167	0.668 536	−6.176 43	0.000 1
X_1X_2	−0.65	0.771 959	−0.842 01	0.416 246
X_1X_3	−0.9	0.771 959	−1.165 87	0.266 319
X_1X_4	−4.4	0.771 959	−5.699 79	0.000 1
X_2X_3	2.775	0.771 959	3.594 752	0.003 681
X_2X_4	1.95	0.771 959	2.526 042	0.026 612
X_3X_4	−3.25	0.771 959	−4.210 07	0.001 21

对实验数据进行 SAS 统计分析,得到诱导培养时间(X_1)、Cu 试剂的浓度(X_2)、诱导培养的温度(X_3)、诱导培养 pH(X_4)四个因素在编码空间的多元回归模型如下:金属硫蛋白的含量为 Y 值,得出诱导培养时间(X_1)、Cu 试剂的浓度(X_2)、诱导培养的温度(X_3)、诱导培养 pH(X_4)的回归方程为:

$$Y_1= -1341.58+3.645833X_1-93.08333X_2+32.56944X_3+294.1167X_4-0.007082X_{12}-$$
$$0.054167X_1X_2-0.0125X_1X_3-0.366667X_1X_4-6.466667X_{22}+1.85X_2X_3+7.8X_2X_4-$$
$$0.318519X_{32}-2.166667X_3X_4-16.51667X_{42}$$

最佳诱导条件及 MT 的产量如表 4-29 所示。

表 4-29　诱导条件的优化值及最优条件下的最大 MT 的产量

因素	标准化	非标准化	预测值
X_1	0.591 31	62.191 5	
X_2	−0.538 10	0.730 9	
X_3	0.085 60	30.256 8	171.867 5
X_4	−0.197 29	6.401 4	

优化产 MT 条件的具体值分别为:诱导培养时间为 62 h、Cu 试剂的浓度为 0.7 mmol/L、诱导培养的温度为 30℃、诱导培养为 pH6.4。

最适诱导培养条件优化结果验证实验:利用优化的诱导培养条件对金属硫蛋白进行诱导培养实验,得到金属硫蛋白含量为 170.91 ng/L,与 SAS9.1 软件统计分析给出的最大水解度 171.8675 ng/L 的误差范围小于 5%,因此,验证实验结果正确。

为进一步描述因素的变化与抗氧化值之间的内在规律,可以通过在四个因素中固定两个变量进行降维分析,运用 SAS9.1 软件可以绘出 X_1X_4、X_2X_4、X_2X_3、X_3X_4 的三维交互效应曲面图和二维等高线图。

(2)响应面分析结果

利用降维分析的方法进行分析,即固定两个因素为 0 水平($X_i=0$,$X_j=0$),可得出另外两个因素对 MT 产量的影响系。下面对四因素中交互项之间的交互效应进行分析。

1)诱导培养时间与诱导培养 pH 的交互效应分析

令 X_2(Cu 试剂的浓度)=0、X_3(诱导培养的温度)=0 得到诱导培养时间与诱导培养 pH 交互效应方程为:

$$Y_{14}=-1341.58+3.645833X_1+294.1167X_4-0.007082X_{12}-0.366667X_1X_4-16.51667X_{42}$$

诱导培养时间与诱导培养 pH 交互作用的响应面图及等高线图如图 4-21 所示:

由图 4-21 可知:诱导培养时间在 24～62 h 范围内,诱导培养 pH 在 6.0～6.4 范围内时,两者存在显著的增效作用,MT 含量随着诱导培养时间和诱导培养 pH 的增加而增加。诱导培养时间在 62 h 附近,诱导培养 pH 在 6.4 左右时,两者的协同作用达到最大。当诱导培养时间在 62～72 h 范围内，诱导培养 pH 在 6.4～7.0 范围内时，MT 含量随着诱导培养时间和诱导培养 pH 的增加而下降，说明两者在此区间存在明显的拮抗作用。

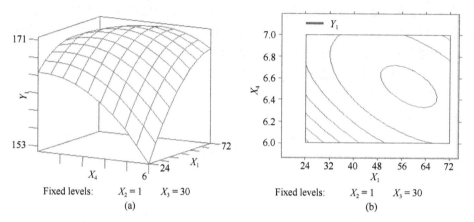

图 4-21　诱导时间与 pH 响应面图（a）和等高线图（b）
$X_2=0$（Cu 试剂浓度固定为 1.0 mmol/L），$X_3=0$（诱导培养温度固定为 30℃）

2）Cu 试剂的浓度与诱导培养 pH 的交互效应分析

令 X_1（诱导培养时间）=0、X_3（诱导培养的温度）=0 得到诱导培养时间与诱导培养 pH 交互效应方程为：

$$Y_{24}= -1341.58-93.08333X_2+294.1167X_4-6.466667X_{22}+7.8X_2X_4-16.51667X_{42}$$

Cu 试剂的浓度与诱导培养 pH 交互作用的响应面图及等高线图如图 4-22 所示。

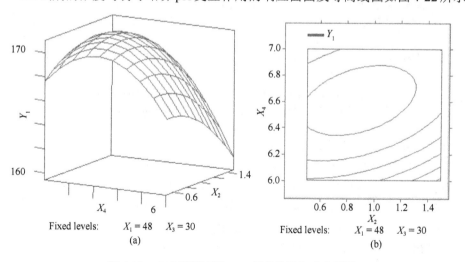

图 4-22　Cu 试剂浓度与 pH 等高线图和响应面图
$X_1=0$（诱导培养时间固定为 48 h），$X_3=0$（诱导培养温度固定为 30℃）

由图 4-22 可知：Cu 试剂的浓度在 0.5～0.7 mmol/L 范围内时，诱导培养 pH 在 6.0～6.4 范围内时，两者存在显著的增效作用，MT 含量随着 Cu 试剂的浓度和诱导培养 pH 的增加而增加。Cu 试剂的浓度在 0.7 mmol/L 附近，诱导培养 pH 在 6.4 左右时，两者的协同作用达到最大。当 Cu 试剂的浓度在 0.7～1.5 mmol/L 范围内时，诱导培养 pH 在 6.4～7.0 范围内时，MT 含量随着 Cu 试剂的浓度和诱导培养 pH 的增加而下降，说明此时两者在此区间存在明显的拮抗作用。

3）Cu 试剂的浓度与诱导培养的温度的交互效应分析

令 X_1（诱导培养时间）=0、X_4（诱导培养 pH）=0 得到 Cu 试剂的浓度与诱导培养的温度交互效应方程为：

$$Y_{23} = -1341.58 - 93.08333X_2 + 32.56944X_3 - 6.466667X_{22} + 1.85X_2X_3 - 0.318519X_{32}$$

Cu 试剂的浓度与诱导培养的温度交互作用的响应面图及等高线图，如图 4-23 所示。

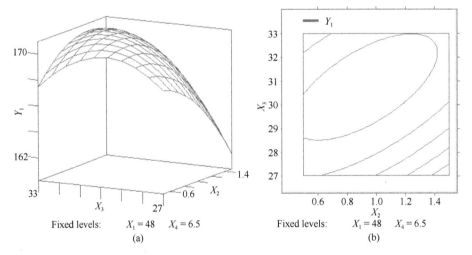

图 4-23　Cu 试剂浓度与培养温度等高线图和响应面图
X_1=0（诱导培养时间固定为 48 h），X_4=0（诱导培养 pH 固定为 6.5）

由图 4-23 可知：Cu 试剂的浓度在 0.5～0.7 mmol/L 范围内时，诱导培养的温度在 27～30℃范围内时，两者两者存在显著的增效作用，MT 含量随着 Cu 试剂的浓度和诱导培养的温度的增加而增加。Cu 试剂的浓度在 0.7 mmol/L 附近，诱导培养的温度在 30℃左右时，两者的协同作用达到最大。当 Cu 试剂的浓度在 0.7～1.5 mmol/L 范围内时，诱导培养的温度在 30～33℃范围内时，MT 含量随着 Cu 试剂的浓度和诱导培养的温度的增加而下降，说明此时两者在此区间存在明显的拮抗作用。

4）诱导培养的温度与诱导培养 pH 的交互效应分析

令 X_1（诱导培养时间）=0、X_2（Cu 试剂的浓度）=0 得诱导培养的温度与诱导培养 pH 交互方程为：

$Y_{34}=-1341.58+32.56944X_3+294.1167X_4-0.318519X_3^2-2.166667X_3X_4-16.51667X_4^2$

诱导培养的温度与诱导培养 pH 交互作用的响应面图及等高线图，如图 4-24 所示。

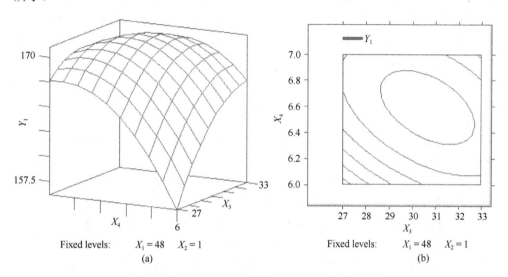

图 4-24　诱导培养温度与 pH 等高线图和响应面图
$X_1=0$（诱导培养时间固定为 48 h），$X_2=0$（Cu 试剂浓度固定为 1.0 mmol/L）

由图 4-24 可知：诱导培养的温度在 27～30℃范围内时，诱导培养 pH 在 6.0～6.4 范围内时，两者两者存在显著的增效作用，MT 含量随着诱导培养的温度和诱导培养 pH 的增加而增加。诱导培养的温度在 30℃附近，诱导培养 pH 在 6.4 左右时，两者的协同作用达到最大。当诱导培养的温度在 30～33℃范围内时，诱导培养 pH 在 6.4～7.0 范围内时，MT 含量随着诱导培养的温度和诱导培养 pH 的增加而下降，说明此时两者在此区间存在明显的拮抗作用。

4.3.4　小结

本实验通过对酿酒酵母突变菌株 N-8 生产类 MT 的摇瓶发酵培养过程的研究，考察了诱导培养时间、诱导培养温度、诱导剂浓度等培养条件对 MT 产量的影响。确定了单因素的最佳条件为：活化培养时间为 24 h、诱导培养温度为 30℃、诱导剂浓度为 1.0 mmol/L、诱导培养时间为 48 h、接种量 1 ml/50 ml 培养液、诱导培养基装液量为 50 ml/250 ml 三角瓶、诱导培养 pH6.5、摇床转速 140 r/min。

在单因素的基础上，以金属硫蛋白的含量为评价指标进行单因素方差分析，选取诱导培养时间（X_1）、Cu 试剂的浓度（X_2）、诱导培养的温度（X_3）、诱导培养

pH（X_4）四个因素做响应面试验，优化提取条件，建立回归模型，对回归方程进行 F 检验和 t 检验。分析结果表明，该模型达到极显著，回归方程无失拟因素存在，回归方程与实际情况拟合较好。四个因素对金属硫蛋白产量的影响程度从大到小的顺序依次为：诱导培养时间（X_1）＞诱导培养 pH（X_4）＞诱导培养的温度（X_3）＞Cu 试剂的浓度（X_2）。试验数据进行分析，求得最佳提取方案为：诱导剂浓度为 0.7 mmol/L，诱导培养时间为 62 h，诱导培养 pH6.4，诱导培养温度为 30℃。按照以上培养条件安排实验，测得类金属硫蛋白产量为 170.91 ng/L。

4.4　优化高产金属硫蛋白酵母菌的发酵条件

在前期实验中得到了高产金属硫蛋白的假丝酵母菌，但是在工业化生产中金属硫蛋白的产量不只是由菌株决定的，还由菌株的发酵条件所决定[21~25]。仅有高产的菌株是不够的，所以通过研究在不同培养条件下金属硫蛋白的产量来寻找和优化菌株的发酵工艺就具有十分重要的意义[26, 27]。

在发酵的优化实验中，优化的因素一般分为两个方面，一是培养条件方面，二是培养基成分方面[28]。本实验采用恒温摇床发酵培养高产金属硫蛋白假丝酵母菌，选择的培养因素为：活化培养时间、诱导剂类型、诱导剂浓度、诱导培养时间、诱导培养温度、装液量、菌体接种量及摇床转速。通过 8 个单因素试验来探寻高产金属硫蛋白菌株的较优发酵条件，为今后工业化生产的工艺路线提供数据基础。

4.4.1　材料与设备

1. 菌种

假丝酵母菌株 N"-6 通过前期实验得到。

2. 培养基

活化培养基：蛋白胨 20 g/L，葡萄糖 20 g/L，酵母膏 10 g/L，自然 pH；
诱导培养基：蛋白胨 20 g/L，葡萄糖 20 g/L，酵母膏 10 g/L，Cu 盐，自然 pH；
斜面及分离培养基：蛋白胨 20 g/L，葡萄糖 20 g/L，酵母膏 10 g/L，琼脂 20 g/L，自然 pH。

3. 材料与试剂

磷酸二氢钾　　　　　　　　　　　国药集团化学试剂有限公司
磷酸氢二钾　　　　　　　　　　　天津大茂化学试剂厂

2,2′-二硫代联吡啶	天津大茂化学试剂厂
葡萄糖	北方医药化学试剂厂
蛋白胨	北京奥博星生物技术有限公司
酵母膏	北京奥博星生物技术有限公司
琼脂	北京奥博星生物技术有限公司
牛血清蛋白	广州瑞特生物科技有限公司
氯化铜	天津大茂化学试剂厂
硫酸铜	天津大茂化学试剂厂
Sephadex G-50	上海 Sigma 公司
考马斯亮蓝 G-250	上海 Sigma 公司

4. 仪器与设备

PHS-3C 型 pH 计	天津市鑫普机械制造有限公司
紫外分光光度计	天津欧诺仪器有限公司
TD5A-WS 台式低速离心机	东莞艾伯特仪器设备有限公司
UV759 紫外可见分光光度计	上海仪电仪器有限公司
JY92-2D 超声波细胞粉碎机	宁波新芝生物科技股份有限公司
高压蒸汽灭菌锅	浙江新丰医疗器械有限公司
电热恒温培养箱	上海博迅实业有限公司
恒温调速摇瓶柜	上海将来实业有限公司
台式离心机	上海精密仪器厂
电子天平	梅特勒-托利多国际股份有限公司
无菌操作台	无锡一静净化设备有限公司
磁力加热搅拌器	上海一科仪器设备有限公司
移液枪	上海精密仪器厂
超声波破碎仪	赛飞（中国）有限公司

4.4.2　实验方法

1. 综合分析测定

相关内容参见 4.2.2.3（1）（2）。

2. 优化摇瓶发酵的培养条件

实验考虑到发酵环境可能受到多方面的原因所影响，故而从中选择了 8 个相对较为重要的因素[29]，包括：菌体接种量、活化时间、诱导剂类型、诱导剂浓度、诱导的时间、诱导温度、装液量及摇床转速。通过 8 个单因素试验分析各个因素对金属硫蛋白发酵可能产生的影响，期望获得优化效果较好的发酵条件参数。

4.4.3　结果与讨论

1. 活化培养时间的影响

酵母菌活化培养时间其实就是寻找活化时酵母菌处于对数期的时间，当酵母菌活化达到对数期时，菌体达到最大活性，处在最好的生产状态上，此时对菌株进行诱导，可以获得很高的金属硫蛋白产量。而如果培养的时间过长，菌株达到稳定期甚至衰退期菌株活力不强，延长了发酵所需时间，而如果活化时间过短，菌株还在适应活化培养基的环境，这时就进行诱导，会使诱导不充分，从而导致最终金属硫蛋白的产量和品质降低。

在此单因素试验中将活化时间分别设置为 10 h、20 h、40 h、60 h、80 h，其他实验条件参数保持一定，检测铜离子含量以及巯基活性，寻找出较优活化培养时间。

由图 4-25 可以得出，随着活化时间不断增加，铜离子含量和巯基活性并不是单调增加或是单调减少，而是均在 40 h 时达到最大，由此单因素试验可以确定高产金属硫蛋白假丝酵母菌株的较优活化培养时间为 40 h。

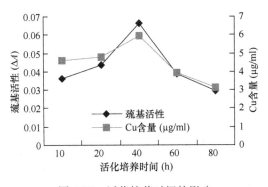

图 4-25　活化培养时间的影响

2. 诱导 Cu 试剂类型的影响

酵母菌产金属硫蛋白，需对酵母菌发生应激反应，很多实验已经证明[30~33]，生物体受到金属离子如 Cd、Zn、Cu 等都可以发生应激反应从而产生金属硫蛋白，在本试验中只选取了一种离子即铜离子的两种化合物来诱导高产金属硫蛋白的假丝酵母菌，通过 $CuSO_4$ 和 $CuCl_2$ 两种离子在相同的浓度下（1.0 mmol/L）诱导菌株，其他条件均相同，检测巯基活性，寻找出较优诱导剂。

　　由表 4-30 可知，使用两种诱导试剂所得的检测结果中总蛋白含量基本相同，而巯基活性 $CuCl_2$ 则明显高于 $CuSO_4$，虽然在 Cu 含量指标上 $CuSO_4$ 要略高于 $CuCl_2$，但是，这应该是生成了其他含有 Cu 的化合物，而不是金属硫蛋白，数据应主要参考巯基活性，Cu 含量作为次要参考条件。所以选择 $CuCl_2$ 作为诱导剂的效果更好。

表 4-30　诱导 Cu 试剂类型的影响

诱导 Cu 试剂的类型	蛋白总量（mg/g 菌体）	巯基活性（Δ4）	Cu 含量（μg/ml 同浓缩比提取液）
$CuCl_2$	186.86	0.064	3.66
$CuSO_4$	188.33	0.028	4.21

3. Cu 试剂在诱导培养基中浓度的影响

　　在使用 $CuCl_2$ 进行诱导时，通过理论考虑，当选取的 Cu 浓度较低时，虽然菌株受到影响很小，生长旺盛，但是由于 Cu 离子浓度不够，可能会导致总蛋白中金属硫蛋白所占的比例过低。当选取过高的 Cu 离子浓度时，菌株可能受到的影响就过大，不宜生长，甚至 Cu 中毒而无法生长，自然也金属硫蛋白的产量也会很低。

　　本单因素试验将诱导培养基中的铜离子浓度设为 0.8 mmol/L、1.0 mmol/L、1.2 mmol/L、1.4 mmol/L、1.6 mmol/L，其他实验条件参数保持一定，根据（3）中所示的方法检测巯基活性，寻找出较优的诱导培养基中铜离子浓度。

　　由图 4-26 分析可知，当铜离子的浓度达到 1.2 mmol/L 时，检测结果中巯基的活性最大，说明由此单因素试验可以确定高产金属硫蛋白假丝酵母菌株诱导培养时铜离子浓度为 1.2 mmol/L 时较为合适。

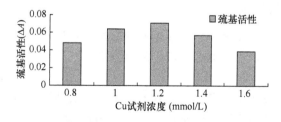

图 4-26　Cu 试剂在诱导培养基中的浓度对巯基活性的影响

4. 诱导培养温度的影响

影响微生物生产发育的重要因素之一就是温度。当温度过低时，菌株休眠，不会生长，而温度过高，会导致菌株直接死亡，即使是在适合微生物生长的温度下，温度的微小变化也会导致实验结果的不同，所以说，温度是影响微生物发展的最重要因素之一。

一般来说酵母菌的适宜培养温度为 28～30℃[34]。本单因素试验选择 28℃、29℃、30℃、31℃、32℃五个水平，其他实验条件参数保持一定，检测铜离子含量以及巯基活性，寻找出较优培养温度。

由图 4-27 可知，随着温度的不断增加，Cu 离子含量和巯基活性并不是单调增加或是单调减少，而是均在 30℃时达到最大，由此单因素试验可以确定高产金属硫蛋白假丝酵母菌株的较优诱导温度为 30℃。

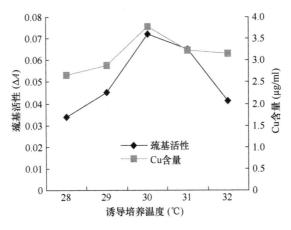

图 4-27　诱导培养温度的影响

5. 诱导培养时间的影响

在培养菌体中，除温度是一个最重要的影响因素外，时间也是一个非常重要的因素，诱导培养的时间最好是菌群刚刚达到最大，也就是稳定期时产量和产品质量是最好的。

所以本单因素试验的任务即为寻找不同时间下巯基活性和铜含量，找出较优的诱导培养时间。分别将诱导培养时间设置为 10 h、20 h、40 h、80 h、120 h，其他实验条件参数保持一定，检测 Cu 离子含量以及巯基活性，寻找出较优诱导培养培养时间。

由图 4-28 可以看出，随着诱导培养时间不断增加，Cu 离子含量和巯基活性并不是单调增加或是单调减少，而是均在 40 h 时达到最大，由此本单因素试验可以确定高产金属硫蛋白假丝酵母菌株的较优诱导培养时间为 40 h。

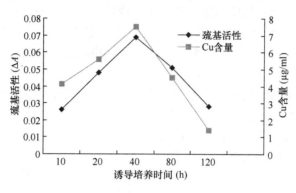

图 4-28　诱导培养时间的影响

6. 诱导培养基装液量的影响

培养基在整个发酵过程中为酵母菌提供营养物质，过少的装液量其营养物质不够而影响最终产量，过多的装液量会导致瓶内氧气不足，酵母菌缺氧不宜生长，并且由于装液量过多，富营养作用也会导致菌体不易生长。保证合适的装液量能够让酵母菌最大限度的利用营养物质，来提高最终金属硫蛋白的产量。

本单因素试验使用的锥形瓶规格均为 250 ml。设置装液量分别为 40 ml、45 ml、50 ml、55 ml、60 ml，其他实验条件参数保持一定，检测 Cu 离子含量以及巯基活性，寻找较优培养基装液量。

由图 4-29 可以看出，随着装液量的不断增加，Cu 离子含量和巯基活性并不是单调增加或是单调减少，而是在 50 ml 时达到最大，由此本单因素试验可以确定高产金属硫蛋白假丝酵母菌株的较优接种量为 50 ml/250 ml。

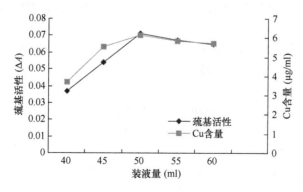

图 4-29　诱导培养基装液量的影响

7. 接种量的影响

扩大培养时，菌株的接种量也会影响着菌群的发展速度，从而影响着酵母菌产金属硫蛋白的产量。所以本单因素试验将接种量设置为 0.50 ml、1.00 ml、1.50 ml、2.00 ml、2.50 ml，其他实验条件参数保持一定，检测 Cu 离子含量以及巯基活性，寻找较优接种量水平。

分析图 4-30 可知，随着接种量的不断增加，Cu 离子含量和巯基活性并不是单调增加或是单调减少，而是在 1 ml 时达到最大，这可能是因为当接种量较大时，酵母菌间竞争营养物质导致的。由此，本单因素试验可以确定高产金属硫蛋白假丝酵母菌株的较优接种量为 1 ml/50 ml。

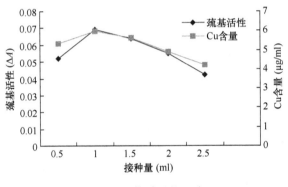

图 4-30　接种量的影响

8. 摇床转速的影响

由于酵母菌为好氧菌。所以在发酵的过程中一定要保持足够的供氧量，而酵母菌只能利用锥形瓶中的培养基的氧气，所以摇床转速直接影响着菌群中氧的供给量。

将摇床转速设定为 100 r/min、150 r/min、200 r/min、250 r/min、300 r/min，其他实验条件参数保持一定，检测总蛋白含量、Cu 离子含量以及巯基活性，寻找较优摇床转速水平。

根据表 4-31 可知，在 200 r/min 的摇床下巯基活性达到最大值，而当摇床转速低于 200 r/min 时，各项数据指标均和 200 r/min 有明显差异。当摇床转速高于 200 r/min 时，各项数据指标和 200 r/min 差距并不大，由此，本单因素试验可以确定高产金属硫蛋白假丝酵母菌株发酵的较优摇床转速为 200 r/min。

表 4-31　摇床转速的影响

摇床转速（r/min）	蛋白总量（mg/g 菌体）	巯基活性（Δ*A*）	Cu 含量（μg/ml 同浓缩比提取液）
100	245.8	0.047	5.14
150	267.2	0.052	5.52
200	282.6	0.067	5.77
250	284.3	0.062	5.80
300	277.6	0.061	5.72

4.4.4　小结

本实验通过对突变株 N"-6 菌株生产金属硫蛋白的发酵过程进行单因素实验，从 8 个因素上进行了探索，寻找到了菌株 N"-6 的较优发酵条件为：将菌株活化 40 h 后选择含有 1.2 mmol/L 的 $CuCl_2$ 的诱导培养基，作为诱导剂在 30℃下诱导 40 h，摇床转速设定为 200 r/min，同时接种量为 1 ml/50 ml，诱导培养基的装液量设置为 50 ml/250 ml 锥形瓶。

在这一部分实验中主要研究了对菌株发酵时可能会影响到 Cu-MT 最终产量的因素。将金属硫蛋白的发酵条件分为 8 个单因素，进行单因素试验。从而找到发酵时的较优发酵条件。由于影响发酵后产量的因素比较多，限于时间有限，本实验只采用了单因素实验法，找到的较优发酵条件也并不是最佳的发酵条件，在今后的实验当中，可以考虑做正交试验找出菌株的最优发酵条件。

4.5　超声波辅助提取酵母源金属硫蛋白的优化实验

酵母源金属硫蛋白与动物源性金属硫蛋白不同的是，它是一种细胞胞内蛋白，首先要对细胞进行破壁才能进行下一步的提取，因此提取工艺无疑成为影响最终产量的主要因素之一[35]。超声波提取法是通过超声波对介质的空化和机械振动作用产生的一种物理破碎过程。超声波振动能产生巨大能量，带动媒质快速振动，促进有效成分融入溶剂。空化作用形成的空化泡破裂伴随产生强大的冲击波，破坏细胞壁结构，释放细胞内物质。目前，超声波提取技术由于具有低温、快速且提取率高等优点已经应用到色素、多糖、蛋白、油脂及农药等多种领域[36-40]。由于金属硫蛋白在动物的脏器中提取工艺复杂且成本较高[41]，所以本实验选取酿酒酵母细胞为诱导物，采用超声波法进行提取，筛选最适条件，以期利用微生物来源广、成本低、发酵周期短等特点[42]，加之超声波技术快速、能耗低、提取率高的优点来优化提取工艺，为金属硫蛋白的批量化生产提供理论参考和技术支撑。

4.5.1　材料与设备

1. 材料与试剂

酿酒酵母 N-8	课题组诱导分离自存
Tris	美国 Sigma 公司
DTNB	美国 Sigma 公司
蛋白胨	北京奥博星生物技术有限责任公司
氯化铜	上海富蔗化工有限公司
牛血清白蛋白	北京奥博星生物技术有限责任公司
酵母膏	宜兴市江山生物制剂有限公司
葡萄糖	北京奥博星生物技术有限责任公司

2. 仪器与设备

FS-450N 超声波处理器	上海生析超声仪器有限公司
冷冻离心机	美国 Thermo Fisher 公司
DK-S24 型电热恒温水浴锅	上海森信实验仪器有限公司
ALPHA1-2LDplus 冷冻干燥机	德国 Christ 公司
微量移液枪	芬兰雷伯公司
79-1 磁力加热搅拌器	金坛市虹盛仪器厂
Seven Multi（S40）pH 计	瑞士 Mettler Toledo 公司
JD100-3B 电子天平	沈阳龙腾电子有限公司

4.5.2　实验方法

1. 金属硫蛋白蛋白含量的测定

取一定量的 MT 样品，加入 10 μl HCl 和 200 μl EDTA（物质的量浓度分别为 1.2 mol/L 和 0.1 mol/L），避光反应 10 min 脱去金属硫蛋白上的金属。再加入 0.01 mol/L DTNB 试剂反应生成具有黄色的络合物 TNBA，稀释后在波长 412 nm 处测定吸光度值，根据标准曲线计算出样品中金属硫蛋白含量。样品中 MT 含量的计算公式：

$$MT含量（\mu g/g）= \frac{A值对应标准曲线上MT含量（\mu g）\times 稀释倍数 \times 1000}{取样品量（g）} \quad (4-5)$$

2. 金属硫蛋白的诱导合成

取保存菌种置于 YPD 活化培养基中（蛋白胨 20 g/L，葡萄糖 20 g/L，酵母膏 10 g/L），在 30℃摇床培养 24 h。再将活化液 2 ml 接种至 100 ml 诱导培养基中（蛋白胨 20 g/L，葡萄糖 20 g/L，酵母膏 10 g/L，$CuCl_2$0.7 mmol/L），30℃、140 r/min 摇床诱导培养 62 h。以 3000 r/min 的速度离心 15 min 收集菌体。

3. 金属硫蛋白超声波提取单因素试验

（1）料液比对 MT 提取量的影响

取干菌体与 0.05 mol/L pH8.6 的 Tris-HCl 缓冲液分别以质量体积比 1∶5、1∶10、1∶15、1∶20、1∶25 混匀，在 300 W 下超声处理 30 min，充分混匀后，3000 r/min 离心 25 min。上清液于恒温 80℃下热变性处理 8 min，迅速冷却，3000 r/min 离心 25 min，取上清液，冻干成粉，测定冻干粉中金属硫蛋白含量。

（2）超声波辅助提取时间对 MT 提取量的影响

取干菌体与 0.05 mol/L pH8.6 的 Tris-HCl 缓冲液以质量体积比 1∶15 混匀，在 300W 超声强度下分别提取 10 min、20 min、30 min、40 min、50 min，充分混匀后 3000 r/min 离心 25 min。上清液于恒温 80℃下热变性处理 8 min，冷却后混匀，3000 r/min 离心 25 min，取上清液，冻干成粉，测定冻干粉中金属硫蛋白含量。

（3）超声波辅助提取强度对 MT 提取量的影响

取干菌体与 0.05 mol/L pH8.6 的 Tris-HCl 缓冲液）以质量体积比 1∶15 混匀，分别在 100 W、200 W、300 W、400 W、500 W 超声强度下提取 30 min，充分混匀后 3000 r/min 离心 25 min。上清液于恒温 80℃下热变性处理 8 min，冷却后混匀，3000 r/min 离心 25 min，取上清液，冻干成粉，测定冻干粉中金属硫蛋白含量。

（4）热处理时间对 MT 提取量的影响

取菌体与 0.05 mol/L pH8.6 的 Tris-HCl 缓冲液以质量体积比 1∶15 混匀，在 300 W 超声强度下提取 30 min，充分混匀后 3000 r/min 离心 25 min。上清液于恒温 80℃下热变性处理 4 min、6 min、8 min、10 min、12 min，冷却后混匀，3000 r/min 离心 25 min，取上清液，冻干成粉，测定冻干粉中金属硫蛋白含量。

4. 金属硫蛋白超声波提取优化试验设计

在单因素试验的基础上，以粗提液冻干粉中 MT 含量为指标，根据 Box-Behnken 试验设计原理[43]，采用响应面分析法，应用 SAS9.1 统计软件对结果进行分析。

4.5.3　结果与讨论

1. 单因素试验结果与分析

（1）料液比的选择

如图 4-31 所示，随着提取液的增加，粗提液中 MT 含量明显增加。这是因为大量的提取液使酵母细胞分散更均匀，细胞壁与液体之间接触面积增大，在超声波作用下提高破壁率。但当料液比达到 1∶15 时，随着提取液的继续增多，MT 含量变化不显著，趋于稳定。为了降低成本和减少后续浓缩工作量，综合考虑，选取最适超声提取料液比为 1∶15。

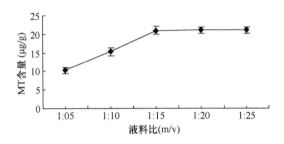

图 4-31　料液比对 MT 超声提取量的影响

（2）超声提取时间的选择

由图 4-32 可以看出，随着超声提取时间的增加，提取液中金属硫蛋白含量呈现先增大后减小的趋势，在 30 min 时达到最大。短时间的提取，酵母细胞破壁不完全，长时间提取，容易导致巯基被破坏。故选取最适提取时间为 30 min。

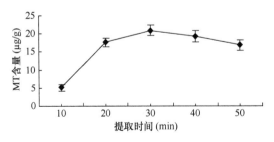

图 4-32　提取时间对 MT 超声提取量的影响

（3）超声提取强度的选择

由图 4-33 可以看出，随着提取功率的增大，粗提取液中金属硫蛋白含量也随着增大，到 300 W 时达到最大。之后随着提取强度的增大，粗提液中金属硫蛋白含量平缓下降。综合考虑，选择 300 W 为最适提取强度。

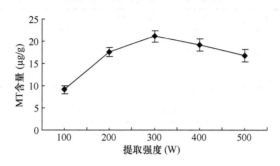

图 4-33　提取强度对 MT 超声提取量的影响

（4）热处理时间的选择

金属硫蛋白由于其特殊的坚固构象而具有一定的热稳定性，短时间的热处理不会影响金属硫蛋白的活性。80℃加热处理是为了在最低限度破坏金属硫蛋白的条件下使其他杂蛋白变性失活，为测定和下一步纯化提供方便。

如图 4-34 所示，加热少于 8 min 对粗提液的金属硫蛋白含量影响较小，超过8 min 后，金属硫蛋白含量呈快速下降趋势。因为长时间的高温加热会导致巯基不稳定。所以选择 8 min 为最适 80℃热处理时间。

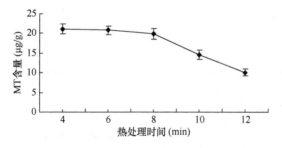

图 4-34　热处理时间 MT 超声提取量的影响

2. Box-Behnken 试验结果与分析

（1）Box-Behnken 试验设计

根据单因素试验，得到超声波辅助金属硫蛋白的提取最佳因素条件为料液比 1∶15，提取时间为 30 min，超声波提取功率为 300 W，80℃水浴热处理时间为8 min。确定了料液比、超声波辅助提取功率、超声波辅助提取时间为主要影响因素，采用 3 因素 3 水平响应面分析法，应用 SAS9.1 统计软件对结果进行分析。因素水平见表 4-32，结果见表 4-33。

表 4-32　试验设计因素水平表

水平	A 料液比（m：V）	B 超声提取时间（min）	C 超声提取强度（W）
−1	1：10	25	250
0	1：15	30	300
+1	1：20	35	350

表 4-33　Box-Behnken 试验设计及响应值

试验序号	A	B	C	MT 含量（μg/g）
1	−1	−1	0	17.18
2	−1	1	0	17.04
3	1	−1	0	18.32
4	1	1	0	19.34
5	0	−1	−1	18.83
6	0	−1	1	19.85
7	0	1	−1	20.61
8	0	1	1	19.34
9	−1	0	−1	16.80
10	1	0	−1	18.96
11	−1	0	1	16.54
12	1	0	1	17.94
13	0	0	0	21.12
14	0	0	0	21.25
15	0	0	0	21.09

（2）回归模型的建立

各因素影响程度大小依次为料液比＞超声提取时间＞超声提取强度。根据 Box-Behnken 试验数据，以料液比、提取时间、提取强度为自变量，以粗提液冻干粉中 MT 含量为因变量建立二次多元回归方程：

$$Y=21.1533+0.875A+0.26875B−0.19125C−2.640417A_2+0.29AB−0.19AC−0.542917B_2−0.5725BC−0.952917C_2$$

由表 4-34 回归模型方差分析可知，此模型是极显著的（$p<0.01$），失拟项 $p=0.126424>0.05$，不显著，模型的 R^2=99.55%，说明该模型响应值的变化 99.55% 都来自所选的因素。可见，模型与试验值拟合较好，该模型可以用于 MT 含量的分析和预测。

表 4-34　回归模型方差分析

源	DF	SS	MS	F	Pr>F	显著性
A	1	6.125	6.125	182.409 3	0.000 1	**
B	1	0.577 813	0.577 813	17.207 9	0.008 925	**
C	1	0.292 612	0.292 612	8.714 325	0.031 812	*
A_2	1	25.742 03	25.742 03	766.626 2	0.000 1	**
AB	1	0.336 4	0.336 4	10.018 37	0.024 95	*
AC	1	0.144 4	0.144 4	4.300 392	0.092 797	
B_2	1	1.088 339	1.088 339	32.411 95	0.002 332	**
BC	1	1.311 025	1.311 025	39.043 78	0.001 538	**
C_2	1	3.352 801	3.352 801	99.850 12	0.000 172	**
模型	9	36.923 4	4.102 6	122.18	0.000 1	**
线性	3	6.995 425	2.331 808	69.443 84	0.000 17	**
平方	3	28.136 15	9.378 717	279.308 6	0.000 1	**
交叉项	3	1.791 825	0.597 275	17.787 51	0.004 24	*
残差误差	5	0.167 892	0.033 578			
失拟项	3	0.153 425	0.051 142	7.070 276	0.126 424	
纯误差	2	0.014 467	0.007 233			
总和	14	37.091 29				

**表示极显著（$p<0.01$），*表示显著（$p<0.05$）

3. 响应面交互分析

利用响应面回归方程可以使用 SAS9.1 软件绘制响应曲面，每一个响应面都是设置一个变量处于最佳水平，考察另外两个变量之间的相互作用。

如图 4-35 可以看出，料液比和超声波提取时间存在显著的相关性。当固定超声提取强度，可以看出，随着料液比和超声提取时间的增加，MT 的提取量有上升的趋势，且 MT 含量随料液比的增大速率较快，当料液比达到 1 : 16 时，提取量达到最高。料液比对 MT 提取的影响是极显著的。

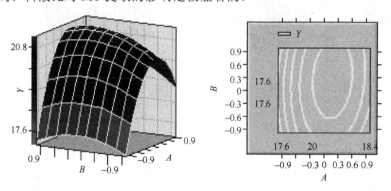

图 4-35　料液比和提取强度的交互作用对提取 MT 的影响

如图 4-36 所示，超声提取强度对 MT 提取的影响较料液比小。随着提取强度的增大，MT 的提取量增加比较缓慢，且继续增大的提取强度会造成 MT 受到破坏，从而降低 MT 含量，下降的速度也是缓慢的。

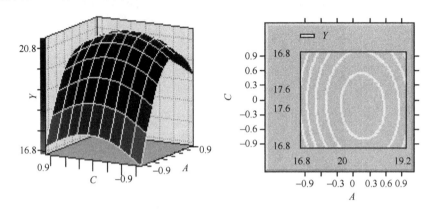

图 4-36　料液比和提取时间的交互作用对提取 MT 的影响

由图 4-37 可以看出，当把料液比固定在最佳水平时，超声提取时间和超声提取强度之间的交互作用是极显著的。随着提取时间和提取强度的增加，MT 的含量也是随之增加的，当提取时间和提取强度增大达到一定水平时，MT 含量趋于稳定，不再增大。反而继续增大的提取强度会降低 MT 含量。

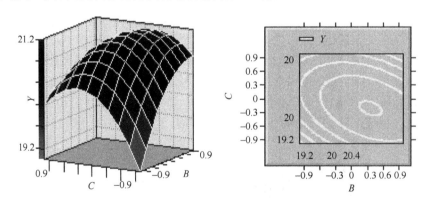

图 4-37　提取时间和提取强度的交互作用对提取 MT 的影响

4. 验证实验

根据 Box-Behnken 试验设计所得的结果，利用 SAS9.1 软件进行计算得到 MT 的最佳超声波提取工艺为：料液比 1∶16，超声提取时间 32.2 min，超声提取强度 287.5 W。为了方便实际操作，将工艺参数修订为：料液比 1∶16，超声提取时间

32 min，超声提取强度 285 W，热处理时间为 8 min。

　　根据预测的最佳工艺参数，重复做三组平行实验进行验证，得到 MT 的提取量为 21.29 μg/g，与理论值 21.32 μg/g 接近。可见，该模型是可靠的。

4.5.4　小结

　　本实验通过单因素试验和 Box-Behnken 试验设计优化了酵母源金属硫蛋白提取工艺条件，得到最佳工艺参数为：料液比为 1：16，超声提取时间为 32 min，超声提取强度为 285 W，80℃热处理时间为 8 min。通过确定的最佳提取工艺条件，使金属硫蛋白的提取效果得到明显提高，得到金属硫蛋白粗提液冻干粉中 MT 含量达 21.29 μg/g。应用超声波法提取酵母细胞内的金属硫蛋白，不仅有效缩短了提取时间，还提高了有效成分的得率，降低了溶剂的使用量，提高经济效益。超声波提取的整个过程都是物理过程，几乎不影响活性成分的生理活性，是一种极具应用价值的方法。

参　考　文　献

[1]　张桂春. 金属硫蛋白的功能及应用前景. 烟台师范学院学报(自然科学版), 2005, 21(1): 142-145.

[2]　Kameo S, Naka K, Kurokawa N, et al. Metal components analysis of metallothionein-III in the brain sections of metallothionein-I and metallothionein-II null mice exposed to mercury vapor with HPLC/ICP-MS. Analytical and Bioanalytical Chemistry, 2005, 381(8): 1514-1519.

[3]　Leite C M, Botelho A S, Oliveira J R, et al. Immunolo calization of HLA-DR and metallothionein on amalgam tattoos. Brazilian Dental Journal, 2004, 15(2): 99-103.

[4]　Campbell P G, Giguere A, Bonneris E, et al. Cadmium handling strategies in two chronically exposed indigenous freshwater organisms the yellow perch (*Perca flavescens*) and the floater mollusc (*Pyganodon grandis*). Aquatic Toxicology, 2005, 72(12): 83-97.

[5]　Endo T, Yoshikawa M, Ebara M, et al. Immunohistochemical metallothionein expression in hepatocellular carcinoma: Relation to tumor progression and chemoresistance to platinum agents. Gastroenterol, 2004, 39(12): 1196-1201.

[6]　Zhu S D, Wu Y X, Zhang X, et al. Simultaneous saccharification and fermentationof microwave/alkali pretreated rice straw to ethanol. Biosystems Engineering, 2005, 92(2): 229-235.

[7]　张海涛, 李燕, 欧杰, 等. 诱变选育 ε-聚赖氨酸产生菌突变株. 食品科学, 2007, 28(9): 398-401.

[8]　Zhang Y, Zeng X N, Wen Q B. *Saccharaomyces cerevisiae* cells membrane damage by pulsed electric field. Journal of Shaanxi University of Science and Technology, 2006, 24(12): 28-33.

[9]　尤兰兰, 周波, 姚良同, 等. 产金属硫蛋白酿酒酵母诱变菌株的生物学功能研究. 微生

物学杂志, 2005, 25(1): 36-39.

[10] 王乃富. 重金属抗性菌株的选育及其生物学功能研究. 泰安: 山东农业大学硕士论文, 2002.

[11] 成玉梁, 姚卫蓉, 钱和, 等. 类金属硫蛋白产生菌的诱变育种. 食品研究与开发, 2006, 27(2): 44-47.

[12] 梁晓峰, 龚映雪, 肖文娟, 等. 酿酒酵母金属硫蛋白的表达、纯化及活性的检测. 兰州大学学报(自然科学版), 2011, 47(3): 58-62.1

[13] 闫海亮, 张晶, 丁洪浩, 等. 金属硫蛋白及其诱导、分离纯化研究进展. 饲料工业, 2007, 28(24): 52-54.

[14] Nahar S, Tajmir-Riahi H A. Complexation of heavy metal cations Hg, Cd, and Pb with proteins of PSII: Evidence for metal sulfur binding and protein conformational transition by FTIR spectroscopy. Journal of Colloid & Interface Science, 1996, 178(2): 648-656.

[15] Endo T, Yoshikawa M, Ebara M, et al. Immunohistochemical metallothionein expression in hepatocellular carcinoma: Relation to tumor progression and chemoresistance to platinum agents. Journal of Gastroenterology, 2004, 39(12): 1196-1201.

[16] Cheng Y L, Yao W R, Qian H, et al. Research on the fermentation process of yeast (*Saccharomyces cerevisiae*) which can be induced to produce Metallothionein. Science & Technology of Food Industry, 2009, 30(1): 170-172.

[17] Winge D R, Nielson K B, Gray W R, et al. Yeast metallothionein. Sequence and metalbinding properties. Journal of Biological Chemistry, 1985, 260(27): 14464-14470.

[18] 王龙, 贾乐. 金属硫蛋白产生菌的诱变育种. 微生物学通报, 1999, (2): 102-106.

[19] 李明春, 李登文, 胡国武, 等. 酵母菌类金属硫蛋白的分离、纯化及性质鉴定. 菌物系统, 2001, 20(2): 214-221.

[20] Reddy M S, Kour M, Aggarwal S, et al. Metal induction of a *Pisolithus albus* metallothionein and its potential involvement in heavy metal tolerance during mycorrhizal symbiosis. Environmental Microbiology, 2016.

[21] 张琪, 程显好, 郭文娟, 等. 亚香棒虫草菌丝体金属硫蛋白的提纯及性质. 微生物学通报, 2014, 41(6), 1035-1042.

[22] 张琪, 程显好, 郭文娟, 等. 蛹虫草金属硫蛋白分离纯化及性质研究. 菌物学报, 2014, 33(5): 1054-1062.

[23] Ecker D J, Butt T R, Sternberg E J, et al. Yeast metallothionein function in metal ion detoxification. Journal of Biological Chemistry, 1986, 261(36): 16895-16900.

[24] 李靖元, 张东杰, 王颖, 等. 高产类金属硫蛋白假丝酵母菌株的筛选. 中国生物制品学杂志, 2013, 11: 1585-1587, 1592.

[25] Tohoyama H, Kadota H, Shiraishi E, et al. Induction for the expression of yeast metallothionein gene, CUP1, by cobalt. Microbios, 2001, 104(14): 99-104.

[26] 成玉梁, 姚卫蓉, 钱和, 等. 一种产金属硫蛋白的酿酒酵母(*Saccharomyces cerevisiae*)发酵工艺的研究. 食品工业科技, 2009, 30(1): 170-173.

[27] 邵欣欣. 酵母菌源金属硫蛋白对淡水鱼体内重金属促排机理的研究. 哈尔滨: 东北农业大学硕士学位论文, 2014.

[28] 李福荣, 陈坤, 张苏峰. 信阳米酒酵母金属硫蛋白的分离纯化及鉴定. 河南工业大学

学报(自然科学版), 2007, 28(4): 54-56.

[29] 李登文. 酵母菌产类金属硫蛋白的分离纯化、鉴定及培养条件优化. 天津: 南开大学硕士学位论文, 2000.

[30] 邢小云. 酵母菌类金属硫蛋白的诱导, 提纯及性质研究.天津: 南开大学硕士学位论文, 1998.

[31] 邢来君, 李明春, 邢小云. 酿酒酵母类金属硫蛋白的研究. 吉林农业大学学报, 1998(S1): 103-103.

[32] 王龙, 贾乐. 金属硫蛋白产生菌的诱变育种. 微生物学通报, 1999(2): 102-106.

[33] 贾乐. 金属硫蛋白产生菌 YBD101 的选育及其 MT 生物功能的初步研究. 泰安: 山东农业大学硕士学位论文, 1996.

[34] 成玉梁, 姚卫蓉. 产金属硫蛋白(Cu-MT)酿酒酵母诱导条件优化. 中国酿造, 2008(18): 12-14.

[35] 杨炤. 假丝酵母中金属硫蛋白的分离、纯化及功能研究. 天津: 南开大学硕士学位论文, 2002.

[36] 林稚兰, 常立梅. 酿酒酵母BD101诱导产生的金属硫蛋白的分离纯化及鉴定. 微生物学报, 1998(4): 289-294.

[37] Cheng Y, Yao W. Optimization of the inductive process of yeast which can be induced to produce Metallothionein. China Brewing, 2008.

[38] 郎印海, 蒋新, 赵振华, 等. 土壤中13种有机氯农药超声波提取方法研究. 环境科学学报, 2004, 2: 291-296.

[39] 逯家辉, 董媛, 张益波, 等. 响应面法优化桑黄菌丝体多糖超声波提取工艺的研究. 林产化学与工业, 2009, 2: 63-68.

[40] 许青莲, 邢亚阁, 车振明, 等. 超声波提取紫薯花青素工艺条件优化研究. 食品工业, 2013, 4: 97-99.

[41] 李盼盼, 董海洲, 刘传富, 等. 超声波辅助提取银杏蛋白工艺条件的优化. 中国食品学报, 2012, 6: 88-95.

[42] 史娟. 小油桐种子油脂的超声波提取与脂肪酸组成研究. 粮油食品科技, 2013, 1: 17-19.

[43] Box G, Behnken D W. Some new three level designs for the study of quantitative variables. Teclmometrics, 1960, 2(4): 455-475.

第5章　酵母源金属硫蛋白分离纯化的研究

5.1　产朊假丝酵母菌产金属硫蛋白提取工艺的优化

在前期实验中对高产金属硫蛋白的假丝酵母菌株发酵条件进行了优化。但是在工业化生产中金属硫蛋白的产量不仅是由菌株和发酵条件决定的，如果提取的效率不高，即使有较高的产量，最终得到的金属硫蛋白产品的产量也不会很高[1~3]，特别是利用产朊假丝酵母菌发酵产金属硫蛋白还有一个制约条件就是一次发酵所得的金属硫蛋白产量不高，所以对发酵后金属硫蛋白的提取工艺进行优化就具有十分重要的意义。本实验通过 4 个单因素试验和 1 个正交试验来寻找产朊假丝酵母菌产金属硫蛋白的提取工艺的最优条件，分析各因素的交互作用及对提取率的影响，旨在为今后的工业化生产的工艺路线提供理论依据和数据基础。

5.1.1　材料与设备

1. 菌株

实验用假丝酵母菌的菌株 N"-6 为本实验室前期实验得到。

2. 主要试剂

磷酸二氢钾	国药集团化学试剂有限公司
磷酸氢二钾	天津大茂化学试剂厂
2,2'二硫代联吡啶	天津大茂化学试剂厂
葡萄糖	北方医药化学试剂厂
蛋白胨	北京奥博星生物技术有限公司
酵母膏	北京奥博星生物技术有限公司
琼脂	北京奥博星生物技术有限公司
牛血清蛋白	广州瑞特生物科技有限公司
氯化铜	天津大茂化学试剂厂
硫酸铜	天津大茂化学试剂厂
Sephadex G-50	上海 Sigma 公司

考马斯亮蓝 G-250　　　　　　　　上海 Sigma 公司

3. 主要仪器及设备

PHS-3C 型 pH 计　　　　　　　　天津市鑫普机械制造有限公司
紫外分光光度计　　　　　　　　　天津欧诺仪器有限公司
TD5A-WS 台式低速离心机　　　　东莞艾伯特仪器设备有限公司
UV759 紫外可见分光光度计　　　　上海仪电仪器有限公司
JY92-2D 超声波细胞粉碎机　　　　宁波新芝生物科技股份有限公司
高压蒸汽灭菌锅　　　　　　　　　浙江新丰医疗器械有限公司
电热恒温培养箱　　　　　　　　　上海博迅实业有限公司
恒温调速摇瓶柜　　　　　　　　　上海将来实业有限公司
台式离心机　　　　　　　　　　　上海精密仪器厂
电子天平　　　　　　　　　　　　梅特勒-托利多国际股份有限公司
无菌操作台　　　　　　　　　　　无锡一静净化设备有限公司
磁力加热搅拌器　　　　　　　　　上海一科仪器设备有限公司
移液枪　　　　　　　　　　　　　上海精密仪器厂
超声波破碎仪　　　　　　　　　　赛飞（中国）有限公司

4. 培养基

活化培养基：蛋白胨 20 g/L，葡萄糖 20 g/L，酵母膏 10 g/L，自然 pH；
诱导培养基：蛋白胨 20 g/L，葡萄糖 20 g/L，酵母膏 10 g/L，Cu 盐，自然 pH；
斜面及分离培养基：蛋白胨 20 g/L，葡萄糖 20 g/L，酵母膏 10 g/L，琼脂条
20 g/L，自然 pH。

5.1.2　实验方法

1. 综合分析测定

（1）总蛋白含量测定法

将性状良好的菌落接种至活化培养基中，摇床培养 1 d，再接种至诱导培养基培养 2 d 后，离心收集菌体，通风干燥后称重得菌体干重。取 1 g 干菌体加入到 20 ml Tris-HCl 缓冲液（0.05 mol/L，pH8.6）中。超声波破碎 30 min，离心收集上清液，记录体积。

预先灌装 3 cm×90 cm 的 Sephadex G-50 层析柱，使用前先平衡。用上清液以 0.8 ml/min 的速度上样，然后再用缓冲液（pH8.6，20 mmol/ml NH$_4$HCO$_3$）进行洗脱，在洗脱

过程中同时检测紫外吸收为 270 nm 和 280 nm 的吸收峰及 Cu 的含量，确定富含铜离子且 270 nm 处吸收峰大于 280 nm 处的吸收峰，收集所有符合条件的吸收峰，得到样品提取液记录总体积。

总蛋白含量的测定：使用考马斯亮蓝 G-250 法测定总蛋白含量。

标准牛血清白蛋白溶液：将 1L 双重蒸馏水中融入 1 g 牛血清白蛋白，得到 1 g/L 的牛血清白蛋白溶液。

考马斯亮蓝 G-250：将 25 ml 的 90% 的乙醇溶液中加入 0.05 g 考马斯亮蓝 G-250，然后加入 50 ml 的 85%（w/v）磷酸溶液，充分混匀后用双重蒸馏水定容至 500 ml。

低浓度的标准曲线绘制方法：按表 5-1 顺序加样至 6 只试管内。混匀，放置 2 min，在 595 nm 波长处测定吸光度。

表 5-1　低浓度的标准曲线的绘制

管号	1	2	3	4	5	6
1000 μg/ml 标准蛋白溶液（ml）	0	0.02	0.04	0.06	0.08	0.10
蒸馏水（ml）	1.00	0.98	0.96	0.94	0.92	0.90
考马斯亮蓝 G-250 试剂（ml）	5	5	5	5	5	5
蛋白质含量（μg）	0	20	40	60	80	100

高浓度的标准曲线绘制方法：按表 5-2 所示顺序加样。混匀，放置 2 min，在 595 nm 波长处测定吸光度。

表 5-2　高浓度的标准曲线的绘制

管号	1	2	3	4	5	6
1000 μg/ml 标准蛋白溶液（ml）	0	0.2	0.4	0.6	0.8	1.0
蒸馏水（ml）	1.0	0.8	0.6	0.4	0.2	0
考马斯亮蓝 G-250 试剂（ml）	5	5	5	5	5	5
蛋白质含量（μg）	0	200	400	600	800	1000

将 0.1 ml 的样品加入到预先准备好的洁净试管内，再加入 5 ml 考马斯亮蓝 G-250 试剂，混匀，放置 2 min，在 595 nm 处测定 OD 值，通过标准曲线法计算得出待测样品中的蛋白质总量（μg）。

$$\text{总蛋白含量（μg/g 菌体）} = \frac{X \times \dfrac{\text{提取液总体积（ml）}}{\text{测定时取样体积（ml）}}}{\text{菌体重（g）}} \qquad (5\text{-}1)$$

式中 X 为在标准曲线上查的蛋白质的含量（μg）

（2）Cu 含量的测定方法

采用原子吸收法来测定试样中的 Cu 含量。设置 Cu 测量参数为工作灯电流为 3.0 mA，预热灯电流 2.0 mA。光谱带宽 0.4 nm，波长为 324.7 nm，负高压 300.0 V，燃气流量 2000 ml/min。

（3）巯基活性测定法

精确量取 0.1 ml 样品的提取液和 0.1 ml 的双重蒸馏水来替代样品溶液，再各精确加入 0.3 ml 的 2,2'-二硫代联吡啶的饱和水溶液和 2.6 ml pH 4.0 的 0.2 mol/L NaAc-HAc 缓冲液，得检测试剂液和试剂空白液，分别摇匀。置 35℃水浴 20 min，以紫外分光光度计测定 $\lambda max343$ nm 处的吸收度 Aa（由杂蛋白和 Cu-MT 反应引起）。

再精确量取 0.1 ml 样品的提取液和 0.1 ml 双重蒸馏水来替代样品溶液。再各精确加入 2.6 ml pH 4.0 的 0.2 mol/L NaAc-HAc 缓冲液和 0.3 ml 双重蒸馏水，得到检测液和空白液，同样以紫外分光光度计测定 $\lambda max343$ nm 处的吸收度 A_b（杂蛋白吸收度）；以 $\triangle A=A_a-A_b$ 表示巯基活性。

2. 摇瓶发酵培养

在培养 N''-6 的斜面上选取性状良好的 N''-6 菌落接种至活化培养基中，摇床培养 1 d，再接种至诱导培养基培养 2 d 后，以 2500 r/min 离心收集菌体，并用蒸馏水冲洗。重复离心冲洗过程至上清液无色透明，转移菌体，通风干燥后称重得菌体干重。

3. 提取条件的单因素实验

将称量好质量的干菌体置于干净的烧杯内，以下述实验中设定的料液比（干菌体 g：缓冲液 ml）加入通风干燥后的菌体和 pH8.6 的 0.05 mol/L 的 Tris-HCl 缓冲液，用玻璃棒充分混匀。所得菌液在特定的超声波强度下超声破碎若干时间，再次混匀，以 3500 r/min 的速度离心 20 min；将离心后的上清液在 80℃热水浴中变性数分钟后，在冷水浴中迅速冷却，3500 r/min 离心 20 min，再次收集上清液。

预先灌装 3 cm×90 cm 的 Sephadex G-50 层析柱，使用前先平衡。用上清液以 0.8 ml/min 的速度上样，然后再用缓冲液（pH8.6，20 mmol/ml NH₄HCO₃）进行洗脱，在洗脱过程中同时检测紫外吸收为 270 nm 和 280 nm 的吸收峰及 Cu 的含量，确定富含铜离子且 270 nm 处吸收峰大于 280 nm 处吸收峰，收集所有符合条件的吸收峰，得到样品提取液记录总体积。

（1）料液比对提取工艺的影响

　　将称量好质量的干菌体至于干净的烧杯内，按照料液比（干菌体 g：缓冲液 ml）为 1：5、1：10、1：20、1：30、1：40 的比例加入通风干燥后的菌体和 pH8.6 的 0.05 mol/L 的 Tris-HCl 缓冲液，用玻璃棒充分混匀。所得菌液在 300W 超声波强度下超声破碎 20 min，再次混匀，以 3500 r/min 的速度离心 20 min；将离心后的上清液在 80℃热水浴中变性 6 min 后，在冷水浴中迅速冷却，3500 r/min 离心 20 min，再次收集上清液。

　　上清液按照上述诱导及提取粗蛋白的方法将其加入 Sephadex G-50 层析柱进行柱层析分离，纯化，收集粗蛋白提取液。

　　根据上述考马斯亮蓝 G-250 法测定总蛋白的含量；采用上述原子吸收法测定试样中的 Cu 含量；采用紫外分光光度法测定巯基活性。

（2）超声提取强度对提取工艺的影响

　　将称量好质量的干菌体至于干净的烧杯内，1：20 的料液比（干菌体 g：缓冲液 ml）加入通风干燥后的菌体和 pH8.6 的 0.05 mol/L 的 Tris-HCl 缓冲液，用玻璃棒充分混匀。所得菌液在超声强度分别为 100 W、200 W、300 W、400 W、500 W 下分别超声破碎 20 min，再次混匀，以 3500 r/min 的速度离心 20 min；将离心后的上清液在 80℃热水浴中变性 6 min 后，在冷水浴中迅速冷却，3500 r/min 离心 20 min，再次收集上清液。

　　上清液按照上述诱导及提取粗蛋白的方法将其加入 Sephadex G-50 层析柱进行柱层析分离，纯化，收集粗蛋白提取液。

　　根据上述考马斯亮蓝 G-250 法测定总蛋白的含量；采用上述原子吸收法测定试样中的 Cu 含量；采用紫外分光光度法测定巯基活性。

（3）超声提取时间对提取工艺的影响

　　将称量好质量的干菌体至于干净的烧杯内，1：20 的料液比（干菌体 g：缓冲液 ml）加入通风干燥后的菌体和 pH8.6 的 0.05 mol/L 的 Tris-HCl 缓冲液，用玻璃棒充分混匀。所得菌液在超声波强度为 300 W 下分别超声破碎 10 min、15 min、20 min、25 min、30 min，然后以 3500 r/min 的速度离心 20 min；将离心后的上清液在 80℃热水浴中变性 6 min 后，在冷水浴中迅速冷却，3500 r/min 离心 20 min，再次收集上清液。

　　上清液按照上述诱导及提取粗蛋白的方法将其加入 Sephadex G-50 层析柱进行柱层析分离，纯化，收集粗蛋白提取液。

　　根据上述考马斯亮蓝 G-250 法测定总蛋白的含量；采用上述原子吸收法测定

试样中的 Cu 含量；采用紫外分光光度法测定巯基活性。

（4）热变性时间对提取工艺的影响

将称量好质量的干菌体至于干净的烧杯内，1：20 的料液比（干菌体 g：缓冲液 ml）加入通风干燥后的菌体和 pH8.6 的 0.05 mol/L 的 Tris-HCl 缓冲液，用玻璃棒充分混匀。所得菌液在超声波强度为 300W 下超声破碎 20 min，然后以 3500 r/min 的速度离心 20 min；将离心后的上清液在 80℃热水浴中变性时间分别为 4 min、5 min、6 min、7 min、8 min 后，在冷水浴中迅速冷却，3500 r/min 离心 20 min，再次收集上清液。

上清液按照上述诱导及提取粗蛋白的方法将其加入 Sephadex G-50 层析柱进行柱层析分离，纯化，收集粗蛋白提取液。根据考马斯亮蓝 G-250 法测定总蛋白的含量；采用原子吸收法测定试样中的 Cu 含量；采用紫外分光光度法测定巯基活性。

4. 酵母菌金属硫蛋白提取工艺的正交优化实验设计

在本实验中，因为涉及 4 个因素，且因素之间相互关联，所以想要确定最优提取条件，就要通过正交试验来实现。考虑到单因素实验的结果，正交试验设置 4 个因素分别为：80℃热变性的时间 A（min），超声波的提取时间 B（min），干菌体与缓冲液的料液比 C（g：ml）和超声波的提取强度 D（W），设置 3 个水平。按照 $L_9(3^4)$ 正交表来安排实验。试验因素水平表如表 5-3 所示。

表 5-3　正交试验因素水平表

水平 ＼ 因素	A（min）	B（min）	C（g/ml）	D（W）
1	4	15	1：8	250
2	6	20	1：10	300
3	8	25	1：12	350

实验分别测定能够反映超声波提取产量的指标，并且主要将巯基活性参数作为参考金属硫蛋白的提取率的主要因素。

5.1.3　结果与讨论

1. 料液比和提取工艺之间的关系

在表 5-4 当中，巯基活性并不是随着料液比的提升而单调增加，而是在 1：10 左右达到最大值。随后巯基活性逐渐减弱。

表 5-4　不同的料液比和提取的关系

料液比 （g：ml）	蛋白总量 （mg/g 菌体）	巯基活性 （△A）	Cu 含量 （μg/ml 同浓缩比提取液）
1：5	120.86	0.061	8.79
1：10	194.2	0.082	8.98
1：20	267.5	0.045	8.42
1：30	354.6	0.037	8.36
1：40	385.9	0.021	8.24

2. 超声波强度和提取工艺之间的关系

在表 5-5 当中，巯基活性并不是随着超声波提取的强度升高而单调增加，而是在 300 W 左右达到最大值，随后巯基活性逐渐减弱，且在随后的离心过程中可以看到小黑点，证明当超声强度过高时，即使在冰浴中，超声波破碎产生的热量也会严重的破坏巯基活性。

表 5-5　超声波强度和提取工艺之间的关系

超声波提取强度 （W）	蛋白总量 （mg/g 菌体）	巯基活性 （△A）	Cu 含量 （μg/ml 同浓缩比提取液）
100	197.4	0.064	8.79
200	265.6	0.072	8.98
300	278.5	0.086	9.21
400	352.8	0.054	9.66
500	247.5	0.031	8.38

3. 超声波提取时间和提取工艺之间的关系

在表 5-6 当中，巯基活性并不是随着超声波提取的时间增加而单调增加，而是在 20 min 左右达到最大值 0.082，随后巯基活性逐渐减弱。

表 5-6　超声波提取时间和提取工艺之间的关系

超声波提取时间 （min）	蛋白总量 （mg/g 菌体）	巯基活性 （△A）	Cu 含量 （μg/ml 同浓缩比提取液）
10	187.5	0.036	8.79
20	257.9	0.082	8.98
30	237.8	0.075	8.87
40	204.5	0.042	8.74
50	184.6	0.037	8.49

4. 热变性时间和提取工艺之间的关系

在表 5-7 当中，巯基活性并不是随着热变性的时间增加而单调增加，而是在 6 min 左右达到最大值 0.074，随后巯基活性逐渐减弱。

表 5-7　热变性时间和提取工艺之间的关系

80℃热变性时间 （min）	蛋白总量 （mg/g 菌体）	巯基活性 （$\triangle A$）	Cu 含量 （μg/ml 同浓缩比提取液）
2	215.6	0.045	8.79
4	222.4	0.062	8.98
6	237.5	0.074	9.28
8	207.1	0.053	8.66
10	184.2	0.048	8.43

5. 正交试验结果

正交试验测定数据如表 5-8 所示。

表 5-8　正交试验表

试验号	A （min）	B （min）	C （g：ml）	D （W）	巯基活性
1	1	1	1	1	0.064
2	1	2	2	2	0.087
3	1	3	3	3	0.090
4	2	1	2	3	0.088
5	2	2	3	1	0.096
6	2	3	1	2	0.066
7	3	1	3	2	0.093
8	3	2	1	3	0.083
9	3	3	2	1	0.074
均值 1	0.080	0.082	0.071	0.078	
均值 2	0.084	0.089	0.083	0.082	
均值 3	0.083	0.077	0.093	0.087	
极差	0.003	0.012	0.022	0.009	

试验表中的均值为每一水平所对实验的巯基活性之和。在实验中之所以主要参考巯基活性，兼顾考虑总蛋白含量和铜离子含量是因为虽然总蛋白含量和铜离子含量都可以在一定程度上反映金属硫蛋白的含量，但是由于总蛋白当中还有可能存在除了金属硫蛋白的其他多种蛋白质，另外并不是只有金属硫蛋白一种物质

含有 Cu，在发酵过程中还可能产生含有 Cu 的其他络合物。相对于总蛋白含量和 Cu 含量，巯基活性的检测受到的其他因素的影响更小。故本正交试验结果仅列出各次试验的巯基活性数据。

对表 5-8 所得结果以巯基活性为考察指标进行分析，可得影响因素排序为 $C>B>D>A$，具体为 $C_3>C_2>C_1$、$B_2>B_1>B_3$、$D_3>D_2>D_1$、$A_2>A_3>A_1$，可得出最佳提取工艺参数为 $C_3B_2D_3A_2$。也即选取 pH8.6 Tris-HCl 缓冲液与干菌体之间的料液比（g∶ml）为 1∶12，超声波提取时间为 20 min，超声波提取强度为 350W，以及 80℃热变性时间取 6 min。按照正交试验所得结果，用菌株 N"-6 通过前期实验所得的较优发酵工艺最佳提取工艺获取金属硫蛋白。检测其巯基活性为 0.098，较优化前巯基活性提高了 1.58 倍。

5.1.4　小结

本章实验通过单因素试验研究了料液比、超声强度、超声时间、热变性时间四个因素对假丝酵母菌产金属硫蛋白的提取率的影响。在此基础上，进一步利用正交试验设计对假丝酵母菌产金属硫蛋白的提取工艺进行了优化，确定了最佳的工艺条件为将料液比设定为 1∶12，超声波以 350 W 强度提取 20 min 后，热变性 6 min，此时得到的巯基活性最高，达到了 0.098。和优化前相比巯基活性的提升很大。

在这部分实验中，我们主要研究了金属硫蛋白的提取工艺，在利用酵母菌产金属硫蛋白的生产中，一次发酵最终得到的金属硫蛋白产量太低，因而在很大程度上限制了金属硫蛋白产业化的发展。尝试采用连续发酵生产的方法为金属硫蛋白产业化发展指明了方向。

5.2　Sephadex-100 凝胶柱分离三种不同亚型的酵母源金属硫蛋白

蛋白质的纯化较复杂，不同蛋白质之间存在着相似性和差异性，利用蛋白质间的相似性除去非蛋白物质，利用蛋白质间的差异性可以实现从多种蛋白质中分离出目标蛋白[4, 5]。蛋白质纯化的目的是既要获得高纯度、高活性的目标蛋白，又要在操作过程中保持效率高、得率高。所以，想要从复杂的混合体系中分离出一种目标蛋白质十分困难，想要找到一种现成的方法，那更是不可能的。纯化的方法一般都是根据不同蛋白质在溶解性、带电荷性、分子质量大小等方面存在的差异性，要获得高纯度的目标蛋白通常要将多种方法联合使用才能达到较好的效果[6, 7]。

本实验采用超声提取得到的 MT 粗提液为原料，选择联合使用凝胶柱层析和离子交换层析进行纯化。凝胶柱层析是根据分子质量大小来对混合蛋白进行分离的有效方法，且凝胶具有良好的稳定性，实验重现性好，凝胶可反复使用。离子交换层析主要是按照蛋白质本身所带电荷的不同而达到纯化的目的，它操作简单易行，分辨率高，处理能力大[8~10]。最后采用 Tricine-SDS-PAGE 凝胶电泳测定纯化后产物的分子质量。

5.2.1　材料与设备

1. 材料与试剂

Sephadex G-100	Sigma 公司
DEAE 琼脂糖凝胶树脂	Sigma 公司
SDS	Sigma 公司
Tris	Sigma 公司
Tricine	Sigma 公司
SDS-PAGE 超低分子质量标准品	中科瑞泰（北京）生物科技有限公司
乙二胺四乙酸二钠（Na$_2$EDTA）	上海化学试剂公司
氯化铜	上海化学试剂公司
甘油	天津大学科威公司
β-巯基乙醇	北京鼎国昌盛生物技术有限公司
溴酚蓝	天津市大茂化学试剂厂
丙烯酰胺	Sigma 公司
考马斯亮蓝 R-250	北京鼎国昌盛生物技术有限公司
冰醋酸	北京红星化工厂
丙烯酰胺	Sigma 公司
吡啶	上海化学试剂公司
三氨基甲烷	国药集团化学试剂有限公司
过硫酸铵	国药集团化学试剂有限公司
无水乙醇	上海化学试剂公司

2. 仪器与设备

HD-3 紫外检测器	上海沪西分析仪器有限公司
HL-2D 型恒流泵	上海精科实业有限公司
电热恒温培养箱	上海森信实验仪器有限公司
HD-A 电脑采集器	上海沪西分析仪器有限公司

DBS-100 自动收集器	上海沪西分析仪器有限公司
3.0 cm×90 cm、1.5 cm×20 cm 层析柱	上海煊盛生化科技有限公司
移液枪	芬兰雷伯公司
DK-450B 型电热恒温水浴锅	上海森信试验仪器有限公司
JD100-3B 电子分析天平	沈阳龙腾电子有限公司
DYY-Ⅲ-5 型电泳仪	北京市六一仪器厂
LD4-40 离心机	北京京立离心机有限公司
ALPHA1-2LDplus 冷冻干燥机	德国 Christ 公司

5.2.2　实验方法

1. 酵母源类 MT 粗提液的制备

取保存菌种置于 YPD 活化培养基中（蛋白胨 20 g/L，葡萄糖 20 g/L，酵母膏 10 g/L），在 30℃摇床培养 24 h。再将活化液 2 ml 接种至 100 ml YEPD 诱导培养基中（蛋白胨 20 g/L，葡萄糖 20 g/L，酵母膏 10 g/L，$CuCl_2$ 0.7 mmol/L），30℃、140 r/min 摇床诱导培养 62 h。以 3000 r/min 的速度离心 15 min 收集菌体。用超声波辅助提取方法，在料液比 1∶16，超声提取时间 32 min，超声提取强度 285 W，热处理时间 8 min 的条件下提取得到菌体胞内 MT 粗提液，冷冻干燥成粉备用。

2. Sephadex G-100 凝胶层析

凝胶溶胀：将凝胶倒入烧杯中在沸水浴下 2～3 h，充分溶胀，同时用倾斜法除去凝胶颗粒空隙中的气泡。冷却至室温后装柱。

装柱：用去离子水冲洗干净层析柱，经多角度校正保证层析柱垂直安装。将层析柱上端口打开，从柱下端注入洗脱剂，为防止起泡残留，应使层析柱底端充满洗脱剂（高度约 2 cm）。搅动凝胶溶液使其混合均匀，并立即用玻棒引流缓缓注入层析柱内，凝胶溶液在层析柱内自然沉降，若沉降的凝胶颗粒胶面低于柱子高度，应用玻璃棒将凝胶床表面均匀搅起，再继续加入凝胶溶液，防止形成界面，使层析效果受到影响。需仔细观察柱内沉降的凝胶是否均匀，若层析柱内凝胶有气泡或纹路，必须重新操作。柱装好后，首先连接层析仪，再将洗脱瓶连接到柱顶端，最后需接通恒流泵冲洗层析柱，平衡一定时间。

样品上样：拧开层析柱下面流出液开关，调整液面降至与胶面高度一致时将其关闭。吸取一定样品轻缓均匀的上样，这样既可保证样品均匀进入，又可避免样液流速过快破快胶面的平整性。关闭层析柱上端口，同时打开柱下口，以 0.01 mol/L pH8.6 的 Tris-HCl 缓慢洗脱。

洗脱：设置凝胶系统的流速恒定，控制在 0.6 ml/min，保证洗脱液匀速通过层析柱，用分部收集器在相同的时间间隔下收集洗脱样液，在 270 nm、280 nm 处分别测量其紫外吸光值。

3. DEAE-52 纤维素离子交换层析

预处理：准确称取 50.0 g DEAE-52 纤维素，用 0.5 mol/L 的 NaOH 进行 30 min 处理后，水洗至 pH9.0 左右，同样以 0.5 mol/L HCl 处理后，水洗至 pH7.0 左右，再用 0.5 mol/L 的 NaOH 处理 30 min，转为 OH⁻型，同样以质量分数 5%NaCl 处理，转为 Cl⁻型。再将与纤维素结合的 NaCl 用蒸馏水洗去，最后用抽真空方法排除气泡。

装柱：将预处理溶胀好的离子交换剂静置处理，去除多余上清液，搅匀准备装柱。先用缓冲液将柱子底部的空气排空，然后用玻璃棒引流，尽量一次性全部灌注进柱子中，待液面自然下降 3 cm 后，打开柱子下端出口，让离子交换剂全部沉降同时液面保持在层析口处，并且在填充过程中注意不能产生气泡，保证样品分布均匀。装柱完成后，打开恒流泵，用去离子水冲洗柱子，将柱子压实，过 2～3 倍柱体积的 Tris-HCl 缓冲液平衡柱子。

上样：将 MT 粗提液冻干粉用缓冲液稀释后，再用滤膜过滤，然后将样品加入到柱子顶端，使样品进入柱床，操作过程中注意避免气泡产生。待完成吸附后，用缓冲液将不发生吸附的杂质洗去。一般上样量控制在柱体积的 0.5%～5.0%，本试验经摸索后，选取上样量为 2.0 ml，样品浓度为 0.2 g/ml。

洗脱与收集：观察 $A_{270\,nm}$ 下的紫外吸光值，待缓冲液将杂志洗至基准线后，用 1 mol/L NaCl 的 Tris-HCl 缓冲液进行洗脱，控制流速为 0.8 ml/min，用收集器收集洗脱峰。合并收集液用蒸馏水透析 24 h 除盐，冷冻干燥成粉。

柱子的再生：用 1 mol/L 的 NaCl，清洗 2～3 倍柱体积。然后再用平衡缓冲液进行平衡。离子交换树脂浸泡在 20%乙醇中保存。

4. 金属硫蛋白含量的测定

取一定量的 MT 样品，加入 10 μl HCl 和 200 μl EDTA（物质的量浓度分别为 1.2 mol/L 和 0.1 mol/L），避光反应 10 min 脱去金属硫蛋白上的金属。再加入 0.01 mol/L DTNB 试剂反应生成具有黄色的络合物 TNBA，稀释后在波长 412 nm 处测定吸光度值，根据标准曲线计算出样品中金属硫蛋白含量[11]。样品中 MT 含量的计算公式：

$$MT 含量（\mu g/g）=\frac{A值对应标准曲线上MT含量（\mu g）\times 稀释倍数\times 1000}{取样品量（g）} \quad (5\text{-}2)$$

5. SDS-PAGE 凝胶电泳表观分子质量的测定

（1）Tricine-SDS-PAGE 试剂的配制

Tricine-SDS-PAGE 凝胶制作的相关溶液配制如表 5-9 所示。

表 5-9　溶液的配制

溶液	药品	加入量
正极缓冲液 （1×）	Tris	0.2 mol/L（pH8.9），12.114 g 加双蒸水定容至 500 ml，4℃保存
负极缓冲液 （1×）	Tris	0.2 mol/L，6.057 g
	Tricine	0.1 mol/L，8.96 g
	SDS	0.1%，0.5 g，加去离子水定容至 500 ml，不调 pH，4℃储存
凝胶缓冲液 （G-B，3×）	Tris	36.342 g
	SDS	0.3 g
		pH8.45，加去离子水定容至 100 ml，过滤，4℃储存
3C 丙烯酰胺储存液	丙烯酰胺	48 g
	亚甲基双丙烯酰胺	1.5 g
		加去离子水定容至 100 ml
5C 丙烯酰胺储存液	丙烯酰胺	47 g
	双丙烯酰胺	2.5 g
		加去离子水定容至 100 ml
10%（w/v）过硫酸铵	过硫酸铵	1 g
		加去离子水溶解定容至 10 ml，4℃储存
考马斯亮蓝 R-250 染色液	考马斯亮蓝 R-250	1 g
	异丙醇	250 ml，搅拌溶解
	冰醋酸	100 ml，均匀搅拌
	去离子水	650 ml，均匀搅拌，用滤纸除去颗粒物质，室温储存
脱色液	乙醇	50 ml
	冰醋酸	100 ml，加去离子水定容至 1000 ml
1M DTT	DTT	3.09 g
	Tris-HCl	20 ml 25 mmol/L（pH8.0），搅拌溶解，分装，-20℃储存
2×SDS-PAGE	Tris-HCl	（pH6.8）2.5 ml 0.5 mol/L
	SDS	0.4 g
	甘油	2 ml
	β-巯基乙醇或 TT	0.2 ml
	溴酚蓝	1%

（2）Tricine-SDS-PAGE 电泳步骤

采用 SDS-PAGE 垂直电泳，首先，需要将玻璃板清洗干净，避免染色时出现不必要的凝胶背景。清洗后，将玻璃片安装，加水静置检查是否有渗漏。配制 16.5% 的浓缩胶：凝胶缓冲液（3×）0.6 ml，3C 丙烯酰胺储存液 0.125 ml，10%过硫酸铵 10 μl，四甲基二乙胺（TEMED）1 μl，充分混匀，加去离子水定容至 1.8 ml。配制 16.5%的分离胶：凝胶缓冲液（3×）1 ml，5C 丙烯酰胺储存液 1 ml，尿素 1.08 g，10%过硫酸铵 10 μl，TEMED 1 μl，充分混匀后加去离子水定容至 3 ml。将分离胶加入 2 个玻璃片之间，由一端连续、快速、均匀注入，尽量避免气泡产生，再用枪头均匀扫过玻璃片上沿加 0.1% SDS 保护液，静置凝聚。待分离胶凝固后，去除表面保护液，加入浓缩胶，插入梳齿模具，静置。待浓缩胶凝固后，将凹面朝内，放入电泳槽中，夹紧，去下梳齿，加入电泳缓冲液，加入量刚过凹槽为宜。

　　将样品配制成合适的浓度，连同标志物分装于环氧树脂管中，加入缓冲液，在沸水中煮沸。分别将 20 μl 样品依次加入进样口中，关盖，通电。电流控制在 10～15 mA，待跑到分离胶界面后，电流升到 20～25 mA。跑到距前沿 1～2 cm 处停止。跑完后轻轻将胶片取出，用考马斯亮蓝进行染色 1～2 h，再进行脱色，并用相机记录凝胶图像。准确测量标准蛋白标志物的迁移距离，分别以标志物的相对迁移率 R_f 和分子质量的对数为横坐标和纵坐标作图，建立分子质量分布标准曲线。测量样品中蛋白质的迁移距离，计算相对迁移率 R_f，从标准曲线上求出样品中蛋白质的分子质量。

6. 氨基酸组成分析

　　分离得到的金属硫蛋白的氨基酸组成采用 Sykam 氨基酸分析仪进行分析。

5.2.3　结果与讨论

1. Sephadex G-100 凝胶层析纯化 MT

　　由图 5-1 所示，在 270 nm、280 nm 处，第二个蛋白的吸收峰 280 nm 的吸收峰低于 270 nm 处吸收峰，且测得收集液中铜含量较高。因为金属硫蛋白缺乏芳香族氨基酸、组氨酸或者含量极少，所以在 280 nm 处的吸收峰较低，由此判定此峰为金属硫蛋白吸收峰，收集该峰进行下一步纯化。

2. DEAE-52 纤维素离子交换层析纯化 MT

　　收集 Sephadex G-100 凝胶层析后的蛋白峰进行 DEAE-52 纤维素离子交换层析。由图 5-2 可以看出，经离子交换层析分离后，得到两个蛋白峰 280 nm 的吸收峰都低于 270 nm 处吸收峰，且金属硫蛋白含量都较高。初步确定为金属硫蛋白两

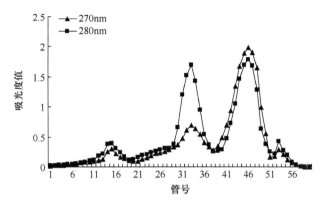

图 5-1　Sephadex G-100 凝胶层析曲线

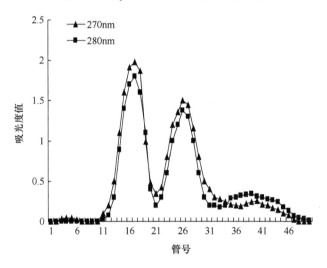

图 5-2　DEAE-52 纤维素离子交换层析曲线

个亚型。在溶液中由于 MT-Ⅰ比 MT-Ⅱ少一个负电荷,所以 MT-Ⅰ比 MT-Ⅱ先出峰,所以确定第一个峰为 MT-Ⅰ,第二个峰为 MT-Ⅱ。分别收集这两个蛋白峰并进行透析袋透析脱盐 24 h。将收集液进行冷冻干燥,测定其金属硫蛋白含量。得到第一个蛋白峰中 MT 含量为 785 mg/g,第二个蛋白峰中 MT 含量为 769 mg/g,可见,纯度都在 75%~80%。

3. SDS-PAGE 凝胶电泳表观分子质量的测定

将经 DEAE-52 纤维素离子交换层析分离后的两蛋白峰冻干样品进行适当稀释后,进行凝胶电泳分析,测得其表观分子质量,如图 5-3 所示。

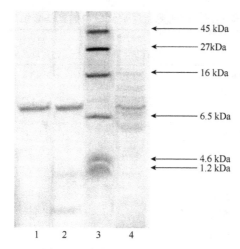

图 5-3　纯化前后 MT 的电泳图

注：1、2 分别为离子交换层析的第一个、第二个蛋白峰；3：低分子质量蛋白标志物；4：MT 粗提液

以标准蛋白的相对迁移率为横坐标，相应蛋白分子质量的对数为纵坐标作图，得到分子质量分布标准曲线，如图 5-4 所示。

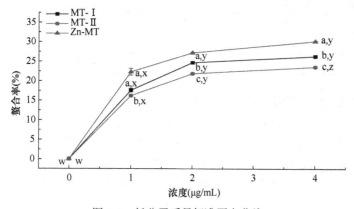

图 5-4　低分子质量标准蛋白曲线

a-c 代表同一浓度不同样品的螯合率差异显著性，w-z 代表同一样品不同浓度的螯合率差异显著性，字母不同表示差异显著（$p < 0.05$），字母相同表示差异不显著（$p > 0.05$）

根据图 5-4，计算得出酵母源金属硫蛋白的两个亚型分子质量为 7.9 kDa，与文献报道在 6～10 kDa 左右相吻合。

4. 氨基酸组成分析

采用氨基酸分析仪对两种异构体形式的 MT（MT-Ⅰ、MT-Ⅱ）进行 MT 氨基酸成分分析，结果如表 5-10。由表 5-10 可知，酵母源金属硫蛋白主要由脂肪族氨基酸组成，含有少量芳香族及杂环族氨基酸，其中富含半胱氨酸，与其他来源金

表 5-10　酵母源金属硫蛋白中的氨基酸组成

氨基酸		MT-Ⅰ中含量（%）	MT-Ⅱ中含量（%）	平均含量（%）
脂肪族氨基酸	半胱氨酸 Cys	30.70	23.2	26.950
	天冬氨酸 Asp	9.70	6.42	8.060
	苏氨酸 Thr	3.20	3.10	3.150
	丝氨酸 Ser	7.10	13.40	10.250
	甘氨酸 Gly	3.70	5.40	4.550
	甲硫氨酸 Met	0.10	0.10	0.100
	亮氨酸 Leu	0.52	0.43	0.475
	缬氨酸 Val	0.83	0.77	0.800
	异亮氨酸 Ile	0.40	0.38	0.390
	谷氨酸 Glu	0.54	0.48	0.510
	丙氨酸 Ala	0.71	0.77	0.740
	赖氨酸 Lys	14.22	17.14	15.68
	精氨酸 Arg	11.70	10.48	11.09
芳香族氨基酸	苯丙氨酸 Phe	1.70	2.11	1.905
杂环族氨基酸	组氨酸 His	2.70	2.91	2.805
	脯氨酸 Pro	3.17	2.91	3.04
总量		90.99	90.00	90.50

属硫蛋白类似，但酵母源 MT-Ⅰ中半胱氨酸含量可达 30.70%，高于哺乳动物金属硫蛋白（20%）[12]。由于金属硫蛋白主要生物学功能来自于半胱氨酸构成的巯基，由此推测，酵母源金属硫蛋白的部分生物学功能可能强于其他来源金属硫蛋白。经过分析，两种 MT 总氨基酸含量相似，平均氨基酸含量达 90.50%，因此表明实验的优化效果较好，对 MT 的含量提纯度较高，符合多数研究用金属硫蛋白的纯度要求[13~16]。

5.2.4　小结

本实验对 Cu 诱导酵母细胞产生的金属硫蛋白的分离纯化进行研究，采用凝胶柱层析和离子交换层析对其进行分离纯化，并对纯化后的样品进行分子质量大小的测定和氨基酸组成分析。得到金属硫蛋白的两个亚型 MT-Ⅰ、MT-Ⅱ的分子质量为 7.9 kDa。其中，MT-Ⅰ中半胱氨酸含量可达 30.70%，高于哺乳动物金属硫蛋白中半胱氨酸含量（20%）。

5.3　$(NH_4)_2SO_4$ 双水相体系纯化铜、锌诱导的酵母源金属硫蛋白

金属硫蛋白具有十分重要的生物学功能，因此，开发利用金属硫蛋白成为热点[17~19]。目前利用微生物，特别是酵母菌生产类金属硫蛋白，以其无毒、易培养和不受时空限制等优点逐渐受到学者和开发商的青睐[20, 21]。双水相萃取技术作为一种新型的分离技术，具有体系含水量高，分相时间短，萃取环境温和，蛋白质在其中不易变性，生物相容性高，易于放大和进行连续性操作等诸多优势[22, 23]，现已广泛应用于蛋白质、多肽、核酸以及氨基酸的分离和纯化[24, 25]。

本实验采用聚乙二醇（PEG）-硫酸铵双水相体系，分别分离铜和锌诱导的诱变酿酒酵母菌所表达的金属硫蛋白[26~29]。以 PEG 质量分数、硫酸铵质量分数及 pH 为考察因素，萃取率为响应值，结合 Design Expert 8.0.6 软件做响应面优化分析得到最佳萃取条件，为酵母源金属硫蛋白的分离提纯及工业化生产提供理论数据。

5.3.1　材料与设备

1. 材料与试剂

酿酒酵母 N-8	实验室诱导分离保存菌株
YPD 液体培养基	北京奥博星生物技术有限责任公司
氯化锌	上海化学试剂公司
氯化铜	上海化学试剂公司
MT 酶联免疫分析试剂盒	上海劲马生物科技有限公司
5,5-二硫硝基苯甲酸（DTNB）	美国 Sigma 公司
盐酸胍	上海化学试剂公司
EDTA	上海化学试剂公司
磷酸氢二钠	天津市大茂化学试剂厂
硫酸铵	上海化学试剂公司
聚乙二醇	上海化学试剂公司

2. 仪器与设备

FS-450N 超声波处理器	上海生析超声仪器有限公司
HZQ-F160 振荡培养箱	哈尔滨东联电子技术开发有限公司
DK-S24 型电热恒温水浴锅	上海森信实验仪器有限公司

ALPHA1-2 LD plus 冷冻干燥机	德国 Christ 公司
SPECORD 210 紫外可见分光光度计	德国耶拿分析仪器股份公司
Seven Multi（S_{40}）pH 计	瑞士 Mettler Toledo 公司
JD100-3B 电子分析天平	沈阳龙腾电子有限公司
TD5A-WS 台式离心机	湖南湘仪离心机仪器有限公司

5.3.2 实验方法

1. MT 的诱导合成及粗提液的制备

将实验室保存的酿酒酵母菌按 2%的接菌量接至活化培养基（YPD）中，30℃、24 h 摇床活化，再按 2%接菌量将活化种子液分别接入含 0.7 mmol/L $CuCl_2$ 和 $ZnCl_2$ 的诱导培养基（YEPD）中，30℃、48 h 摇床培养[30, 31]。之后 3000 r/min 离心 25 min，去上清液收集菌体，菌体与 0.01 mol/L Tris-HCl（pH8.6）缓冲液按 1∶15 的体积比充分混匀，冰浴下超声波破壁处理混合液，275W、30 min。离心收集上清液，80℃水浴中热变性 8 min，迅速冷却后离心收集上清液，分别得到 Cu-MT 和 Zn-MT 的粗蛋白提取液[32, 33]。

2. 双水相萃取酵母源 MT

固定体系总质量为 10 g，分别加入 2 g PEG、2 g（NH_4）$_2SO_4$，和 1 g 样品溶液，其余质量用超纯水补足，形成双水相体系。振荡使成相物质充分混匀，调节 pH 到 5，静置到两相达到相分离，MT 富集于双水相系统的上相中，用移液管吸取上下相溶液并读取上下相体积，求相比 R；分别测定上下相 MT 浓度，计算 MT 的分配系数 K 及萃取率 Y，如下式：

$$R=\frac{V_1}{V_2} \tag{5-3}$$

$$K=\frac{C_1}{C_2} \tag{5-4}$$

$$Y/\%=\frac{RK}{1+RK}\times100 \tag{5-5}$$

式中：V_1 为上相体积 ml；V_2 为下相体积 ml；C_1 为上相中 MT 的质量浓度 mg/ml；C_2 为下相中 MT 的质量浓度 mg/ml。

3. 双水相萃取的单因素试验

影响双水相萃取的因素很多，本实验重点研究了 PEG 的相对分子质量、质量分数、$(NH_4)_2SO_4$ 的质量分数、pH 以及温度等 5 个因素对酵母源 MT 萃取率的影响。根据 20% PEG 2000、20%（NH_4）$_2SO_4$、pH6.0、温度 25℃成相条件，改变其中 1 个因素，其他条件不变，分别对上述 5 个因素进行单因素考察。每个单因素试验均做 3 个平行样品，计算其平均萃取率和平均分配系数。

4. 响应面优化萃取条件

根据单因素试验的结果，在 PEG 的相对分子质量为 2000、温度为 25℃的条件下，选择 PEG 2000 的质量分数（X_1）、（NH_4）$_2SO_4$ 的质量分数（X_2）、体系 pH（X_3）这三个对酵母源 MT 萃取率影响较大的因素为单因素设计 3 因素 3 水平优化试验。

5. 测定方法

MT 含量的测定采用酶联免疫分析法[34]，用纯化的抗体包被微孔板，制成固相载体，往包被抗 MT 抗体的微孔中依次加入标本或标准品、生物素化的抗 MT 抗体、HRP 标记的亲和素，经过彻底洗涤后，用底物 TMB 显色。TMB 在过氧化物酶的催化下转化成蓝色，并在酸的作用下转化成最终的黄色。颜色的深浅和样品中的 MT 呈正相关。用酶标仪在 450 nm 波长下测定吸光度（OD 值），计算样品浓度。试剂盒组成如表 5-11 所示。

表 5-11　试剂盒的组成

管号	试剂	容量	管号	试剂	容量
1	30 倍浓缩洗涤液	20 ml×1 瓶	7	终止液	6 ml×1 瓶
2	酶标试剂	6 ml×1 瓶	8	标准品（72 ng/l）	0.5 ml×1 瓶
3	酶标包被板	12 孔×8 条	9	标准品稀释液	1.5 ml×1 瓶
4	样品稀释液	6 ml×1 瓶	10	说明书	1 份
5	显色剂 A 液	6 ml×1 瓶	11	封板膜	2 张
6	显色剂 B 液	6 ml×1 瓶	12	密封袋	1 个

样品采集后尽早进行提取，提取后应尽快操作。如果不能立刻操作，可将样品在–20℃条件下保存，保存中避免反复对样品进行冻融。

标准品的稀释：本试剂盒提供原倍标准品一支，用户可按表 5-12 在小试管中稀释。

加样：在酶标板加 50 μl 标准品，待测样品孔中先加 40 μl 样品稀释液，然后再加待测样品 10 μl。将样品加入酶标板底部，轻晃混匀。

温育：用封板膜封板后在 37℃下 30 min。

表 5-12　标准品的稀释

浓度	标准品	稀释液倍数
36 ng/L	5 号标准品	150 μl 的原倍标准品加入 150 μl 标准品稀释液
18 ng/L	4 号标准品	150 μl 的 5 号标准品加入 150 μl 标准品稀释液
9 ng/L	3 号标准品	150 μl 的 4 号标准品加入 150 μl 标准品稀释液
4.5 ng/L	2 号标准品	150 μl 的 3 号标准品加入 150 μl 标准品稀释液
2.25 ng/L	1 号标准品	150μl 的 2 号标准品加入 150 μl 标准品稀释液

配液：将 30 倍浓缩洗涤液用蒸馏水 30 倍稀释后留用。

洗涤：去掉封板膜，倒出液体，每孔加入洗涤液，静置 30 s 后弃去，重复 5 次，拍干。

加酶：每孔加入酶标试剂 50 μl，空白孔除外。

显色：每孔先加 50 μl 显色剂 A，再加 50 μl 显色剂 B，混匀，37℃下避光反应 15 min。

终止：每孔加终止液 50 μl，终止反应（此时颜色由蓝色转为黄色）。

测定：以空白孔调零，依次测量各孔的 450 nm 吸光度。

以标准物的浓度为横坐标，OD 值为纵坐标，在坐标纸上绘出标准曲线，根据样品的 OD 值由标准曲线查出相应的浓度；再乘以稀释倍数；或用标准物的浓度与 OD 值计算出标准曲线的直线回归方程式，将样品的 OD 值代入方程式，计算出样品浓度，再乘以稀释倍数，即为样品的实际浓度。巯基活性的测定采用简化的巯基试剂（DTNB）法[35~37]。

5.3.3　结果与讨论

1. 单因素结果分析

由于双水相萃取实验中不同单因素对 Cu-MT 和 Zn-MT 的萃取率及分配系数的影响趋势相同，故一并分析。

（1）不同分子质量 PEG 对 MT 萃取率的影响

PEG-$(NH_4)_2SO_4$ 双水相体系中，设定 PEG 的质量分数为 20%、$(NH_4)_2SO_4$ 的质量分数为 20%、pH 为 6.0、温度为 25℃，改变 PEG 的分子质量，比较双水相体系的 MT 分配系数及萃取率，结果如图 5-5。

由图 5-5 可以看出，当 PEG 的分子质量小于 2000 时，随着 PEG 分子质量的升高，MT 的分配系数和萃取率均出现先升高后降低的趋势。主要是随 PEG 的分子质量增大，分子链长度增加，分子内部极性基团羟基相对减少，疏水性增加，界面张力

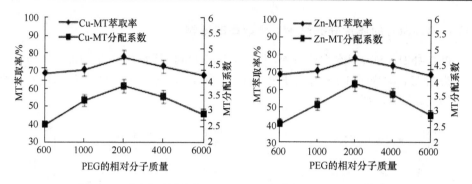

图 5-5 不同分子质量的 PEG 对 MT 分配系数及萃取率的影响

增大，促使 MT 富集于上相，MT 的分配系数和萃取率随之增加。但当 PEG 分子质量大于 2000 时，随着 PEG 分子质量的继续增大，黏度也随之增大，MT 在相间的传递和在相内的扩散阻力增加，阻碍 MT 向上相富集，使 MT 的分配系数和萃取率下降[38]，综合考虑选择 PEG 2000 为成相物质。

（2）PEG 2000 的质量分数对 MT 萃取率的影响

PEG-（NH_4）$_2SO_4$ 双水相体系中，设定 PEG 2000、（NH_4）$_2SO_4$ 的质量分数为 20%、pH 为 6.0、温度为 25℃，改变 PEG 2000 的质量分数，比较双水相体系的 MT 分配系数及萃取率，结果如图 5-6。

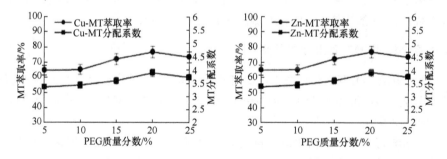

图 5-6 不同质量分数的 PEG 2000 对 MT 分配系数及萃取率的影响

由图 5-6 可知随着 PEG 2000 的质量分数的增加，MT 萃取率及分配系数随之增加。此现象主要是由于 PEG 2000 的质量分数在一定范围内增加，系统远离临界点，两相性质的差别增大，利于 MT 富集于 PEG 相中。当 PEG 2000 的质量分数超过 20%后，继续增大 PEG 2000 质量分数，成相物质分子间的作用、相界面张力、系统的黏度也会增大，导致溶质在相间的传递和在相内的扩散阻力增加，反而不利于 MT 进入 PEG 相，所以 MT 的分配系数及萃取率降低，故 PEG 2000 的质量分数 20%为最佳值。

（3）(NH₄)₂SO₄ 的质量分数对 MT 萃取率的影响

PEG-$(NH_4)_2SO_4$ 双水相体系中，设定 PEG 2000 的质量分数为 20%、pH 为 6.0、温度为 25℃，改变$(NH_4)_2SO_4$ 的质量分数，比较双水相体系的 MT 分配系数及萃取率，结果如图 5-7 所示。

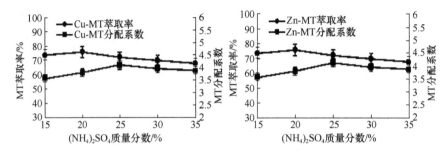

图 5-7　不同质量分数的$(NH_4)_2SO_4$ 对 MT 分配系数及萃取率的影响

从图 5-7 可知，双水相体系中$(NH_4)_2SO_4$ 的质量分数为 20%时，MT 的萃取率最高，随着$(NH_4)_2SO_4$ 的质量分数继续增大，不仅破坏了 MT 表面的水化层，使之发生盐析，而且还会扰乱双水相系统，改变各相中成相物质的组成和相体积比，下相水分含量升高，下相的体积增大，MT 有不断向下相分配的趋势，所以 MT 萃取率逐渐下降。虽然$(NH_4)_2SO_4$ 质量分数为 25%时 MT 分配系数最大，但相比减小，萃取率减少，综合考虑选$(NH_4)_2SO_4$20%为最佳值。

（4）体系 pH 对 MT 萃取率的影响

PEG-$(NH_4)_2SO_4$ 双水相体系中，设定 PEG 2000 的质量分数为 20%、$(NH_4)_2SO_4$ 的质量分数 20%，温度为 25℃，改变 pH，比较双水相体系 MT 分配系数及萃取率，结果如图 5-8 所示。

由图 5-8 可知，双水相体系的 pH 为 3～7 时，MT 萃取率及分配系数呈现先升高后降低的趋势。当选择双水相体系为一种无机盐和一种 PEG 时，盐的正、负离子对两相具有不同的亲和力，它们在双水相体系中的分配能力不同，上相显示为正电性，下相显示为负电性[39]。据报道酵母源 MT 的等电点在 5.0 左右[40~42]，当双水相体系 pH 大于 MT 等电点时，MT 易富集于上相；当双水相体系 pH 小于 MT 等电点时，MT 易于向下相富集。pH 的改变也会影响双水相系统中无机离子的分配情况及两相之间的电位差，从而影响 MT 的分配系数和萃取率。在 pH 为 6.0 时 MT 萃取率及分配系数均达到最大值，故体系的 pH 在 6.0 左右为最佳。

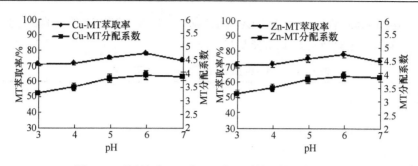

图 5-8 不同体系 pH 对 MT 分配系数及萃取率的影响

（5）体系温度对 MT 萃取率的影响

PEG-$(NH_4)_2SO_4$ 双水相体系中，设定 PEG 2000 的质量分数为 20%、$(NH_4)_2SO_4$ 的质量分数 20%，pH 为 6.0，改变温度，比较双水相体系的 MT 分配系数及萃取率，结果如图 5-9。

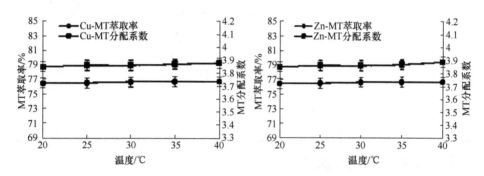

图 5-9 体系温度对 MT 分配系数及萃取率的影响

图 5-9 可知，体系的温度从 20℃升高至 40℃对 MT 的萃取率及分配系数均有所上升，推测当温度上升，双水相体系内分子运动的加强降低了静电排斥作用，使 MT 的分配系数和萃取率增加。但随着温度的升高，MT 的分配系数和萃取率增加幅度较小，考虑到常温下双水相体系溶液的黏度低，易分相，实际生产中操作节省成本等问题，故体系的温度设定为 25℃。

2. 响应面优化实验

（1）MT 萃取响应面实验设计与结果

中心组合设计是响应面分析设计实验中利用合理的实验设计且通过前期实验得到一定的数据，采用多元二次方程方法来拟合响应面值及因素之间的函数关系，采用回归方程来分析以寻求多因素系统中最优的提取条件的一种统计学方法采用

Design-Expert 8.0.6 软件根据 Box-Behnken 设计，以 MT 萃取率作为响应值进行响应面优化实验，实验所得数值如表 5-13。

表 5-13　Box-Behnken 试验设计及实验结果

试验号	X_1	X_2	X_3	Cu-MT 萃取率（%）	Zn-MT 萃取率（%）
1	−1	1	0	58.45	58.76
2	0	0	0	80.21	80.32
3	1	0	−1	71.60	71.71
4	0	1	−1	73.29	73.26
5	0	1	1	56.92	56.82
6	−1	−1	0	68.58	68.52
7	−1	0	−1	72.53	72.93
8	0	0	0	78.15	78.75
9	0	0	0	80.34	80.64
10	1	1	0	73.92	73.83
11	1	−1	0	80.95	80.85
12	0	−1	1	72.30	72.53
13	1	0	1	72.83	72.87
14	0	0	0	79.27	79.22
15	0	−1	−1	74.78	74.87
16	0	0	0	78.70	78.73
17	−1	0	1	54.65	54.95

（2）回归方程的方差分析结果

通过 Design-Expert 8.0.6 软件模拟得到 PEG 的质量分数（X_1）、$(NH_4)_2SO_4$ 的质量分数（X_2）、体系 pH（X_3）对 Cu-MT 萃取率（Y_1）和 Zn-MT 萃取率（Y_2）的二次多项回归模型方程为：

$$Y_1 = 79.33 + 5.64X_1 - 4.25X_2 - 4.44X_3 + 0.77X_1X_2 + 4.78X_1X_3 - 3.47X_2X_3 - 5.14X_1^2 - 3.72X_2^2 - 6.29X_3^2$$

$$Y_2 = 79.53 + 5.51X_1 - 4.26X_2 - 4.45X_3 + 0.68X_1X_2 + 4.79X_1X_3 - 3.53X_2X_3 - 5.15X_1^2 - 3.89X_2^2 - 6.27X_3^2$$

两方程中各因素系数绝对值大小反映了该因素对响应值的影响程度，系数的正、负反映影响的方向[43]。对两个模型进行方差分析可知，两个模型的 p 值均小于 0.0001，失拟项（$p > 0.05$）均不显著，方程决定系数 R^2 值均大于 0.9，说明所选的两个模型极为显著，模型与真实值的拟合度较高。

（3）响应面分析

双水相萃取酵母源 Cu-MT、Zn-MT 的响应面见图 5-10 和图 5-11。

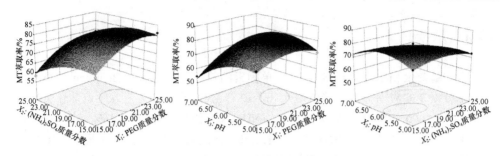

图 5-10　各因素对 Cu-MT 萃取率的影响

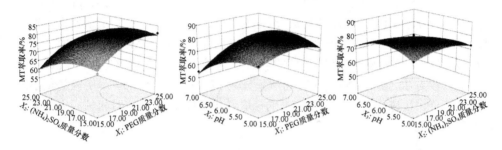

图 5-11　各因素对 Zn-MT 萃取率的影响

结合回归方程方差分析可知，各因素对 MT 萃取率影响大小为 $X_1 > X_3 > X_2$，即 PEG 质量分数对 MT 萃取率影响最大，其次为体系 pH 及 $(NH_4)_2SO_4$ 质量分数。交互相中 X_1X_3 极显著（$p < 0.001$），说明 PEG 质量分数与体系 pH 间的交互作用较强，X_2X_3 显著（$p < 0.05$），说明 $(NH_4)_2SO_4$ 质量分数与体系 pH 间具有交互作用，PEG 质量分数和 $(NH_4)_2SO_4$ 质量分数之间的交互作用不显著。

（4）确定最佳工艺条件

双水相萃取酵母源 Cu-MT 的最佳工艺条件为常温（25℃左右）PEG 2000 的质量分数为 22.50%，$(NH_4)_2SO_4$ 的质量分数 17.46%，pH 为 5.98，在此工艺条件下 MT 的萃取率可达 81.87%。在此条件下进行 3 次平行实验得到 MT 的萃取率为 81.69%。

双水相萃取酵母源 Zn-MT 的最佳工艺条件为常温（25℃左右）PEG 2000 的质量分数为 22.44%，$(NH_4)_2SO_4$ 的质量分数 17.55%，pH 为 5.97，在此工艺条件下 MT 的萃取率可达 81.99%。在此条件下进行 3 次平行实验得到 MT 的萃取率为 81.84%。

在最优条件下测得的两种 MT 的萃取率与理论值差别均较小，以上实验结果充分验证了所建模型的正确性，所以双水相萃取酵母源 MT 工艺是合理可行的。

5.3.4　小结

本实验双水相萃取酵母源 MT，在单因素的基础上采用 Box-Behnken 中心组合设计试验以及响应面分析，确定双水相萃取 Cu-MT 的最佳工艺条件为常温（25℃左右）PEG 2000 的质量分数为 22.50%，$(NH_4)_2SO_4$ 的质量分数 17.46%，pH 为 5.98，在此工艺条件下 MT 的萃取率可达 81.87%。在此条件下进行 3 次平行实验得到 MT 的萃取率为 81.69%。双水相萃取酵母源 Zn-MT 的最佳工艺条件为常温（25℃左右）PEG 2000 的质量分数为 22.44%，$(NH_4)_2SO_4$ 的质量分数 17.55%，pH 为 5.97，在此工艺条件下 MT 的萃取率可达 81.99%。在此条件下进行 3 次平行实验得到 MT 的萃取率为 81.84%。充分说明可以采用双水相系统萃取 MT，优化后的工艺条件是可行的。为简便操作建议工业化生产工艺条件设定常温（25℃左右）PEG 2000 的质量分数为 22.50%，$(NH_4)_2SO_4$ 的质量分数 17.5%，pH 为 6.0。本实验尝试了一种步骤简单、快速、适宜工业化生产的提取纯化 MT 的方法，对相关研究具有一定的参考价值。

参 考 文 献

[1]　Sauge-Merle S, Cuiné S, Carrier P, et al. Enhanced toxic metal accumulation in engineered bacterial cells expressing *Arabidopsis thaliana phytochelatin* synthase. Applied and Environmental Microbiology, 2003, 69(1): 490-494.

[2]　Valls M, Atrian S, de Lorenzo V, et al. Engineering a mouse metallothionein on the cell surface of Ralstonia eutropha CH34 for immobilization of heavy metals in soil. Nature Biotechnology, 2000, 18(6): 661-665.

[3]　Malik A. Metal bioremediation through growing cells. Environment International, 2004, 30(2): 261-278.

[4]　Ramos Ó L, Reinas I, Silva S I, et al. Effect of whey protein purity and glycerol content upon physical properties of edible films manufactured therefrom. Food Hydrocolloids, 2013, 30(1): 110-122.

[5]　Su N, Hu M L, Wu D X, et al. Disruption of a rice pentatricopeptide repeat protein causes a seedling-specific albino phenotype and its utilization to enhance seed purity in hybrid rice production. Plant Physiology, 2012, 159(1): 227-238.

[6]　Dobbs L G, Gonzalez R, Williams M C. An improved method for isolating type II cells in high yield and purity 1-3. American Review of Respiratory Disease, 1986, 134(1): 141-145.

[7]　Burgess R R. A new method for the large scale purification of *Escherichia coli* deoxyribonucleic acid-dependent ribonucleic acid polymerase. Journal of Biological Chemistry, 1969, 244(22): 6160-6167.

[8]　Levison P R. Large-scale ion-exchange column chromatography of proteins: Comparison of

different formats. Journal of Chromatography B, 2003, 790(1): 17-33.

[9]　Svec F, Frechet J M J. Modified poly(glycidyl metharylate-co-ethylene dimethacrylate) continuous rod columns for preparative-scale ion-exchange chromatography of proteins. Journal of Chromatography A, 1995, 702(1): 89-95.

[10]　Arvidsson P, Plieva F M, Savina I N, et al. Chromatography of microbial cells using continuous supermacroporous affinity and ion-exchange columns. Journal of Chromatography A, 2002, 977(1): 27-38.

[11]　Laurie A T R, Jackson R M. Q-SiteFinder: An energy-based method for the prediction of protein–ligand binding sites. Bioinformatics, 2005, 21(9): 1908-1916.

[12]　Škutková, Helena, Babula P, Stiborova M, et al. Structure, Polymorphisms and Electrochemistry of Mammalian Metallothioneins - A Review. International Journal of Electrochemical Science, 2012, 7(7): 12415-12431.

[13]　Vašák M. Criteria of purity for metallothioneins. Methods in Enzymology, 1991, 205: 44-47.

[14]　Grider A, Kao K J, Klein P A, et al. Enzyme-linked immunosorbent assay for human metallothionein: Correlation of induction with infection. Journal of Laboratory and Clinical Medicine, 1989, 113(2): 221-228.

[15]　Cols N, Romero-Isart N, Capdevila M, et al. Binding of excess cadmium(II)to Cd 7-metallothionein from recombinant mouse Zn 7-metallothionein 1. UV-VIS absorption and circular dichroism studies and theoretical location approach by surface accessibility analysis. Journal of Inorganic Biochemistry, 1997, 68(3): 157-166.

[16]　Vergani L, Grattarola M, Dondero F, et al. Expression, purification, and characterization of metallothionein-A from rainbow trout. Protein Expression and Purification, 2003, 27(2): 338-345.

[17]　Metallothionein I V, Klaassen C. A role of hepatic metallothionein on mercury distribution in fetal guinea pigs after in utero exposure to mercury vapor. Metallothionein IV, 2012: 325.

[18]　Matheus R B, Nimnara Y, Metha M, et al. Metallothionein deficiency impacts copper accumulation and redistribution in leaves and seeds of Arabidopsis. New Phytologist, 2014, 202(3): 940-951.

[19]　Ruttkay-Nedecky B, Nejdl L, Gumulec J, et al. The role of metallothionein in oxidative stress. International Journal of Molecular Sciences, 2013, 14(3): 6044-6066.

[20]　Samaranayake Y H, Cheung B P K, Wang Y, et al. Fluconazole resistance in *Candida glabrata* is associated with increased bud formation and metallothionein production. Journal of Medical Microbiology, 2013, 62(Pt 2): 303-318.

[21]　Hegelund J N, Schiller M, Kichey T, et al. Barley metallothioneins: MT3 and MT4 are localized in the grain aleurone layer and show differential zinc binding. Plant Physiology, 2012, 159(3): 1125-1137.

[22]　Li A H, Zhou M M, Zhang J. Effects of allicin on learning memory ability and anti-oxydation potential of brain tissue by lead poisoned mice. Chinese Journal of Gerontology, 2011, 31: 4825-4826.

[23]　马春宏, 朱红, 王良, 等. 双水相萃取技术的应用研究进展. 光谱实验室, 2010, 27(5):

1906-1913.

[24] 王巍杰, 徐长波. 双水相萃取藻蓝蛋白的研究. 食品工程, 2010, 5: 92-94.

[25] Berton P, Monasterio R P, Wuilloud R G. Selective extraction and determination of vitamin B12 in urine by ionic liquid based aqueous two-phase system prior to high-performance liquid chromatography. Talanta, 2012, 97: 521-526.

[26] Buchanan-Wollaston V. Isolation of cDNA clones for genes that are expressed during leaf senescence in Brassica napus(identification of a gene encoding a senescence-specific metallothionein-like protein). Plant Physiology, 1994, 105(3): 839-846.

[27] Cai Y, Jiang G, Liu J, et al. Multiwalled carbon nanotubes as a solid-phase extraction adsorbent for the determination of bisphenol A, 4-n-nonylphenol, and 4-tert-octylphenol. Analytical Chemistry, 2003, 75(10): 2517-2521.

[28] Lemos V A, Teixeira L S G, Bezerra M A, et al. New materials for solid‐phase extraction of trace elements. Applied Spectroscopy Reviews, 2008, 43(4): 303-334.

[29] Baudrimont M, Andrès S, Metivaud J, et al. Field transplantation of the freshwater bivalve Corbicula fluminea along a polymetallic contamination gradient(river Lot, France): II. Metallothionein response to metal exposure. Environmental Toxicology and Chemistry, 1999, 18(11): 2472-2477.

[30] 成玉梁, 姚卫蓉. 产金属硫蛋白(Cu-MT)酿酒酵母诱导条件优化. 中国酿造, 2008(18): 12-13.

[31] 苗兰兰, 张东杰, 王颖. 复合诱变高产金属硫蛋白酵母菌株的筛选. 食品科学, 2013, 19: 261-264.

[32] 李冰, 王颖, 徐炳政, 等. 超声波辅助提取酵母源类金属硫蛋白工艺的优化. 食品与机械, 2014, 03: 194-197+205.

[33] 张喜峰, 冯蕾蕾, 赵玉丽, 等. 响应面优化葡萄籽中原花青素的双水相萃取条件. 食品工业科技, 2014, 07: 227-231.

[34] 张晓梅, 吴杰, 盛玮. 双水相体系分离纯化黑糯玉米色素的研究. 园艺与种苗, 2013, 03: 42-46.

[35] 苗兰兰. 产金属硫蛋白菌株的诱变育种及蛋白的分离提纯. 大庆: 黑龙江八一农垦大学硕士论文, 2013.

[36] Ryser H J, Levy E M, Mandel R, et al. Inhibition of human immunodeficiency virus infection by agents that interfere with thiol-disulfide interchange upon virus-receptor interaction. Proceedings of the National Academy of Sciences, 1994, 91(10): 4559-4563.

[37] Maeda H, Matsuno H, Ushida M, et al. 2, 4‐Dinitrobenzenesulfonyl Fluoresceins as Fluorescent Alternatives to Ellman's Reagent in Thiol‐Quantification Enzyme Assays. Angewandte Chemie, 2005, 117(19): 2982-2985.

[38] Cascone O, Andrews B A, Asenjo J A. Partitioning and purification of thaumatin in aqueous two-phase systems. Enzyme and microbial technology, 1991, 13(08): 629-635.

[39] 齐玉. 双水相萃取技术分离提取谷氨酸脱羧酶的研究. 哈尔滨: 东北农业大学硕士论文. 2013.

[40] 李明春, 李登文, 胡国武, 等. 酵母菌类金属硫蛋白的分离纯化及性质鉴定. 菌物系统, 2001, 02: 214-221.

[41] Trnková L, Kizek R, Vacek J. Catalytic signal of rabbit liver metallothionein on a mercury electrode: a combination of derivative chronopotentiometry with adsorptive transfer stripping. Bioelectrochemistry, 2002, 56(1): 57-61.

[42] Wilhelmsen T W, Olsvik P A, Andersen R A. Metallothioneins from horse kidney studied by separation with capillary zone electrophoresis below and above the isoelectric points. Talanta, 2002, 57(4): 707-720.

[43] 戴喜末, 熊子文, 罗丽萍. 响应面法优化野艾蒿多糖的超声波提取及其抗氧化性研究. 食品科学, 2011, 32(08): 93-97.

第6章 酵母源金属硫蛋白的结构解析及其分析影响因素

6.1 酵母源金属硫蛋白的氨基酸组成分析和二级结构的分析与成分解析

机体在新陈代谢过程中会产生过氧化氢、超氧阴离子、羟基自由基等多种氧自由基[1~5]。这些自由基的积累会对机体造成氧化损伤从而引起衰老、肿瘤、糖尿病等慢性疾病[6~8]。因此及时阻断自由基的连锁反应，对疾病的发生起到预防作用。研究表明某些特殊的小分子蛋白质具有很强的抗氧化活性，因其分子质量小、易吸收，在体内能通过减少各种自由基和抑制脂质过氧化而具有抗氧化、抗衰老等功能和作用[9~13]。

本实验以 Zn^{2+} 诱导酵母菌产生金属硫蛋白[14, 15]，通过双水相萃取、离子交换层析、透析除盐分离纯化得到 MT-I、MT-II 两个亚型，分别对其总还原能力、DPPH自由基清除能力、羟基自由基清除能力以及对脂质过氧化作用的抑制能力进行分析。采用红外光谱和拉曼光谱技术解析其二级结构，为研究酵母源金属硫蛋白的抗氧化活性与结构的关系奠定理论基础。

6.1.1 材料与设备

1. 材料与试剂

抗坏血酸	天津市瑞金特化学品有限公司
硫酸亚铁	天津市耀华化工厂
三氯化铁	天津市耀华化工厂
铁氰化钾	北京化工厂
BF_3-甲醇	美国 Sigma 公司
1,1-二苯基-2-三硝基苯肼（DPPH）	Fluka 公司
正己烷	天津市耀华化工厂
无水乙醇	南京化学试剂有限公司
氯化铁	南京化学试剂有限公司

邻苯三酚	南京化学试剂有限公司
乙腈	美国 Sigma 公司
醋酸钠	天津市耀华化工厂
30% H_2O_2	天津市凯通化学试剂有限公司

2. 仪器与设备

HD-3 紫外检测器	上海沪西分析仪器有限公司
HL-2D 型恒流泵	上海精科实业有限公司
电热恒温培养箱	上海森信实验仪器有限公司
HD-A 电脑采集器	上海沪西分析仪器有限公司
DBS-100 自动收集器	上海沪西分析仪器有限公司
3.0 cm×90 cm、1.5 cm×20 cm 层析柱	上海煊盛生化科技有限公司
AR2140 电子分析天平	梅特勒-托利多仪器有限公司
SIM-F124 制冰机	SANYO 公司
紫外可见分光光度计	北京普析通用仪器有限公司
超低温冰箱	美国 Thermo 公司
TGL-16B 高速离心机	上海安亭科技仪器厂
HH.SY11 电热恒温水浴锅	天津市中环实验电炉有限公司
D-30 石英比色皿	天津市科威仪器有限公司
XE3- WH-2 漩涡振荡器	北京中西泰安技术服务有限公司
MAGNA-IR5 傅里叶红外光谱系统	美国尼高力公司
PerkinElmer Raman Station 400 拉曼光谱仪	美国 PE 公司

6.1.2　实验方法

1. 酵母源 MT 的分离纯化

（1）Zn-MT 的诱导合成及粗提液的制备

将实验室保存的酿酒酵母菌按 2%的接菌量接至活化培养基（YPD）中，30℃，24 h 摇床活化，再按 2%接菌量将活化种子液分别接入含 0.7 mmol/L $CuCl_2$ 和 $ZnCl_2$ 的诱导培养基（YEPD）中，30℃，48 h 摇床培养。然后在 3000 r/min 转速下离心 25 min，去上清液收集菌体，菌体与 0.01 mol/L Tris-HCl（pH8.6）缓冲液按 1∶15 的体积比充分混匀，冰浴下超声波破壁处理混合液，275 W，30 min。离心收集上清液，80℃水浴中热变性 8 min，迅速冷却后离心收集上清液，分别得到 Cu-MT 和 Zn-MT 的粗蛋白提取液。

（2）双水相萃取 Zn-MT

工艺条件设定常温（25℃左右）PEG 2000 的质量分数为 22.5%，$(NH_4)_2SO_4$ 的质量分数 17.5%，pH 为 6.0[16]。

（3）离子交换层析、透析除盐

先对 DEAE-52 纤维素进行溶胀处理、装入 1.5 cm×20 cm 层析柱，将上述 MT 的组分上样于 DEAE-52 柱，进行层析分离。柱预先经 0.01 mol/L pH8.6 的 Tris-HCl 充分平衡，用 NaCl 梯度洗脱，终浓度为 0.3 mol/L，流速为 0.8 ml/min，收集吸光度 $A_{220} > A_{280}$ 的蛋白组分[17~19]。将收集液分别用蒸馏水透析 24 h 除盐，其间更换 6-8 次透析液[20~23]。最后冷冻干燥成粉，−20℃保存。

2. 酵母源 MT 结构解析

（1）分子质量的测定

采用 SDS-PAGE 电泳法[24~28]。

（2）氨基酸含量测定

样品加 6.0 mol/L 恒沸 HCl 于水解管中抽真空封口，110℃水解 24 h 用 pH2.2 缓冲液溶解后上机分析。

（3）红外光谱分析

将冻干样品置于干燥器内用 P_2O_5 充分干燥，称取样品 1 mg，与 100 mg 溴化钾研磨混匀压片测定 FTIR。在数据采集期间，为了减少水蒸气 IR 吸收的干扰，持续用干燥的 N_2 淋洗测量室。在与样品测定完全相同的条件下在室温敞开状态收集空气背景。测定在波数范围为 400～4000/cm 的吸收光谱，分辨率 4/cm，波数精度 0.01/cm，扫描次数 64 次，环境温度 25℃。

测定的数据首先用 Excel 做初步处理，变成相应的格式之后，导入 Peakfit 软件中，通过去卷积提高分辨率，得到去卷积的图谱，然后二阶求导，在二阶导数谱基础上采用 Gauss 分峰拟合，估算出子峰的个数和位置，手动调整各子峰的峰高和半峰宽，多次拟合使残差最小（$R^2 \geq 0.999$），确保重叠谱带可完全分辨，确定各子峰与各个二级结构单元的对应关系后，根据积分面积计算金属硫蛋白各二级结构组分的相对含量。各子峰与二级结构对应关系为：1610～1640/cm 为 β 折叠；1640～1650/cm 为无规则卷曲；1650～1660/cm 为 α 螺旋；1660～1700/cm 为 β 转角。

（4）拉曼光谱分析

拉曼光谱测定条件：将金属硫蛋白分散在相应的 pH 缓冲液中配制成 100 mg/ml

溶液进行拉曼实验，激发光波长 785 nm，发射功率 300 mW，测量拉曼谱范围为 600～1800/cm。每个样品都重复扫描 3 次以上，各样品的拉曼谱图都由计算机做信号累加平均并绘图输出，峰位误差小于±3/cm。

图谱处理：拉曼图谱基线校正、归属采用 ACD Labs V12 软件，归一化处理以苯丙氨酸的 1004/cm 为内标，以此作为各拉曼峰强度变化的依据，谱图拟合采用 Origin 8.0 软件。

6.1.3　结果与讨论

1. DEAE-52 纤维素离子交换层析纯化 MT

由图 6-1 可以看出，经离子交换层析分离后，得到两个蛋白峰 280 nm 的吸收峰都低于 220 nm 处吸收峰，且金属硫蛋白含量都较高，初步确定为金属硫蛋白两个亚型。分别收集这两个蛋白峰并进行透析袋透析脱盐 24 h。将收集液进行冷冻干燥，测定其金属硫蛋白含量。得到第一个蛋白峰中 MT 的含量为 935 mg/g，第二个蛋白峰中 MT 的含量为 927 mg/g。可见，纯度都在 90% 以上。根据文献报道在溶液中由于 MT-I 比 MT-II 少一个负电荷，所以 MT-I 比 MT-II 先出峰，所以确定第一个峰为 MT-I，第二个峰为 MT-II。

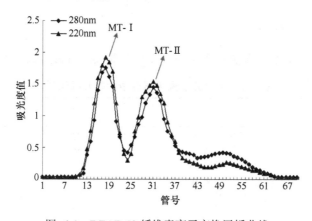

图 6-1　DEAE-52 纤维素离子交换层析曲线

2. 酵母源 MT 结构分析

（1）SDS-PAGE 凝胶电泳表观分子质量的测定

将经 DEAE-52 纤维素离子交换层析分离后的两蛋白峰冻干样品进行适当稀释后，进行凝胶电泳分析，测得其表观分子质量，如图 6-2 所示。根据低分子质量标准蛋白曲线，酵母源金属硫蛋白的两个亚型分子质量为 7.9 kDa，与文献报道在 6～10 kDa 左右相吻合。

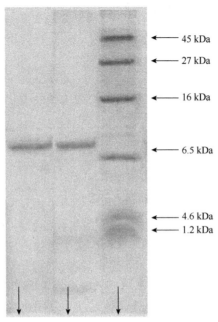

MT- I　　　　MT- II　　低分子量蛋白标志物

图 6-2　纯化后 MT 的电泳图

（2）氨基酸组成分析

由表 6-1 可知，酵母源金属硫蛋白主要由脂肪族氨基酸组成，含有少量芳香族

表 6-1　酵母源金属硫蛋白中的氨基酸组成

氨基酸		MT-I 含量（%）	MT-II 含量（%）
脂肪族氨基酸	半胱氨酸 Cys	30.68	23.32
	天冬氨酸 Asp	9.58	6.74
	苏氨酸 Thr	3.15	3.26
	丝氨酸 Ser	7.10	13.40
	甘氨酸 Gly	3.81	5.40
	甲硫氨酸 Met	0.10	0.10
	亮氨酸 Leu	0.62	0.43
	缬氨酸 Val	0.83	0.77
	异亮氨酸 Ile	0.55	0.47
	丙氨酸 Ala	0.81	0.78
	赖氨酸 Lys	14.22	17.25
	精氨酸 Arg	11.70	10.48
芳香族氨基酸	苯丙氨酸 Phe	1.71	2.11
杂环族氨基酸	组氨酸 His	2.75	2.92
	脯氨酸 Pro	3.19	2.91
总量		90.80	90.34

及杂环族氨基酸，其中富含半胱氨酸，与其他来源金属硫蛋白类似[29~31]，但酵母源 MT-I 中半胱氨酸含量可达 30.68%，高于哺乳动物金属硫蛋白（20%）。经过分析，两种 MT 总氨基酸含量相似，平均氨基酸含量达 90.62%，因此表明实验的优化效果良好，对 MT 的含量提纯度较高，符合多数研究用金属硫蛋白的纯度要求。由于金属硫蛋白主要生物学功能来自于半胱氨酸构成的巯基，由此推测，酵母源金属硫蛋白的部分生物学功能可能强于其他来源金属硫蛋白[32, 33]。

（3）红外光谱分析

图 6-3、图 6-4 分别为 MT-I 和 MT-II 的红外谱图。

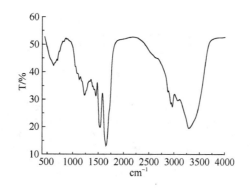

图 6-3　MT-I 的红外谱图

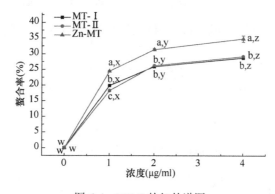

图 6-4　MT-II 的红外谱图

酰胺 I 带的谱峰指认研究较多存在一些小的差别。通过对试验结果的计算和对文献的分析，通常采用以下指认范围：1615～1637/cm 和 1682～1700/cm 为 β 折叠结构；1646～1664/cm 为 α 螺旋结构；1637～1645/cm 为无规则卷曲结构；1664～1681/cm 为 β 转角结构[34, 35]。MT-I 和 MT-II 在酰胺 I 带吸收峰的波数均为 1657/cm，但 MT-I 的峰宽比 MT-II 的小，峰形也有所不同，MT-I 更尖锐一些。在酰胺 III 带区域内，图中可以看出 MT-II 有三个强度较小的峰，波数分别为 1330/cm、1179/cm 和 1236/cm，而 MT-I 只有一个波数为 1351/cm 的峰。由此看来，两种 MT 主链结构是有一些区别的。

在蛋白质的红外图谱中，蛋白质二级结构信息重叠在酰胺 I 带里，可以利用波段缩小技术将 FT-IR 图谱中的酰胺 I 带细分，得到蛋白质的 α 螺旋，β 折叠，无规则结构，β 转角等二级结构的定性定量信息。蛋白质二级结构的定量方式有多种，其中二阶导数 IR 去卷积光谱拟合分析结果较为准确[36]。蛋白质酰胺 I 带在二阶导数光谱中的相应位置归属面积与对应结构模式相对含量呈正相关。样品的酰胺 I 带去卷积二阶导数谱如图 6-5、图 6-6 所示。

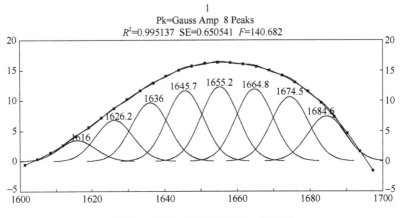

图 6-5 MT-I 的去卷积二阶导数谱

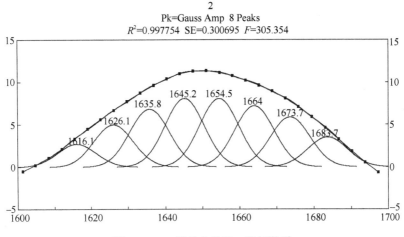

图 6-6 MT-II 的去卷积二阶导数谱

表 6-2 是不同亚型酵母源金属硫蛋白样品二级结构的定量计算。由表 6-2 可知，与 MT-II 相比，MT-I 的 α 螺旋结构含量相对较低，但具有较高含量的 β 构象，β 构象包括 β 折叠和 β 转角，但无规则卷曲结构含量较低一些。原因可能是 MT-I、MT-II 的电荷分布不同影响其表面电势及其结构的稳定性，纯化过程中随着层析时间的延长一些小肽被洗脱掉等都会使蛋白的部分有序结构转变成无序结构。

表 6-2　金属硫蛋白两个亚型的二级结构定量计算

MT	二级结构			
	α 螺旋	β 折叠	β 转角	无规则卷曲
MT-I	16.65	51.45	16.15	15.75
MT-II	17.10	50.53	15.25	17.12

（4）拉曼光谱分析

图 6-7、图 6-8 分别为 MT-I 和 MT-II 的拉曼谱图。

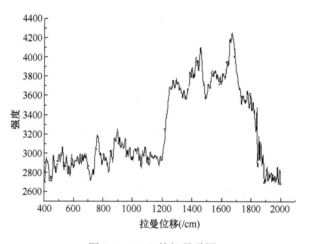

图 6-7　MT-I 的拉曼谱图

分离后的两种 MT 亚型的拉曼光谱具有明显的不同，在酰胺 I 带范围内，MT-I 的拉曼位移是 1662/cm，MT-II 的拉曼位移是 1676/cm。在酰胺 III 带区域中，MT-I 和 MT-II 峰的数量有所不同，峰值对应于其他结构的位置也不同的。因此，该肽链的二级结构是不完全一样的，这反映在红外和拉曼光谱峰处，酰胺 I 和酰胺 III 的波数和强度较差。

样品的去卷积二阶导数谱如图 6-9、图 6-10 所示，由于红外光谱是极性光谱，而拉曼光谱是非极性光谱，两者的测算方式也不同，所以分析出来的二级结构百分含量会有所不同。表 6-3 是不同亚型酵母源金属硫蛋白样品二级结构的定量计算。

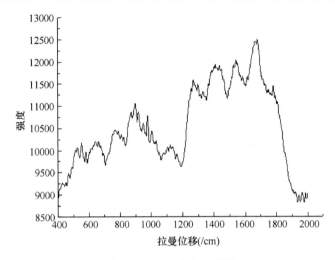

图 6-8　MT-II 的拉曼谱图

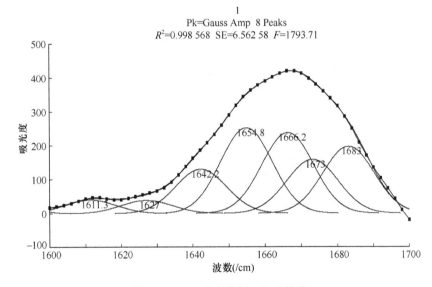

图 6-9　MT-I 的去卷积二阶导数谱

表 6-3　金属硫蛋白两个亚型的二级结构定量计算

MT	二级结构			
	α 螺旋	β 折叠	β 转角	无规则卷曲
MT-I	29.82	18.70	23.31	28.17
MT-II	29.17	22.55	21.77	26.51

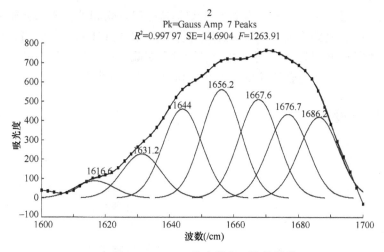

图 6-10　MT-II 的去卷积二阶导数谱

6.1.4　小结

本实验以酵母菌为出发菌株，经 Zn^{2+} 诱导、超声波破碎细胞壁并辅以双水相萃取及离子交换层析透析分离纯化得到两个蛋白峰，其中 MT 含量分别为 935 mg/g、927 mg/g，纯度大于 90%。通过鉴定，初步确定两个蛋白峰为酵母细胞产生的金属硫蛋白的两个亚型 MT-I、MT-II，以此酵母源两种 MT 亚型作为研究对象，分别研究了其总还原能力、DPPH 自由基清除能力、羟自由基的清除能力、脂质过氧化作用的抑制能力。结果表明，经双水相萃取、离子交换层析透析分离纯化出得到两个蛋白峰中 MT 含量分别为 935 mg/g、927 mg/g，纯度大于 90%。金属硫蛋白的两个亚型 MT-I 和 MT-II 对羟自由基均有一定的清除能力，且同等浓度的情况下强于 V_C 对自由基的清除能力，金属硫蛋白的两种亚型相比，MT-I 的清除能力比 MT-II 稍强一些；对 DPPH 自由基也有一定的清除能力，但低于 V_C 对其的清除能力；金属硫蛋白两亚型均具有较强还原能力和对脂质过氧化的抑制能力，V_C 与金属硫蛋白两个亚型还原能力和对脂质过氧化抑制能力大小为：MT-I＞ MT-II＞V_C。在光谱的分子结构中两个 MT 构型之间的差异主要体现在酰胺 I 带和酰胺 III，即振动的主链由红外和拉曼光谱确认其特性。其结果与检测出的荧光光谱一致，所以在肽链的二级结构这种差异可能是不同 MT 亚型功能差异的主要原因。

6.2　不同诱变因素对酵母源金属硫蛋白二级结构的影响

金属硫蛋白是清除自由基及抗氧化作用最强的物质之一，其清除羟基自由基（·OH）的能力约为超氧化物歧化酶（SOD）的 100 倍，而清除氧自由基（·O_2^-）的能力约是谷胱甘肽（GSH）的 25 倍[37~39]。金属硫蛋白的抗氧化活性与其来源、加工条件、加工方法有关，且与理化性质、结构特征等密切相关。本部分研究拟选择工业化生产中主要影响因素 pH，通过拉曼光谱法研究 pH 对金属硫蛋白的结构和抗氧化活性的影响机制，从而可进一步探讨金属硫蛋白二级结构与抗氧化活性之间的构效关系，以期为金属硫蛋白的开发利用提供理论依据。

6.2.1　材料与设备

1. 材料与试剂

酵母源金属硫蛋白	实验室自制
抗坏血酸	天津市瑞金特化学品有限公司
硫酸亚铁	天津市耀华化工厂
三氯化铁	天津市耀华化工厂
铁氰化钾	北京化工厂
BF_3-甲醇	美国 Sigma 公司
DPPH	Fluka 公司
正己烷	天津市耀华化工厂
无水乙醇	南京化学试剂有限公司
氯化铁	南京化学试剂有限公司
邻苯三酚	南京化学试剂有限公司
乙腈	美国 Sigma 公司
醋酸钠	天津市耀华化工厂
30% H_2O_2	天津市凯通化学试剂有限公司

2. 仪器与设备

AR2140 电子分析天平	梅特勒-托利多仪器有限公司
紫外可见分光光度计	北京普析通用仪器有限公司
超低温冰箱	美国 Thermo 公司
TGL-16B 高速离心机	上海安亭科技仪器厂
HH.SY11 电热恒温水浴锅	天津中环实验电炉有限公司
D-30 石英比色皿	天津市科威仪器有限公司
XE3- WH-2 漩涡振荡器	北京中西泰安技术服务有限公司
MAGNA-IR5 傅里叶红外光谱系统	美国尼高力公司
PerkinElmer Raman Station 400 拉曼光谱仪	美国 PE 公司

6.2.2　实验方法

1. 抗氧化活性测定

（1）总还原能力的测定

采用 Oyaizu 法，略有改动[40]。取不同 pH 的 1 ml 50 μg/ml 浓度的样品溶液于试管中，依次加入 2.5 ml 的 PBS 缓冲溶液（0.2 mol/L pH6.6）和 2.5 ml1%的 $K_3[Fe(CN)_6]$溶液，充分混匀，在 50℃水浴环境中充分反应 20 min 后，迅速冷却，再加入 2.5 ml 10%的 TCA，于 3000 r/min 离心 10 min。去沉淀，取上清液 2 ml，依次加入 2 ml 蒸馏水和 0.4 ml 0.1%的$FeCl_3$，充分混合，静置 10 min，然后在波长为 700 nm 处进行比色。以水为空白对照，吸光值越大表示还原能力越强。每个样品测三次，取平均值，以 V_C 做阳性对照。

（2）DPPH 自由基清除能力的测定

采用 DPPH 氧化法进行测定[41, 42]。取不同 pH 的 1 ml 50 μg/ml 浓度的样品溶液及同浓度的 V_C 溶液，准确量取 0.1 ml 待测样品的甲醇溶液于试管中，在向试管中加入 1 ml 的 DPPH 甲醇溶液（浓度为 25 mg/L），混匀后静置半小时，以溶剂为空白对照，于 517 nm 处测定吸光度值，吸光度记为 A_i。同样准确量取 0.1 ml 溶剂于试管中，加入 4 ml DPPH 甲醇溶液混合均匀后静置 10 min，进行吸光度测定记为 A_C，以 V_C 为阳性对照，每个试验样品测三次取平均值，按照以下公式计算自由基清除率。

$$样品对 DPPH 自由基的清除率 = \frac{A_C - A_i}{A_C} \times 100\% \tag{6-1}$$

（3）羟自由基的清除率的测定

采用 Fenton 法进行测定[43]。取 2 ml 不同 pH 的 MT 试样于试管中，分别加入同等体积的 2 mmol/L 的 $FeSO_4$ 溶液、6 mmol/L 的 H_2O_2 溶液、2 mmol/L 的 $FeSO_4$ 溶液以及 6 mmol/L 的水杨酸溶液，充分混匀，在 37℃水浴中保持 15 min。冷却后于 510 nm 处进行吸光度值的测定，每个试样测定三次取平均值，以 V_C 作为阳性对照，清除率计算公式如下：

$$羟基自由基清除率 = \frac{A_0 - (A_s - A_x)}{A_0} \times 100\% \tag{6-2}$$

其中，A_0 为空白对照，不加 MT 试样时的吸光度；A_s 为不同浓度 MT 试样的吸光度；A_x 为不加水杨酸时 MT 试样的吸光度。

（4）抑制脂质过氧化作用的测定

采用硫代巴比妥酸（TBA）法进行测定[44, 45]。取不同浓度的 pH 样品溶液，加入到亚油酸乙醇溶液（体积分数 2.5%）中，混匀后，于 40℃恒温培养箱中进行培养 24 h，取 1 ml 于试管中，加入 1 ml 20%三氯乙酸，静置 10 min 后，再加入 2 ml 0.38%的硫代巴比妥酸混匀，置于沸水浴中 20 min，加热后取出流水冷却后，再加入 4 ml 正丁醇，混匀后 3000 r/min 转速离心 10 min，取上清液在 532 nm 测定吸光度值 A，每个试样测定三次取平均值，以 V_E 作为阳性对照，以加双蒸水做空白对照，吸光度为 A_0，待测样品的抗氧化活性以抑制率表示：

$$抑制率 = \frac{A_0 - A}{A_0} \times 100\% \qquad (6\text{-}3)$$

2. 酵母源 MT 结构解析

（1）拉曼光谱分析

将 MT-I 干粉溶解在 NaH_2PO_4-Na_2HPO_4 缓冲液中，分别配成浓度为 5 mg/ml 的不同 pH 的 MT-I 溶液。检测它们各自的拉曼光谱，检测条件为激光波长：1064 nm；功率：600 mW；增益：8；扫描次数：64 次。

（2）蛋白质中各结构含量的计算方法

由于拉曼光谱为单光束检测技术，因此要定量比较不同谱图中相应结构的含量，需要选择合适的内标。本文选择 1390～400/cm 范围内 C-H 弯曲振动峰为参考峰，用峰的积分面积（A_i）代表峰强，计算各谱峰的积分面积与参考峰的积分面积（$A_标$）的比，用来代表各谱峰的相对峰强。

$$I_i = A_i / A_标 \qquad (6\text{-}4)$$

再对三种二级结构和三种 Cys 异构体对应的相对峰强（I_i）进行归一化处理，得到每种结构的含量（f_i）。

$$f_i = I_i / \Sigma I_i \qquad (6\text{-}5)$$

6.2.3 结果与讨论

1. pH 对酵母源 MT 抗氧化活性的影响

由图 6-11 所示，pH3.0～7.0 处理样品对 DPPH 自由基清除效果较好，碱性条件下清除率较小。随着 pH 的增加，样品还原能力呈现先增大后减小趋势，总体

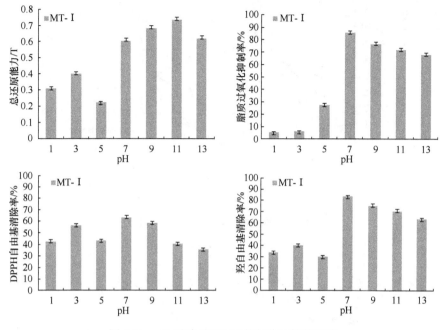

图 6-11　pH 对酵母源 MT 抗氧化活性的影响

效果呈现碱性条件下样品的还原能力较大的现象。酸性条件下，样品失去这两种抗氧化能力，而中性和碱性条件下样品抗氧化能力较好。研究表明，溶液 pH 可影响蛋白质的空间构象，酸性条件可使蛋白质的极性氨基酸暴露，阻碍疏水性氨基酸和抗氧化性氨基酸发挥抗氧化活性，而碱性条件有助于上述氨基酸残基的抗氧化活性。因此，碱性条件下，金属硫蛋白的还原能力、清除羟基自由基能力和抑制脂质过氧化能力能较稳定地发挥出来。总体来看，中性和碱性条件下样品的抗氧化活性较好。在酸性条件下，MT 对脂质过氧化的抑制能力显著降低。

2. pH 对酵母源 MT 二级结构的影响

图 6-12 所示为不同 pH 条件下二级结构含量的变化。

Zn-MT 在不同 pH 下存在不同的折叠状态。从图 6-12 中可以看出，pH 增加至 3.0 以后，增加了规则结构，无规则结构相应减少，说明此时 MT-I 已开始折叠，但随 pH 的增加，二级结构含量呈现非线性变化，而是在 pH5.0 条件时出现极值点，其对应的状态中规则结构含量最多，无规则结构含量最少，此现象说明 pH5.0 条件下 MT 可折叠成稳定的中间态。

不同 pH 条件下 Cys 异构体含量的变化如图 6-13 所示。

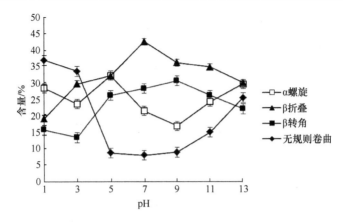

图 6-12 不同 pH 条件下二级结构含量

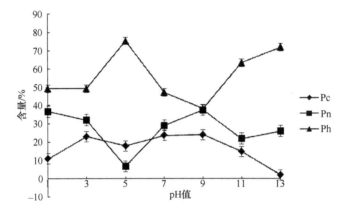

图 6-13 不同 pH 条件下 Cys 异构体含量

Pc、Pn 和 Ph 分别是 Cys 的 C—S 键旋转产生的异构体

结合拉曼光谱检测 C-S 伸缩振动峰的峰位和强度的变化可反映折叠过程中 Cys 侧链构象变化，进而可判断 Cys 与金属离子的键合情况。随 pH 的升高，Pc 的含量先增加，到 pH3.0 时达极大值；Ph 在 pH=3.0 时开始增加，到 pH5.0 时达最大值；而 Pn 含量在 pH5.0 时出现极小值。结果说明空间张力的限制可能导致了规则二级结构减少的现象。此后，随 pH 的增加，某种 Cys 异构体含量的增加都会引起其所在主链对应的二级结构含量的增加。

6.2.4 小结

通过不同 pH 处理抗氧化能力较强的 MT-I，实验结果表明中性和碱性 pH 条件下样品的抗氧化活性较好。酸性 pH 条件下，MT 抑制脂质过氧化能力显著降低。

酸性 pH 范围内，除 pH 为 5.0 外（等电点附近），随着 pH 升高，金属硫蛋白的抗氧化能力呈上升趋势，金属硫蛋白规则结构（α 螺旋、β 折叠、β 转角）的含量随 pH 升高而增大。当 pH 在碱性范围内，随着 pH 升高，金属硫蛋白无规则卷曲含量升高，抗氧化能力随之呈下降趋势。不同 pH 作用于金属硫蛋白时其 β 折叠结构含量变化最大，Cys 异构体 Ph 的变化趋势与其相近，初步判定，β 折叠及 Cys 异构体 Ph 含量的变化可能引起金属硫蛋白抗氧化能力变化。

参 考 文 献

[1] Wilt T J, Brawer M K, Jones K M, et al. Radical prostatectomy versus observation for localized prostate cancer. New England Journal of Medicine, 2012, 367(3): 203-213.

[2] Beckwith A L J, Ingold K U. Free-radical rearrangements. Rearrangements in Ground and Excited States, 2013, 1: 161-310.

[3] Matyjaszewski K. Atom transfer radical polymerization(ATRP): Current status and future perspectives. Macromolecules, 2012, 45(10): 4015-4039.

[4] Mei M Q, Laursen K, Atuahene-Gima K. Learning to innovate: How does ambidextrous learning matter to radical and incremental innovation capabilities. 35th DRUID Celebration Conference 2013, 2013: 17-19.

[5] Moad G, Rizzardo E, Thang S H. Living radical polymerization by the RAFT process: A third update. Australian Journal of Chemistry, 2012, 65(8): 985-1076.

[6] Sharma P, Jha A B, Dubey R S, et al. Reactive oxygen species, oxidative damage, and antioxidative defense mechanism in plants under stressful conditions. Journal of Botany, 2012, 2012.

[7] Zhao W, Diz D I, Robbins M E. Oxidative damage pathways in relation to normal tissue injury. The British JOurnal of Radiology, 2007, 80(1): S23-31.

[8] Selman C, Blount J D, Nussey D H, et al. Oxidative damage, ageing, and life-history evolution: Where now. Trends in Ecology and Evolution, 2012, 27(10): 570-577.

[9] Dunning S, Rehman A U, Tiebosch M H, et al. Glutathione and antioxidant enzymes serve complementary roles in protecting activated hepatic stellate cells against hydrogen peroxide-induced cell death. Biochimica et Biophysica Acta(BBA)—Molecular Basis of Disease, 2013, 1832(12): 2027-2034.

[10] Ohta S. Molecular hydrogen is a novel antioxidant to efficiently reduce oxidative stress with potential for the improvement of mitochondrial diseases. Biochimica et Biophysica Acta(BBA)—General Subjects, 2012, 1820(5): 586-594.

[11] Qenaei A A, Yiakouvaki A, Reelfs O, et al. Role of intracellular labile iron, ferritin, and antioxidant defense in resistance of chronically adapted Jurkat T cell to hydrogen peroxide. Free Radical Biology and Medicine, 2014, 68: 87-100.

[12] Hou Y, Wang J, Jin W, et al. Degradation of Laminaria japonica fucoidan by hydrogen peroxide and antioxidant activities of the degradation products of different molecular weights. Carbohydrate Polymers, 2012, 87(1): 153-159.

[13] Yalcin A D, Gorczynski R M, Parlak G E, et al. Total antioxidant capacity, hydrogen peroxide, malondialdehyde and total nitric oxide concentrations in patients with severe

persistent allergic asthma: its relation to omalizumab treatment. Clinical Laboratory, 2012, 58(1-2): 89-96.

[14] 李靖元. 假丝酵母菌筛选及金属硫蛋白制备工艺研究. 大庆: 黑龙江八一农垦大学硕士学位论文, 2013.

[15] 苗兰兰, 张东杰, 王颖. 复合诱变高产金属硫蛋白酵母菌株的筛选. 食品科学, 2013, 19: 261-264.

[16] Cláudio A F M, Ferreira A M, Freire C S R, et al. Optimization of the gallic acid extraction using ionic-liquid-based aqueous two-phase systems. Separation and Purification Technology, 2012, 97: 142-149.

[17] Shaidan N H, Eldemerdash U, Awad S. Removal of Ni(II)ions from aqueous solutions using fixed-bed ion exchange column technique. Journal of the Taiwan Institute of Chemical Engineers, 2012, 43(1): 40-45.

[18] Nordio M, Limido A, Maggiore U, et al. Survival in patients treated by long-term dialysis compared with the general population. American Journal of Kidney Diseases, 2012, 59(6): 819-828.

[19] Keilmann F. Nano-FTIR-The chemical nanoscope Infrared, Millimeter, and Terahertz Waves(IRMMW-THz), 2013 38th International Conference on. IEEE, 2013: 1-2.

[20] Kazarian S G, Chan K L A. ATR-FTIR spectroscopic imaging: Recent advances and applications to biological systems. Analyst, 2013, 138(7): 1940-1951.

[21] Ruggeri M P, Grossale A, Nova I, et al. FTIR *in situ* mechanistic study of the NH_3 NO/NO_2 "Fast SCR" reaction over a commercial Fe-ZSM-5 catalyst. Catalysis Today, 2012, 184(1): 107-114.

[22] Najmaei S, Liu Z, Ajayan P M, et al. Thermal effects on the characteristic Raman spectrum of molybdenum disulfide(MoS_2)of varying thicknesses. Applied Physics Letters, 2012, 100(1): 13106.

[23] Heller E J, Yang Y, Kocia L. The polyacetylene Raman spectrum, decoded. arXiv preprint arXiv: 1410.8795, 2014.

[24] 苗兰兰. 产金属硫蛋白菌株的诱变育种及蛋白的分离提纯. 大庆: 黑龙江八一农垦大学硕士论文, 2013.

[25] 高艳利, 杨思文, 樊凯奇, 等. SDS-PAGE 电泳技术分析蛋白质的研究. 辽宁化工, 2007, 7: 460-463.

[26] 李莹莹, 吴彩娥, 杨剑婷, 等. 白果蛋白质提取及 SDS-PAGE 分析. 食品科学, 2010, 22: 36-40.

[27] 张杉, 陈敏, 李慧. SDS-PAGE 电泳测定乳清蛋白方法的研究. 食品科技, 2008, 1: 215-219.

[28] 孙波, 迟玉杰, 徐宁, 等. Tricine-SDS-PAGE 电泳检测蛋清肽分子质量的研究. 食品科学, 2008, 5: 385-388.

[29] Mehus A A, Muhonen W W, Garrett S H, et al. Quantitation of human metallothionein isoforms: A family of small, highly conserved, cysteine-rich proteins. Molecular & Cellular Proteomics, 2014, 13(4): 1020-1033.

[30] Irvine G W, Duncan K E R, Gullons M, et al. Metalation kinetics of the human α‐Metallothionein 1a fragment is dependent on the fluxional structure of the apo‐protein.

Chemistry—A European Journal, 2015, 21(3): 1269-1279.

[31] Singh J, Stillman M J. Searching for the loose end: Proteolysis of metallothionein. 9th ICE Conference University of Calgary. August 22-23, 2013.

[32] Kassim R, Ramseyer C, Enescu M. Oxidation reactivity of zinc-cysteine clusters in metallothionein. JBIC Journal of Biological Inorganic Chemistry, 2013, 18(3): 333-342.

[33] Bundy J G, Kille P, Liebeke M, et al. Metallothioneins may not be enough the role of phytochelatins in invertebrate metal detoxification. Environmental Science & Technology, 2013, 48(2): 885-886.

[34] Sułkowska A, Interaction of drugs with bovine and human serum albumin. Journal of Molecular Structure, 2002, 614(1): 227-232.

[35] Jiang C Q, Gao M X, Meng X Z. Study of the interaction between daunorubicin and human serum albumin, and the determination of daunorubicin in blood serum samples. Spectrochimica Acta Part A: Molecular and Biomolecular Spectroscopy, 2003, 59(7): 1605-1610.

[36] Alexander M, Geoffrey L. Changes in the amide I FT-IR bands of poly-L-lysine on spray-drying from α-helix, β-sheet or random coil conformations. European Journal of Pharmaceutics and Biopharmaceutics, 2006, 62: 131-142.

[37] Kaewamatawong T, Banlunara W, Maneewattanapinyo P, et al. Acute and subacute pulmonary toxicity caused by a single intratracheal instillation of colloidal silver nanoparticles in mice: Pathobiological changes and metallothionein responses. Journal of Environmental Pathology, Toxicology and Oncology, 2014, 33(1).

[38] Kournoutou G G, Pytharopoulou S, Leotsinidis M, et al. Changes of polyamine pattern in digestive glands of mussel Mytilus galloprovincialis under exposure to cadmium. Comparative Biochemistry and Physiology Part C: Toxicology & Pharmacology, 2014, 165: 1-8.

[39] Ganger R, Garla R, Mohanty B P, et al. Protective effects of zinc against acute arsenic toxicity by regulating antioxidant defense system and cumulative metallothionein expression. Biological Trace Element Research, 2015: 1-12.

[40] 王嘉榕, 腾达, 田子罡.功能性抗氧化肽制备与机制研究进展. 天然产物研究与开发, 2008, 20(2): 371-375.

[41] 文镜, 贺素华, 杨育颖, 等.保健食品清除自由基作用的体外测定方法和原理. 食品科学, 2004, 25(11): 190-195.

[42] 陈双. 玉竹糖蛋白的分离纯化及抗氧化作用研究. 西安: 陕西师范大学硕士论文, 2010.

[43] 李超, 李娇娇.回心草总黄酮清除羟基自由基活性研究. 粮油加工, 2010(08): 163-165.

[44] Chow S T, Chao W W, Chung Y C. Antioxidative activity and safety of 50% ethaolicred extract. Journal of Food Science, 2003, 68(1): 21-25.

[45] 孙宇婧, 韩涛, 李丽萍, 等. 山药糖蛋白体外抗氧化活性研究.园艺学报, 2010, 37(6): 1009-1014.

第7章 酵母源金属硫蛋白抗氧化活性的研究

7.1 复合诱变分离获得的酵母源金属硫蛋白体外抗氧化活性测定

层析法是一种快速而简便的分离分析技术，它有价格低廉，操作及设备简单等优点，并且具有较高的吸附量，通过改善吸附和洗脱的条件，可提高层析的分辨率。它不仅不需有机溶剂的添加，而且对大分子物质分离效果非常好，所以在生物学、医药学等领域应用广泛。目前最常用的分离 MT 的方法是凝胶过滤和离子交换层析结合的层析法。很多研究用凝胶过滤和离子交换柱分离得到金属硫蛋白[1~6]。

目前关于金属硫蛋白清除自由基的机制有不同的看法：①金属硫蛋白清除自由基功能主要与–SH 有关，金属硫蛋白中的半胱氨酸残基上的–SH 均处于还原状态，在与·OH 反应过程中，–SH 被氧化成–S–S–（2-SH+2·OH→–S-S+2H$_2$O），并将金属离子释放，使·OH 还原降解。②金属硫蛋白中的金属离子可通过抑制 Fe^{2+}摄入，抑制细胞色素 C 还原酶和增加 GSH 活性而起抗氧化作用。③金属硫蛋白释放所结合的金属离子，然后再与 Fe^{2+}等金属离子结合，使这些金属离子不易参与特定反应，从而阻断 H$_2$O$_2$ 生成·OH。④金属硫蛋白可以提供一个氢原子给邻近受自由基损伤部位，使其恢复到未损伤状态。Zn^{2+}为百余种酶所必需，也是维持 SOD 活性所必需，金属硫蛋白释放的 Zn^{2+}对增强细胞活性、增加组织修复起积极作用，可能在不同情况下金属硫蛋白通过不同的机制发挥清除自由基及抗氧化作用[7~10]。

金属硫蛋白清除自由基的作用有以下几个特点：①金属硫蛋白是诱导性蛋白，能被多种应激因素诱导生成，说明金属硫蛋白具有广泛的非特异的细胞保护作用，在各种应激条件下金属硫蛋白诱导生成机体抗氧化机制的一部分。②金属硫蛋白对·O$_2^-$、·OH、NO、苯氧基自由基等都有清除作用，说明金属硫蛋白是细胞内抗氧化作用的重要物质。③金属硫蛋白可直接清除·OH，金属硫蛋白与·OH 的反应速率常数为 2.7×10^{12}，远远超过 GSH 与·OH 的反应速率常数 8×10^9，金属硫蛋白抑制·OH 引起的 DNA 降解比 GSH 作用强 800 倍，都说明金属硫蛋白是目前已知内源性抗·OH 物质中的最强者[11~14]。

本节内容因实验条件所限，主要利用聚丙烯酰胺凝胶电泳研究了经凝胶过滤和离子交换初步纯化得到的类 MT 以及亚型的分子质量范围。此外，通过对照抗坏血酸清除羟基自由基实验，初步探讨了 Cu-MT 的抗氧化生物学功能。

7.1.1　材料与设备

1. 菌种

酿酒酵母 N-8：通过本实验室前期诱变得到。

2. 培养基

活化培养基（YPD）：蛋白胨 20 g/L，葡萄糖 20 g/L，酵母膏 10 g/L。
诱导培养基（YEPD）：蛋白胨 20 g/L，葡萄糖 20 g/L，酵母膏 10 g/L，铜盐。

3. 材料与试剂

二甲亚枫	上海化学试剂公司
坚牢蓝 BB 盐	国药集团化学试剂有限公司
甲苯	上海化学试剂公司
正丁醇	上海化学试剂公司
H_2O_2	上海化学试剂公司
吡啶	上海化学试剂公司
三（羟甲基）氨基甲烷	国药集团化学试剂有限公司
过硫酸铵（AP）	国药集团化学试剂有限公司
四甲基乙二胺（TEMED）	上海化学试剂公司
乙二胺四乙酸二钠（Na_2EDTA）	上海化学试剂公司
二苯基三硝基苯肼（DPPH）	国药集团化学试剂有限公司
氯化铜	上海化学试剂公司
2,2'-二硫代联吡啶	Alfa Aesar 公司
考马斯亮蓝 G-250	上海化学试剂公司
4×分离胶缓冲液	上海申能博彩生物公司
4×浓缩胶缓冲液	上海申能博彩生物公司
蛋白上样缓冲液	北京博大泰克生物公司
SDS—PAGE 低分子质量标准蛋白	上海升正生物技术有限公司
SephadexG-50（特级）	上海 Sigma 公司
SephadexG-100（特级）	上海 Sigma 公司
SephadexG-25（特级）	上海 Sigma 公司

DEAE-纤维素	上海 Sigma 公司
酵母菌金属硫蛋白 ELISA 试剂盒	上海劲马生物科技有限公司
SDS（电泳纯）	天津市永大化学试剂有限公司

4. 仪器与设备

LGR10-4.2 高速冷冻离心机	北京医用离心机厂
T6 新世纪型紫外可见分光光度计	北京普析通用仪器有限责任公司
BSZ-160F 电脑自动部分收集器	上海精科实业有限公司
HL-2D 型恒流泵	上海精科实业有限公司
层析柱 Φ3.0 cm×90 cm	上海精科实业有限公司
层析柱 Φ1.5 cm×20 cm	上海精科实业有限公司
JY92-2D 超声波细胞粉碎机	宁波新芝生物科技股份有限公司
各种规格移液器	芬兰雷伯公司
电泳仪、电泳槽	北京六一仪器厂
JD100-3B 电子分析天平	沈阳龙腾电子有限公司
DK-450B 型电热恒温水浴锅	上海森信试验仪器有限公司
R-200 真空旋转蒸发仪	BÜCHI
V-500 真空泵	BÜCHI

5. 主要试剂的配制

（1）TE 缓冲液（pH8.0）

方法：1 ml 1 mol/L Tris-HCl Buffer（pH8.0）和 0.2 ml 0.5 mol/L EDTA（pH8.0），将两液混合加蒸馏水定容至 100 ml，灭菌 15 min 后，室温保存备用。

（2）0.5 mol/LEDTA（pH8.0）

方法：18.61 g EDTA-Na$_2$加入到 80 ml 灭菌双蒸水中，在磁力搅拌器上搅拌溶解，待溶液冷却后，用 10 mol/L NaOH 调节溶液的 pH 至 8.0，然后加灭菌双蒸水定容至 100 ml，高压灭菌，室温保存备用。

（3）1 mol/L Tris-HCl 缓冲液（pH8.0）

方法：称取 Tris 碱 12.11 g 加入到 80 ml 蒸馏水中溶解，调节 pH 至 8.0，定容至 100 ml，倒入棕色瓶后高压灭菌，4℃冰箱保存备用。

（4）5×SDS-PAGE 电泳缓冲液

方法：称取 15.1 g Tris，94 g Glycine，5 g SDS，加 800 ml 的蒸馏水，定容至

1 L，室温保存。使用时将其稀释成 1×SDS-PAGE 电泳缓冲液。

（5）分离胶缓冲液

方法：称取 18.17 g Tris，0.4 g SDS，溶于水中用 1 mol/L HCl 调 pH 至 8.8 并定容至 100 ml。

（6）浓缩胶缓冲液

方法：称取 6 g Tris，0.4 g SDS，溶于 50 ml 水中用 1 mol/L HCl 调节 pH 至 6.8 并定容至 100 ml。

（7）磷酸盐缓冲溶液（PBS）

方法：称取 8 g NaCl、2 g KCl、1.44 g NaH_2PO_4、0.24 g KH_2PO_4，溶于 800 ml 水，用 HCl 调节 pH 至 7.4，加水定容至 1 L 后，高压蒸汽灭菌，室温保存。

（8）Acr/Bis 混合液（30%贮液）

方法：称取 30 g 丙烯酰胺和 0.8 g 亚甲双丙烯酰胺溶解于 100 ml 去离子水中，加热至 37℃使之溶解，避光保存。

（9）10%过硫酸铵

方法：称取 1 g 过硫酸铵，溶解定容至 10 ml，4℃保存（不宜超过两周）。

（10）考马斯亮蓝 R-250 染色液

方法：称取 1 g 考马斯亮蓝 R-250 于 450 ml 的蒸馏水中，加入 100 ml 乙酸和 450 ml 的甲醇，溶解后室温保存。

7.1.2　实验方法

1. 酵母菌类 MT 的提取及纯化

（1）菌体培养

取一环菌接至 50 ml YPD 活化培养基中，于 30℃下摇床活化培养 24 h，再取 2 ml 活化种子液转接至 100 ml YEPD 诱导培养基（含 0.7 mmol/L $CuCl_2$）中，于 30℃，140 r/min 摇床诱导培养 62 h。

（2）菌体收集及粗蛋白提取

以 5000 r/min 离心 25 min，去上清，收集菌体，后用 0.01 mol/L Tris-HCl（pH8.6）

缓冲液反复洗涤，去除残留的培养基，向离心管中加入 15 ml，0.01 mol/L Tris-HCl（pH8.6）缓冲液，充分搅拌，混匀，用超声波破壁器破壁 40 min；10 000 r/min 离心 15 min，收集上清液，于沸水浴中加热 3 min，迅速冷却，加入离心管中，以 10 000 r/min 离心 15 min，收集上清液，得粗蛋白提取液。

2. 酵母菌经/不经金属铜诱导所得结果比较

（1）菌体培养

活化 24 h 后的菌液，分别按接种量为 2 ml 活化菌液/100 ml 培养基，接至普通液体培养基和诱导培养基中，振荡培养 62 h。

（2）菌体收集，蛋白提取及性质比较

按上述方法收集菌体并提取蛋白，经 Sephadex G-50 分离后，比较两者的光吸收及 MT 的含量。

3. 酵母菌类 MT 的分离纯化

（1）Sephadex G-100 柱层析

1）溶胀凝胶与装柱

取 Sephadex G-100 20 g，加蒸馏水室温溶胀 12 h。溶胀平衡和洗净的凝胶经过夜处理，即可准备装柱。凝胶溶胀好后制成薄浆，倒入凝胶柱（3.0 cm×90 cm）内，薄浆缓慢加入，胶粒逐渐扩散下沉。当沉积的凝胶床至管口 3～5 cm 高时，打开下面柱出口，并注意保持恒定的流速，直至装完胶为止。柱灌好后，再以 0.01 mol/L Tris-HCl（pH8.6）洗脱液平衡柱层，直至层析柱的胶床高不变为止。

2）上样、收集及鉴定

打开柱下面的出口，待柱中洗脱液流至距凝胶床表面 2～3 mm 时，关闭出口。用滴管将 3 ml 体积的粗蛋白提取液缓慢加至柱床表面，打开出口并开始计算流出体积。当样品渗入凝胶床距表面 2～3 mm 时，立即把出口关闭，缓慢地加入 0.01 mol/L Tris-HCl（pH8.6）洗脱液。再打开柱的出口，使高出床表面 3～5 cm，接上恒压洗脱瓶。打开恒压泵，层析开始，控制流速为 0.6 ml/min，在柱的出口处以试管分管收集洗出液。同时测定馏分在 270 nm 和 280 nm 处的紫外吸收以及 MT 含量。选择 $OD_{270} > OD_{280}$ 且 MT 含量较高的管用于离子交换柱层析。

（2）DEAE-纤维素离子交换柱层析

DEAE-纤维素柱的溶胀凝胶、装柱参照上述 Sephadex G-100 柱所描述的方法进行。将经 Sephadex G-100 柱层析确定的组分上样于 DEAE-纤维素阴离子交换柱

（1.5 cm×20 cm），采用 NaCl 溶液进行梯度洗脱，控制流速为 0.8 ml/min，进行流出液收集。同时测定馏分在 270 nm 和 280 nm 处的紫外吸收以及 MT 含量，收集 $OD_{270}>OD_{280}$ 且 MT 含量较高的组分。

（3）Sephadex G-25 凝胶柱层析

由 DEAE-52 柱分离得到的各组分进行适当浓缩，分别经 Sephadex G-25 柱层析进行脱盐。层析柱预先经过 0.01 mmol/L 的 Tris-HCI（pH8.6）平衡，然后用同样的缓冲液进行洗脱，流速为 0.5 ml/min，同时监测最后将样品冷冻干燥，−20℃保存。

（4）酵母类 MT 的分析与鉴定

金属硫蛋白含量的测定：

取一定量的 MT 样品，加入 10 μl HCl 和 200 μl EDTA（物质的量浓度分别为 1.2 mol/L 和 0.1 mol/L），避光反应 10 min 脱去金属硫蛋白上的金属。再加入 0.01 mol/L DTNB 试剂反应生成具有黄色的络合物 TNBA，稀释后在波长 412 nm 处测定吸光度值，根据标准曲线计算出样品中金属硫蛋白含量。样品中 MT 含量的计算公式：

$$MT含量(\mu g/g) = \frac{A值对应标准曲线上MT含量(\mu g) \times 稀释倍数 \times 1000}{取样品量(g)} \quad (7-1)$$

（5）样品纯化及表现分子质量测定

采用 SDS-聚丙烯酰胺凝胶电泳（SDS-PAGE）。

1）装板

首先硅胶框放在清洗干净的平玻璃上，再放上凹型玻璃，压实，然后将两块玻璃夹住，放入电泳槽里，然后插入斜插板，即可进行灌胶。

2）凝胶的聚合

制备分离胶和浓缩胶：配置 12%的分离胶和 5%的浓缩胶，如表 7-1 所示。

表 7-1　分离胶和浓缩胶的制备

试剂名称	12%的分离胶	5%的浓缩胶
Acr/Bis 30%/ml	4.0	0.5
分离胶缓冲液（pH8.8）/ml	2.5	0
浓缩胶缓冲液（pH6.8）	0	0.38
10%SDS/ml	0.1	0.03
10%过硫酸铵/ml	0.1	0.03
双蒸水/ml	3.3	2.1
TEMED/μl	4	3

按表 7-1 混匀配制分离胶，将分离胶溶液沿凝胶腔边缘，缓缓加入，操作过程中不要产生气泡。将胶液加到距短玻璃板上沿 2 cm 处为止，约 6 ml。然后用注射器仔细注入约 1 ml 水。室温放置 40 min 后用滤纸慢慢 吸去分离胶表面的水分。再按上表混匀制备浓缩胶，缓慢加到分离胶的上面，插入梳子；待 12 min 后，小心拔出样品模子。

3）蛋白质样品的处理

样品的处理：若样品是固体，称取样品 1 mg 溶解于 1 ml 0.5 mol/L pH6.8 Tris-HCl 缓冲液或蒸馏水中；若样品是液体，要测定蛋白质浓度，按 1.0～1.5 mg/ml 溶液比例，取蛋白质样液与样品处理液等体积混匀。本实验所用 20 μl 的标准蛋白溶液，放置在 0.5 ml 的离心管中，加入 20 μl 的样品处理液。在 100℃水浴中处理 5 min，离心，冷却至室温后备用。

吸取 20μl 未知分子质量的蛋白质样品液，按照上述处理方法进行处理。

4）加样

SDS-聚丙烯酰胺凝胶垂直板型电泳的加样方法：首先取出斜板，夹住两块玻璃板，小心去掉密封用硅胶条，再将玻璃胶室凹面朝里置入电泳槽内，插入斜板。将缓冲溶液缓慢加至内槽玻璃凹面以上，外槽缓冲液加到距平板玻璃上沿 3 mm 处，实验过程中注意避免产生气泡。

用微量注射器依次在各样品槽内加样，加入各溶液 20 μl。

5）电泳

加完样后，盖上盖，连接电泳仪，并打开，样品进胶前电流控制在 0～15 mA，大约 15～20 min（观察溴酚蓝指示剂到达分离胶）后，电流升到 30～45 mA，实验过程中保持电流恒定。当溴酚蓝指示剂迁移到距前沿 1～2 cm 处即停止电泳，需 1～2 h。如室温高，打开电泳槽循环水，降低电泳温度。

6）染色、脱色

染色：实验结束后，关闭电源，取出玻璃板，轻轻将胶片取出，放入大培养皿中进行染色，使用 0.25%的考马斯亮蓝染液，染 2～4 h，必要时可过夜。

脱色：倒出染色液，用蒸馏水冲洗几次胶面，倒入脱色液，进行脱色，期间要经常换脱色液，直至蛋白质带清晰为止。

（6）Cu-MT 清除羟基自由基能力的测定

1）羟自由基清除的原理：Fenton 反应

$$Fe^{2+}+H_2O_2 \rightarrow Fe^{3+}+OH+OH\cdot$$
$$CH_3SOCH_3+OH\cdot \rightarrow CH_3SOOH+CH_3\cdot$$
$$CH_3SOOH+Ar\text{-}N=N+ \rightarrow Ar\text{-}NN\text{-}SO_2\text{-}CH_3+H^+$$

2）羟自由基的产生

取一试管，分别加入 2 ml 0.2 mol/L 二甲亚砜，1 ml 0.1 mol/L HCl，2.5 ml 0.018 mol/L FeSO$_4$，再加入 3 ml 0.08 mol/L H$_2$O$_2$，最后加入蒸馏水至刻度，摇匀待用。

3）羟自由基的测定

再取一试管，加入 1 ml 上述混合溶液，加入 2 ml 0.015 mol/L 坚牢蓝 BB 盐。暗条件下进行反应 8~l0 min，再加入吡啶溶液 1 ml，待颜色稳定后加入 3 ml 的甲苯：正丁醇（3∶1）混合液，将溶液混匀静置分层。下层相中含有未反应的偶氮盐，用吸管移走弃掉。用 5 ml 经正丁醇饱和的水冲洗甲苯/正丁醇相，以此来移去未反应的偶氮盐，将上清液于 420 nm 测定吸光度 A$_1$。

4）羟自由基清除率的测定

将上述羟自由基体系中加入 0~60 μg/ml 浓度的抗坏血酸溶液和 Cu-MT 溶液，按上述羟自由基测定方法测定吸光度 A$_2$，按下式计算：

$$清除率＝（A_1－A_2）/ A_1×100\% \tag{7-2}$$

7.1.3　结果与讨论

1. 酵母菌 N-8 经/不经金属铜诱导的产物比较

（1）酵母菌 N-8 经 Cu^{2+}诱导的产物比较

由图 7-1 可以看出酵母菌 N-8 经 Cu^{2+}诱导后在第一个峰与第二个峰之间产生金属硫蛋白的量最多。

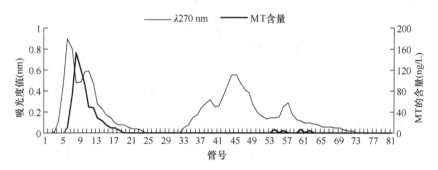

图 7-1　酵母菌 N-8 经 Cu^{2+}诱导的产物比较

（2）酵母菌 N-8 不经 Cu^{2+}诱导的产物比较

由图 7-2 可以看到，没有经 Cu^{2+}诱导的酵母菌 N-8 产金属硫蛋白的量极低，所以 Cu^{2+}诱导作用是类金属硫蛋白产生的必要条件。

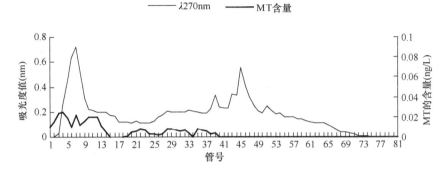

图 7-2　酵母菌 N-8 不经 Cu²⁺诱导的产物比较

2. 类 MT 的分离纯化

（1）Sephadex G-100 柱层析结果

由图 7-3 可以看出：经热处理的菌体蛋白溶液被凝胶柱分离出若干蛋白峰。其中的第二个蛋白峰在 270 nm、280 nm 处的吸收曲线和 MT 测得的曲线相符合，且在 280 nm 处的吸收低于在 270 nm 处的吸收，确定该峰为类金属硫蛋白吸收峰，收集该峰，并将这个蛋白峰浓缩以进行下一步分离。

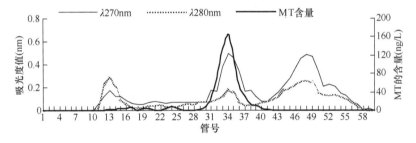

图 7-3　Sephadex G-100 凝胶过滤曲线

（2）DEAE-52 柱分离结果

由图 7-4 可以观察到：经过凝胶柱分离出的蛋白，再经过离子交换柱分离后出现了 3 个蛋白峰。蛋白吸收曲线和 MT 测得的曲线相吻合，且各吸收行为符合类金属硫蛋白的特性，初步确定为类金属硫蛋白各亚型吸收峰。

（3）Sephadex G-25 柱层析结果

如图 7-5 所示，MT-I 经 sephadex G-25 凝胶过滤除盐，得到金属硫蛋白纯品，可进行金属硫蛋白结构及性质分析与鉴定。MT-II 和 MT-III 与 MT-I 柱层析结果类似。

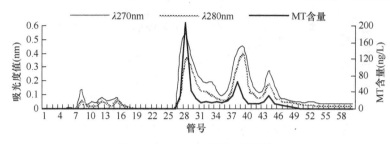

图 7-4　DEAE-52 凝胶过滤曲线

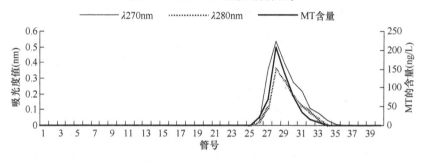

图 7-5　Sephadex G-25 凝胶过滤曲线

（4）SDS-PAGE 凝胶电泳测定 Cu-MT 表观分子质量（图 7-6）

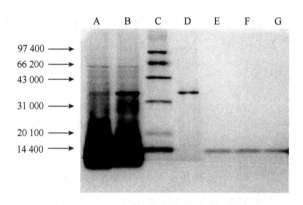

图 7-6　SDS-PAGE 测定 MTs 分子质量

A. 没诱导的粗蛋白　B. 上柱前粗蛋白　C. 低分子质量蛋白 marker D. 经 Sephadex G-100 分离的含金属硫蛋白　E. 经 DEAE-52 分离的 Cu-MT-Ⅰ　F. 经 DEAE-52 分离的 Cu-MT-Ⅱ　G. 经 DEAE-52 分离的 Cu-MT-Ⅲ

由图 7-7 分析可知，Cu-MT 三个亚型的表观分子质量在 7000 Da 左右，与文献报道大致在 6～10 KDa 左右相吻合。

3. Cu-MT 羟自由基清除能力的测定结果

由图 7-8 可知：MT-Ⅰ，MT-Ⅱ，MT-Ⅲ的羟自由基清除率明显高于 V_C 的羟自

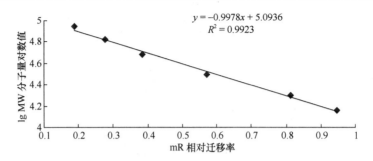

图 7-7　SDS-PAGE 电泳分子质量测定标准曲线

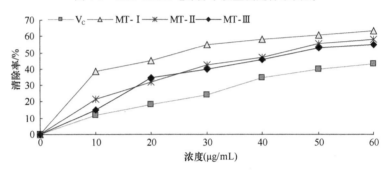

图 7-8　MT 各个亚型清除羟基自由基能力的测定

由基清除率。MT-Ⅱ的羟自由基清除率略大于 MT-Ⅲ的。羟自由基清除率大小顺序为 MT-Ⅰ>MT-Ⅱ>MT-Ⅲ>V_C，MT-Ⅰ的清除率是 V_C 的 4 倍左右。

7.1.4　小结

将酿酒酵母菌 N-8 经/不经铜的比较，得出 Cu^{2+}诱导作用是类金属硫蛋白产生的必要条件。同时，菌体经超声波破碎后的粗蛋白，上样于 Sephadex G-100 凝胶层析柱以及 DEAE-纤维素阴离子交换柱进行分离纯化，得到金属硫蛋白的三个亚型：MT-I、MT-II、MT-III，然用聚丙烯酰胺凝胶电泳测得分子质量为 7000 Da 左右。最后，通过与抗坏血酸清除羟自由基能力的比较，得出羟自由基在 0～60 μg/ml 浓度范围内，Cu-MT 的各个亚型对其的清除效果要远远强于抗坏血酸，羟自由基清除率大小顺序为 MT-Ⅰ>MT-Ⅱ>MT-Ⅲ>V_C，约为抗坏血酸的 4 倍左右。

7.2　超声波诱导分离后获得的酵母源金属硫蛋白体外抗氧化活性测定

在对抗氧化物质进行评价分析时，体外抗氧化是一种重要的分析方法。体外抗氧化凭借其简单的检测体系、低廉的成本和操作的快速性而被日益广泛地使用在食品、药品等的抗氧化性评价中。抗氧化性检测的目的是为了筛选可以用于人体清除自由基的物质，起到预防、治疗人体疾病的效果，所以在进行体外抗氧化试验时应该遵循尽量吻合体内环境，这样才能对被检测物质的抗氧化效果做出比较真实的评价。

自由基是新陈代谢过程中产生的一类可以单独存在，具有高度氧化活性的物质。其带有一个或几个不配对电子的分子或原子，具有相当活跃的化学性质[15]。在机体发生酶促反应或非酶促反应过程中，会产生过氧化氢、超氧阴离子、羟自由基等多种氧自由基。这些自由基的积累会对机体造成氧化损伤而引起衰老、肿瘤、糖尿病等慢性疾病。因此及时阻断自由基的连锁反应，对疾病的发生起到预防作用。目前，食品工业中所使用的多是合成抗氧化剂，虽然效果较好，但对人体肝、脾等有害，具有蓄积性致癌作用[16]。而科学研究表明：某些特殊的小分子蛋白质具有很强的抗氧化活性，其分子质量小、易吸收，在体内能通过减少各种自由基和抑制脂质过氧化而具有抗氧化、抗衰老等功能和作用[17]。

本节实验以 Cu 诱导酵母菌产生的金属硫蛋白，分离纯化得到的 MT-Ⅰ、MT-Ⅱ两个亚型为研究对象，分别对其总还原能力、DPPH 自由基清除能力、超氧阴离子清除能力、羟自由基清除能力以及对脂质过氧化作用的抑制能力进行分析，为全面考察酵母源金属硫蛋白的体外抗氧化活性，进一步研究、开发金属硫蛋白抗氧化药物及功能性食品奠定理论基础。

7.2.1　材料与设备

1. 材料与试剂

抗坏血酸	天津市瑞金特化学品有限公司
硫酸亚铁	天津市耀华化工厂
三氯化铁	天津市耀华化工厂
铁氰化钾	北京化工厂
BF_3-甲醇	美国 Sigma 公司
DPPH	Fluka 公司
正己烷	天津市耀华化工厂
无水乙醇	南京化学试剂有限公司
氯化铁	南京化学试剂有限公司
邻苯三酚	南京化学试剂有限公司
乙腈	美国 Sigma 公司

| 醋酸钠 | 天津市耀华化工厂 |
| 30% H_2O_2 | 天津市凯通化学试剂有限公司 |

2. 仪器与设备

AR2140 电子分析天平	梅特勒-托利多仪器有限公司
SIM-F124 制冰机	SANYO 公司
紫外可见分光光度计	北京普析通用仪器有限公司
超低温冰箱	美国 Thermo 公司
TGL-16B 高速离心机	上海安亭科技仪器厂
HH.SY11 电热恒温水浴锅	天津市中环实验电炉有限公司
D-30 石英比色皿	天津市科威仪器有限公司
XE3- WH-2 漩涡振荡器	北京中西泰安技术服务有限公司

7.2.2　实验方法

1. 总还原能力的测定

（1）溶液配制

pH6.6，0.2 mol/L 磷酸盐缓冲液：分别配制 0.2 mol/L 的 $Na_2HPO_4 \cdot 12H_2O$ 和 $NaH_2PO_4 \cdot 2H_2O$ 溶液各 100 ml，以 37.6：2.5 的比例混合。再分别配制 1% $K_3Fe(CN)_6$ 溶液、0.10%三氯化铁溶液、10%三氯乙酸溶液待用。

（2）测定方法

准确量取样品溶液 2.5 ml，加入 2.5 ml 磷酸盐缓冲液和 2.5 ml 铁氰化钾溶液，混合于 50℃水浴中反应 20 min 后急速冷却，加入三氯乙酸溶液 2.5 ml，混合均匀，取 5 ml 于试管中，再加入 5 ml 蒸馏水、1 ml 三氯化铁溶液，混合均匀，静置 10 min 后于 700 nm 处测定其吸光值，以水为空白对照，吸光值越大表示还原能力越强。每个样品测三次，取平均值。以 V_C 做阳性对照[18]。

2. DPPH 自由基清除能力的测定

采用 DPPH 氧化法进行测定[19, 20]。相关内容参见 6.2.2.1（2）。

3. 超氧阴离子自由基清除率的测定

采用邻苯三酚自氧化法进行测定[21]。取不同浓度 1.0 ml 样品于试管中，分别加入 6 ml 0.05 mol/L pH8.6 的 Tris-HCl 缓冲液，在水浴 37℃下保持 15 min，加入 1 ml 7 mol/L

的邻苯三酚的盐酸溶液，充分混匀反应 4 min，通过加入 0.5 ml 浓盐酸使反应终止，在 325 nm 下测定吸光度值 A_i，测邻苯三酚的自氧化速率为 A_C，以 V_C 为阳性对照，每个试验样品测三次取平均值，按照以下公式计算超氧阴离子自由基清除率。

$$超氧阴离子自由基清除率 = \frac{A_C - A_i}{A_C} \times 100\% \qquad (7\text{-}3)$$

4. 羟自由基的清除率的测定

采用 Fenton 法进行测定[22]。取 2 ml 不同浓度的 MT 试样于试管中，分别加入同等体积的 2 mmol/L 的 FeSO$_4$ 溶液、6 mmol/L 的 H$_2$O$_2$ 溶液、2 mmol/L 的 FeSO$_4$ 溶液以及 6 mmol/L 的水杨酸溶液，充分混匀，在 37℃ 水浴中保持 15 min。冷却后于 510 nm 处进行吸光度值的测定，每个试样测定三次取平均值，以 V_C 作为阳性对照，清除率计算公式如下：

$$羟基自由基清除率 = \frac{A_0 - (A_S - A_X)}{A_0} \times 100\% \qquad (7\text{-}4)$$

其中，A_0 为空白对照，不加 MT 试样时的吸光度；A_S 为不同浓度 MT 试样的吸光度；A_X 为不加水杨酸时 MT 试样的吸光度。

5. 抑制脂质过氧化作用的测定

采用硫代比妥酸（TBA）法进行测定[23, 24]。相关内容参见 6.2.2.1（4）。

7.2.3　结果与讨论

1. 总还原能力的测定结果

通常，物质的还原能力与其抗氧化能力之间存在显著的相关性[25]，还原能力越强，抗氧化活性越高。由图 7-9 可以看出，金属硫蛋白具有很强的还原能力，且随着浓度的增大，MT 的总还原能力逐步升高，并且在较低浓度时就有很强的还原能力。当达到一定浓度后，其还原能力基本不变。在同等浓度的条件下，金属硫蛋白的两个亚型间的还原能力差异不显著（$p > 0.05$），MT-Ⅰ 要较 MT-Ⅱ 的总还原能力稍强一些，但都高于 V_C 的总还原能力。

2. DPPH 自由基清除能力的测定结果

DPPH 自由基是以氮为中心的一种稳定的质子自由基，其乙醇溶液呈深紫色，在 517 nm 处有最大吸收值；当体系中存在抗氧化剂时，抗氧化剂可以提供一个电子与 DPPH 的孤对电子配对，使其颜色减退，吸光度变小，通过检测吸光度的变化来评价试样清除 DPPH 自由基的能力，从而评价试样的抗氧化能力。

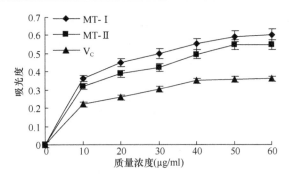

图 7-9　金属硫蛋白的还原能力

由图 7-10 可以看出，金属硫蛋白的清除 DPPH 自由基能力随浓度的升高呈增强趋势，但同浓度下比 V_C 要弱。两亚型间的 DPPH 自由基清除能力，MT-Ⅰ＞MT-Ⅱ，差异显著（p＜0.05）。都低于 V_C 清除能力。当浓度超过 40 μg/ml 时，MT-Ⅰ 与 V_C 清除能力接近。

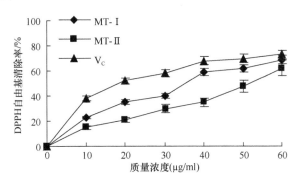

图 7-10　金属硫蛋白对 DPPH 自由基的清除能力

3. 对超氧阴离子自由基清除率的测定结果

由图 7-11 可以看出，在一定质量浓度范围内，金属硫蛋白两个亚型 MT-Ⅰ、MT-Ⅱ和 V_C 对超氧阴离子的清除能力随质量浓度的增大而增强，且三者清除能力关系是：MT-Ⅰ＞V_C＞MT-Ⅱ。当质量浓度在 50～60 μg/ml 时，MT-Ⅱ对超氧阴离子的清除能力与 V_C 相当。

4. 对羟自由基清除率的测定结果

羟自由基是活性氧中化学性质最活泼的自由基，强于高锰酸钾的氧化性。它与活细胞中的任何生物大分子几乎都能发生反应，并且反应速度极快，所以说，羟自由基是对机体危害最大的自由基，但相对来说，其作用半径较小，仅能与邻近的大分子物质发生反应。

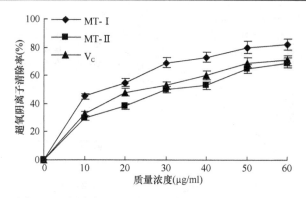

图 7-11 金属硫蛋白对超氧阴离子自由基的清除能力

如图 7-12 所示，金属硫蛋白对羟自由基（·OH）有明显的清除能力，清除率随着金属硫蛋白浓度的增加而增大，且在较低浓度时就表现出明显的清除能力，反应速度快，强于 V_C 对羟自由基的清除能力。金属硫蛋白两亚型间的对羟自由基的清除能力 MT-Ⅰ>MT-Ⅱ>V_C，差异显著（$p < 0.05$）。

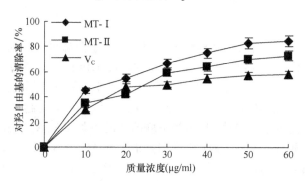

图 7-12 金属硫蛋白对羟自由基的清除能力

5. 抑制脂质过氧化作用的测定结果

脂质过氧化反应指强氧化剂（如过氧化氢或超氧化物）使油脂的不饱和脂肪酸经氧化生成氢过氧化物的反应。脂质过氧化反应和氧自由基反应在新陈代谢过程中起着重要的作用，两者在正常情况下处于动态平衡状态，维持体内多种生理生化反应与免疫反应。一旦这种动态平衡产生紊乱与失调，会引起一系列新陈代谢紊乱和免疫功能下降，发生氧自由基连锁反应，损害生物膜及其功能。脂质过氧化过程中形成的脂质过氧化产物（如丙二醛和 4-羟基壬烯酸），改变细胞膜的流动性和通透性，最终使细胞结构和功能的改变。

由图 7-13 可以看出，金属硫蛋白具有很强的抗氧化活性，在一定浓度范围内，随着金属硫蛋白浓度的增加，其对脂质过氧化抑制率也提高，随后趋于平稳，但

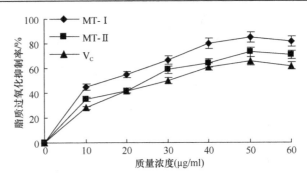

图 7-13　金属硫蛋白对脂质过氧化抑制作用

浓度过高，抑制率反而略微下降，可能是由于在测定过程中衍生出其他自由基或是生成一些过氧化物，进而促进了油脂的氧化反应。在同等浓度的条件下，对脂质过氧化作用 MT-Ⅰ＞MT-Ⅱ，差异显著（$p < 0.05$）。都高于 V_C 的抑制能力， MT-Ⅱ 与 V_C 间抑制能力差异不显著（$p > 0.05$）。

7.2.4　小结

本章以分离纯化出的 Cu 诱导酵母细胞产生的金属硫蛋白的两个亚型 MT-Ⅰ、MT-Ⅱ作为研究对象，分别研究了其总还原能力、DPPH 自由基清除能力、超氧阴离子自由基清除能力、羟自由基的清除能力、脂质过氧化作用的抑制能力。结果表明，分离纯化出金属硫蛋白的两个亚型 MT-Ⅰ 和 MT-Ⅱ对超氧阴离子自由基、羟自由基均有一定的清除能力，且同等浓度的情况下强于 V_C 对自由基的清除能力，金属硫蛋白的两种亚型相比，MT-Ⅰ 的清除能力比 MT-Ⅱ稍强一些；对 DPPH 自由基也有一定的清除能力，但低于 V_C 对其的清除能力；金属硫蛋白两个亚型均具有较强还原能力和对脂质过氧化的抑制能力，与 V_C 相比金属硫蛋白两个亚型还原能力和对脂质过氧化的抑制能力的排序为：MT-Ⅰ＞MT-Ⅱ＞V_C。

7.3　双水相分离后获得的酵母源金属硫蛋白体外抗氧化活性测定

7.3.1　材料与设备

1. 材料与试剂

抗坏血酸　　　　　　　　　　　　天津市瑞金特化学品有限公司
硫酸亚铁　　　　　　　　　　　　天津市耀华化工厂

三氯化铁	天津市耀华化工厂
铁氰化钾	北京化工厂
BF_3-甲醇	美国 Sigma 公司
DPPH	Fluka 公司
正己烷	天津市耀华化工厂
无水乙醇	南京化学试剂有限公司
氯化铁	南京化学试剂有限公司
邻苯三酚	南京化学试剂有限公司
乙腈	美国 Sigma 公司
醋酸钠	天津市耀华化工厂
30% H_2O_2	天津市凯通化学试剂有限公司

2. 仪器与设备

HD-3 紫外检测器	上海沪西分析仪器有限公司
HL-2D 型恒流泵	上海精科实业有限公司
电热恒温培养箱	上海森信实验仪器有限公司
HD-A 电脑采集器	上海沪西分析仪器有限公司
DBS-100 自动收集器	上海沪西分析仪器有限公司
3.0 cm×90 cm、1.5 cm×20 cm 层析柱	上海煊盛生化科技有限公司
AR2140 电子分析天平	梅特勒-托利多仪器有限公司
SIM-F124 制冰机	SANYO 公司
紫外可见分光光度计	北京普析通用仪器有限公司
超低温冰箱	美国 Thermo 公司
TGL-16B 高速离心机	上海安亭科技仪器厂
HH.SY11 电热恒温水浴锅	天津市中环实验电炉有限公司
D-30 石英比色皿	天津市科威仪器有限公司
XE3-WH-2 漩涡振荡器	北京中西泰安技术服务有限公司
MAGNA-IR5 傅立叶红外光谱系统	美国尼高力公司
PerkinElmer Raman Station 400 拉曼光谱仪	美国 PE 公司

7.3.2　实验方法

1. 酵母源 MT 的分离纯化

相关内容参见 6.1.2.1。

2. 抗氧化活性的测定

相关内容参见 6.2.2.1。

7.3.3　结果与讨论

1. DEAE-52 纤维素离子交换层析纯化 MT

由图 7-14 可以看出，经离子交换层析分离后，得到两个蛋白峰 280 nm 的吸收峰都低于 220 nm 处吸收峰，且金属硫蛋白含量都较高，初步确定为金属硫蛋白两个亚型。分别收集这两个蛋白峰并进行透析袋透析脱盐 24 h。将收集液进行冷冻干燥，测定其金属硫蛋白含量。得到第一个蛋白峰中 MT 的含量为 935 mg/g，第二个蛋白峰中 MT 的含量为 927 mg/g。可见，纯度都在 90% 以上。根据文献报道在溶液中由于 MT-I 比 MT-II 少一个负电荷，所以 MT-I 比 MT-II 先出峰，所以确定第一个峰为 MT-I，第二个峰为 MT-II。

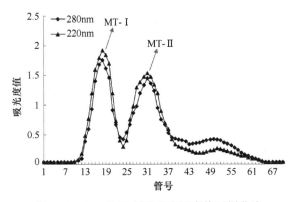

图 7-14　DEAE-52 纤维素离子交换层析曲线

2. 抗氧化活性分析

（1）总还原力的测定结果

由图 7-15 可以看出，金属硫蛋白有很强的还原能力，且随着浓度的增大，MT 的总还原能力逐步升高，并且在较低浓度时就有很强的还原能力。而当浓度达到一定后，其还原能力基本保持不变。在同等浓度的条件下，MT-I 要比 MT-II 的总还原能力稍强一些，但两个 MT 亚型的总还原能力都高于 V_C。

（2）DPPH 自由基清除能力的测定结果

DPPH 是一种很稳定的氮中心的自由基，它的稳定性主要来自三个苯环的共振

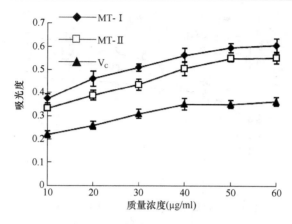

图 7-15　金属硫蛋白的还原能力

稳定作用及空间障碍，使夹在中间的氮原子上不成对的电子不能发挥其应有的电子成对作用。由图 7-16 可以看出，金属硫蛋白的清除 DPPH 自由基能力随浓度的升高而呈上升的趋势，但同浓度下比 V_C 要弱。MT-I 对于 DPPH 自由基清除能力大于 MT-II，差异显著（$p < 0.05$）。但两者都低于 V_C 清除能力。当浓度超过 60 μg/ml 时，MT-I 与 V_C 清除能力接近。

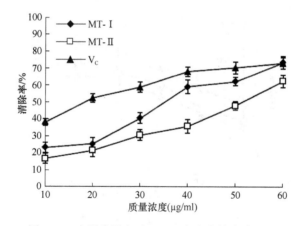

图 7-16　金属硫蛋白对 DPPH 自由基的清除能力

（3）对羟自由基清除率的测定结果

如图 7-17 所示，金属硫蛋白对羟自由基（·OH）有明显的清除能力，清除率随着金属硫蛋白浓度的增加而增大，且在较低浓度时就表现出明显的清除能力，反应速度快，强于 V_C 对羟自由基的清除能力。金属硫蛋白两亚型间的对羟自由基的清除能力 MT-I>MT-II>V_C。

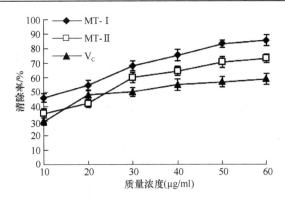

图 7-17　金属硫蛋白对羟自由基的清除能力

（4）抑制脂质过氧化作用的测定结果

如图 7-18 可以看出，金属硫蛋白具有很强的抗氧化活性，在一定浓度范围内，随着金属硫蛋白浓度的增加，其对脂质过氧化抑制率也提高，随后趋于平稳。但浓度过高，抑制率反而略微下降，可能是由于在测定过程中衍生出其他自由基或是生成一些过氧化物，进而促进了油脂的氧化反应。在同等浓度的条件下，对脂质过氧化抑制作用 MT-I＞MT-II＞V_C。

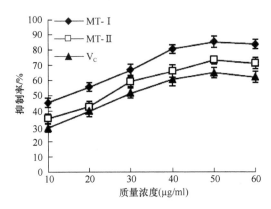

图 7-18　金属硫蛋白对脂质过氧化抑制作用

7.3.4　小结

本实验以酵母菌为出发菌株，经 Zn^{2+} 诱导、超声波破碎细胞壁、双水相萃取、离子交换层析、透析分离纯化得到两个蛋白峰中 MT 含量分别为 935 mg/g、927 mg/g，纯度大于 90%，初步确定两个蛋白峰为酵母细胞产生的金属硫蛋白的两个亚型 MT-I、MT-II，以此作为研究对象，分别研究了其总还原能力、DPPH 自由基清除能力、羟自由基的清除能力、脂质过氧化作用的抑制能力。结果表明，经双水相萃取、离子交换层析透析分离纯化出得到两个蛋白峰中 MT 含量分别为 935 mg/g、927 mg/g，纯度大于 90%。金属硫蛋白的两个亚型 MT-I 和 MT-II 对羟自由基均有一定的清除能力，且同等浓度的情况下强于 V_C 对自由基的清除能力，金属硫蛋白的两种亚型相比，MT-I 的清除能力比 MT-II 稍强一些；对 DPPH 自由基也有一定的清除能力，但低于 V_C 对其的清除能力；金属硫蛋白两个亚型均具有较强还原能力和对脂质过氧化的抑制能力，与 V_C 相比金属硫蛋白两个亚型还原能力和对脂质过氧化的抑制能力的排序为：MT-I＞MT-II＞V_C。在光谱的分子结构中两个 MT 构型之间的差异主要体现在酰胺 I 带和酰胺 III 带，即振动的主链，其由红外和拉曼光谱，可以确认的特性。其结果与该检测出的荧光光谱一致。所以在肽链的二级结构这种差异可能是不同的 MT 亚型功能差异的主要原因。

7.4　高效分离纯化后获得的酵母源金属硫蛋白 体外抗氧化活性测定

传统研究证实 MT 几乎存在于所有哺乳动物中，而且在部分组织中大量富集，随着对 MT 研究的深入及基因工程等技术的引入，越来越多的 MT 及类似物被发现于高等植物、原核及真核微生物中[26]。金属硫蛋白结构复杂，含多种异构体形式，结构中含有丰富的巯基[27]，该结构赋予了金属硫蛋白多种生物学功能。已有大量资料证明金属硫蛋白具有显著的抗氧化、抗肿瘤[28]、重金属解毒[29]、调节机体免疫力及微量元素平衡等功能。

自由基是机体氧化反应产生的有害产物，对细胞膜、线粒体、遗传物质（DNA）、脂肪和碳水化合物等具有强损害作用[30]，目前认为自由基为机体衰老及多种疾病发生的根源。传统研究使用的金属硫蛋白主要提取于动物肝脏，但存在周期时间长、提取量低和价格昂贵等弊端，而从微生物中诱导提取金属硫蛋白因其周期短、易操作与价格低廉等特点逐渐引起了各国学者的重视。本部分实验以兔肝 Zn-MT 为对照，探讨了经过高效分离纯化后的两种异构形式的酵母源金属硫蛋白体外清除自由基及抑菌功能活性，为金属硫蛋白的活性研究及深入开发利用提供一定的实验基础及数据支持。

7.4.1　材料与设备

1. 材料与试剂

　　兔肝 Zn-MT（纯度 99%）　　　　　　上海源叶生物科技有限公司

酵母源金属硫蛋白（MT-Ⅰ，纯度 91%）	黑龙江八一农垦大学实验室自提
酵母源金属硫蛋白（MT-Ⅱ，纯度 91%）	黑龙江八一农垦大学实验室自提
结晶紫（Cv）	国药集团化学试剂有限公司
抗坏血酸	天津市瑞金特化学品有限公司
硫酸亚铁（$FeSO_4$）	天津市耀华化工厂
过氧化氢（H_2O_2 浓度 30%）	国药集团化学试剂有限公司
邻苯三酚	南京化学试剂有限公司
三氯化铁	天津市耀华化工厂
铁氰化钾	北京化工厂
正己烷	天津市耀华化工厂
无水乙醇	南京化学试剂有限公司
DPPH	Sigma 公司

2. 主要实验设备

Ultrospec 3300 pro 紫外分光光度计	英国 Biochrom 公司
BP301S 电子天平	德国 Sartorius 公司
电热恒温培养箱	上海森信实验仪器有限公司
AR2140 电子分析天平	梅特勒-托利多仪器有限公司
SIM-F124 制冰机	SANYO 公司
超低温冰箱	美国 Thermo 公司
TGL-16B 高速离心机	上海安亭科技仪器厂
HH.SY11 电热恒温水浴锅	天津市中环实验电炉有限公司
D-30 石英比色皿	天津市科威仪器有限公司
XE3-WH-2 漩涡振荡器	北京中西泰安技术服务有限公司

7.4.2 实验方法

1. 酵母源金属硫蛋白对羟自由基清除率

与 H_2O_2 与 Fe^{2+} 能够混合产生羟基自由基，而羟基自由基能够与结晶紫发生亲电加成反应，从而使结晶紫褪色[31]，因此采用 H_2O_2- Fe^{2+} 体系体外模拟产生羟基自由基，以结晶紫为显色剂，探讨酵母源金属硫蛋白对羟自由基清除率。并稍加改进，实验前使用蒸馏水将结晶紫配制为 $0.7×10^{-3}$ mol/L 溶液，硫酸亚铁配制为 $0.7×10^{-3}$ mol/L 溶液，过氧化氢采用蒸馏水配制为 0.05%（质量分数）溶液。取 1.2 ml 结晶紫溶液和 0.2 ml $FeSO_4$ 溶液于比色皿中，510 nm 处测定吸光值 A_0，分别加入 0.16 ml H_2O_2 溶液，510 nm 处测定吸光值 A_1，向上述溶液体系中分别加入不同浓度 MT 样品及 V_C

溶液，加入同体积蒸馏水为空白组，用 Tris-HCl 缓冲液稀释至 20 ml，测定吸光值，室温避光静置 5 min，测定吸光值 A_2，羟自由基的清除率（S）参照以下公式计算：

$$S = \frac{A_2 - A_1}{A_0 - A_1} \times 100\%$$　　　　　　（7-5）

2. 酵母源金属硫蛋白对超氧阴离子自由基清除率

参照文献方法，采用邻苯三酚体系测定 MT 对超氧阴离子自由基清除率[32]。实验前将邻苯三酚配置为 5×10^{-3} mol/L 溶液，取 0.15 ml 邻苯三酚溶液于 25 ml 比色皿中，加 25℃的 Tris-HCl 缓冲液定容至 20 ml，调节 pH 为 7.7，322 nm 处迅速测定体系吸光值 A_3，向上述溶液体系中分别加入不同浓度 MT 样品及 V_C 溶液，另设同体积蒸馏水为空白组，30℃静置温浴 1 h，322 nm 处迅速测定溶液吸光值 A_4。超氧阴离子自由基清除率（S）按以下公式计算。

$$S = \frac{A_3 - A_4}{A_3} \times 100\%$$　　　　　　（7-6）

3. 酵母源金属硫蛋白对 DPPH 自由基清除率

DPPH 自由基是一种极为稳定的有机自由基，DPPH 自由基溶于甲醇后显紫红色，当加入自由基清除剂后，DPPH 的孤对电子被配对，从而褪色，因此 DPPH 被广泛用于自由基清除及抗氧化研究。参照文献方法[33]，实验前将 DPPH 配制为 59.85 μmol/L 工作液，分别取 3.9 ml DPPH 工作液与 0.1 ml 甲醇混合加入 25 ml 比色皿中，517 nm 处测定吸光值 A_5，向上述溶液体系中分别加入不同浓度 MT 样品及 V_C 溶液，另设同体积蒸馏水为空白组，室温避光静置 5 min，测定吸光值 A_6，按以下公式计算不同样品对 DPPH 自由基清除率（S）。

$$S = \frac{A_5 - A_6}{A_5} \times 100\%$$　　　　　　（7-7）

4. 统计学分析

数据采用 $\bar{x} \pm s$ 表示，采用 SPSS19.0 统计软件进行统计分析，组间比较采用 t 检验，$p < 0.05$ 有统计学意义。

7.4.3　结果与讨论

1. 羟基自由基清除作用

MT 对 $Cv\text{-}FeSO_4\text{-}H_2O_2$ 体系所产羟基自由基清除作用如图 7-19 所示，Zn-MT、

MT-Ⅰ、MT-Ⅱ和 V_C 溶液对羟基自由基均有显著的清除效果，且具有良好的量效关系。与 V_C 处理组比较，40～100 μg/ml 时，Zn-MT 处理组对自由基清除效果极显著（$p=0.0076<0.01$），MT-Ⅰ（$p=0.0127<0.05$）与 MT-Ⅱ（$p=0.0191<0.05$）处理组对自由基清除效果显著，MT 对羟基自由基的清除能力约为 V_C 的 3 倍。当 MT 终浓度达到 80 μg/ml 后，羟基自由基清除率达到峰值，80 μg/ml 以后清除效果趋于平缓。三种 MT 样品对羟基自由基的清除能力关系为 Zn-MT＞MT-Ⅰ＞MT-Ⅱ。

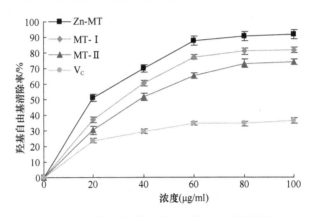

图 7-19　酵母源金属硫蛋白对羟自由基清除率

2. 超氧阴离子自由基清除作用

邻苯三酚在碱性条件下能够发生自氧化反应[34]，产生稳定浓度的超氧阴离子自由基与中间物，中间物又与超氧阴离子自由基反应，得到一种带有颜色的中间产物，此物在紫外有吸收，这为体外模拟机体超氧阴离子自由基并实时监测其数量提供可能性。本实验以邻苯三酚氧化体系成功模拟了机体超氧阴离子，同时测定 Zn-MT、MT-Ⅰ、MT-Ⅱ和 V_C 溶液对超氧阴离子的清除作用。结果显示，四种样品对超氧阴离子均有较好的清除作用，随着样品浓度的升高，对超氧阴离子的清除率呈上升趋势，当样品浓度为 100 μg/ml 时清除效果最好。在整个自由基清除过程中，当样品浓度达到 60 μg/ml 后，与各 MT 处理组比较，V_C 溶液对超氧阴离子的清除效果最为显著（$p=0.0069<0.01$），三种 MT 样品对超氧阴离子的清除效果相当，结果见图 7-20。

3. DPPH 自由基清除作用

DPPH 作为一种稳定的固体自由基[35]，目前已被广泛用于生物试剂、抗氧化试剂和食品等抗氧化能力的定量分析。Zn-MT、MT-Ⅰ、MT-Ⅱ和 V_C 溶液对 DPPH 自由基清除作用如图 7-21 所示，四种样品对 DPPH 均有一定的清除效果，随着样品浓度的增加，三种 MT 样品对 DPPH 自由基的清除能力也逐渐增强，且呈剂量

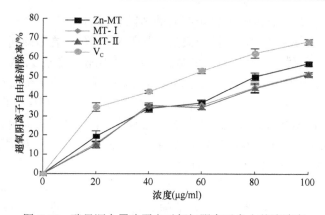

图 7-20　酵母源金属硫蛋白对超氧阴离子自由基清除率

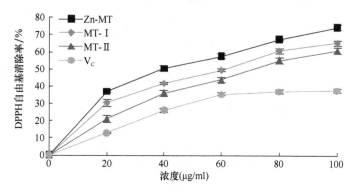

图 7-21　酵母源金属硫蛋白对 DPPH 自由基清除率

依赖关系，但 V_C 溶液浓度达到 60 μg/ml 后对 DPPH 的清除效果趋于稳定。当样品浓度达到 80 μg/ml 后，Zn-MT 与 MT-Ⅰ对 DPPH 自由基的清除能力极显著高于 V_C（$p<0.01$），MT-Ⅱ对 DPPH 自由基的清除能力显著高于 V_C（$p<0.05$）。相同浓度下，样品对 DPPH 自由基的清除能力关系为 Zn-MT＞MT-Ⅰ＞MT-Ⅱ＞V_C。

7.4.4　小结

经过近半个世纪的研究，金属硫蛋白作为强抗氧化功能活性物质已逐渐被人们所熟知，尤其是在医疗、美容、保健食品等方面的应用与开发引起国内外学者越来越多的兴趣。由于目前对金属硫蛋白的研究多数集中在动物源性金属硫蛋白，而动物源性金属硫蛋白在价格与提取率方面具有较大的局限性，所以本实验选取酵母源金属硫蛋白为实验材料，探讨不同异构形式酵母源金属硫蛋白与兔肝 Zn-MT 在体外清除自由基与抑菌活性方面的差异性。

　　实验结果表明，金属硫蛋白能够显著清除体外自由基，对于羟基自由基与 DPPH 自由基，金属硫蛋白的清除效果显著强于 V_C，但 V_C 在清除超氧阴离子方面较金属硫蛋白表现效果更好。与酵母源金属硫蛋白比较，兔肝 Zn-MT 清除自由基效果较强，但差异性不大，这可能是因为本实验所选用金属硫蛋白纯度不足。由于金属硫蛋白家族庞大，异构体形式复杂，而通常所指的金属硫蛋白主要为 MT-Ⅰ、MT-Ⅱ，因此本实验选取 MT-Ⅰ 与 MT-Ⅱ 两种异构形式进行研究，探讨金属硫蛋白在自由基清除与抑菌方面的构效关系。研究发现，在自由基清除方面，MT-Ⅰ 效果要好于 MT-Ⅱ，该结果与已有报道相似。

　　由于机体释放自由基方式复杂，且自由基种类不同，因此酵母源金属硫蛋白清除机体自由基的构效、量效关系及清除机制仍待进一步研究与阐述。但在本实验中，酵母源金属硫蛋白显示出了其强大的抗氧化能力，相信随着研究的深入，酵母源金属硫蛋白因其安全、经济及丰富的生物学功能将会在医药、化妆品、保健食品、生物防腐和环保等方面有着广阔的市场与发展前景。

参 考 文 献

[1] 陈春, 周启星. 金属硫蛋白作为重金属污染生物标志物的研究进展. 农业环境科学学报, 2009, 28(3): 425-432.

[2] 励建荣, 宣伟, 李学鹏, 等. 金属硫蛋白的研究进展. 食品科学, 2010, 31(17): 392-396.

[3] 路浩, 刘宗平, 赵宝玉. 金属硫蛋白生物学功能研究进展. 动物医学进展, 2009, 30(1): 62-65.

[4] 张燕, 肖婷婷, 沈祥春. 金属硫蛋白的功能及药理作用研究进展. 中国药理学通报, 2010, 26(6): 821-824.

[5] 张桂春. 金属硫蛋白的功能及应用前景. 生物技术通报, 2008(2): 142-145.

[6] 成喜雨, 崔馨, 刘春朝, 等. 中草药抗氧化活性研究进展. 天然产物研究与开发, 2006, 18(3): 514-518.

[7] 吴青, 黄娟, 罗兰欣, 等. 15 种中草药提取物抗氧化活性的研究. 中国食品学报, 2006(1): 284-289.

[8] 屈海琪, 杨国栋, 蒋伟, 等. 金莲花中荭草苷和牡荆苷对 D-半乳糖致衰老小鼠血清及组织抗氧化活性的动态影响. 中国老年学杂志, 2015(2).

[9] 张越锋, 李福燕, 吴瑛. 红枣多糖及红枣硒多糖抗氧化活性的比较研究. 食品研究与开发, 2015(3): 4-9.

[10] 郑国栋, 谢小俊, 曾茹佚, 等. 杜仲叶萃取物对精炼菜籽油抗氧化活性的研究. 中国粮油学报, 2015, 30(4): 76-79.

[11] 刘娜, 王文平, 康倩, 等. 银杏叶黄酮类成分体外及经肠吸收后抗氧化活性比较. 天津中医药, 2015(1).

[12] 罗旭璐, 袁雨川, 贺鹏, 等. 美藤果籽粕多酚的提取及其抗氧化活性测定. 林业科技开发, 2015, 29(1): 75-78.

[13] 刘春荣, 王登亮, 毕旭灿, 等. 常山胡柚小青果乙醇提取物的黄酮类物质含量及抗氧化活性测定. 中国南方果树, 2015, 44(4): 41-44.

[14] 周兆祥, 白石琦, 邹烨, 等. 黄秋葵茶叶的成分分析及其水提物的抗氧化活性测定. 江苏大学学报: 医学版, 2015(3): 260-262.

[15] 王嘉榕, 腾达, 田子罡. 功能性抗氧化肽制备与机制研究进展. 天然产物研究与开发, 2008, 20(2): 371-375.

[16] 雷学军. 清除氧自由基的功能性食品. 食品工业, 2002(3): 41-42.

[17] 裴小平, 唐道邦. 肖更生, 等. 抗氧化肽制备的应用现状及趋势. 食品工业科技, 2009(2): 319-322.

[18] Athukorala Y, Kim KN, Jeon Y J. Antip roliferative and antioxidant properties of an enzymatic hydrolysate from brown alga, Eckbnia cava. Food and Chemical Toxicology, 2006, 44(7): 1065-1074.

[19] 文镜, 贺素华, 杨育颖, 等. 保健食品清除自由基作用的体外测定方法和原理. 食品科学, 2004, 25(11): 190-195.

[20] 陈双. 玉竹糖蛋白的分离纯化及抗氧化作用研究. 西安: 陕西师范大学硕士学位论文, 2010.

[21] Chow S T, Chao W W, Chung Y C. Antioxidative activity and safety of 50% ethaolicred extract. Journal of Food Science, 2003, 68(1): 21-25.

[22] 李超, 李娇娇. 回心草总黄酮清除羟基自由基活性研究. 粮油加工, 2010(8): 163-165.

[23] 孙宇婧, 韩涛, 李丽萍, 等. 山药糖蛋白体外抗氧化活性研究. 园艺学报, 2010, 37(6): 1009-1014.

[24] Pin-Der. Duh antioxidant activity of budroch(*Arctium lappa* Linn): Its scavenging effect on free radicaland actrive oxygen. Journal of the American Oil Chemists' Society, 1998, 75: 455-461.

[25] Klaassen C D. Learning to program the liver.Annual Review of Pharmacology and Toxicology, 2014, 54: 1-8.

[26] Skutkova H, Babula P, Stiborova M, et al.Structure, polymorphisms and electrochemistry of mammalian metallothioneins: A review. International Journal of Electrochemical Science, 2012, 7: 12415-12431.

[27] 兰欣怡, 张彬, 罗佳捷. MT 对热应激奶牛外周血淋巴细胞凋亡相关基因 *cytc* 和 Fas 表达水平的影响.中国乳业, 2013, 12: 44-48.

[28] 全先庆, 张洪涛, 单雷. 植物金属硫蛋白及其重金属解毒机制研究进展. 遗传, 2006, 3: 375-382.

[29] Liochev S I.Reactive oxygen species and the free radical theory of aging.Free Radical Biology and Medicine, 2013, 60: 1-4.

[30] 李连平. 小球藻类金属硫蛋白结构表征及抗氧化与抗菌活性研究. 集美大学, 2009.

[31] 郭雪峰, 岳永德, 汤锋. 用清除超氧阴离子自由基法评价竹叶提取物抗氧化能力.光谱学与光谱分析, 2008, 8: 1823-1826.

[32] 李红兵, 刘晔玮, 李立. 锁阳清除自由基活性的研究.食品科技, 2009, 10: 166-169.

[33] Molyneux P.The use of the stable free radical diphenylpicrylhydrazyl(DPPH)for estimating antioxidant activity. Songklanakarin Journal of Science and Technology, 2004, 26(2):

211-219.

[34] Hauser-Davis R A, Bastos F F, Dantas R F, et al.Behaviour of the oxidant scavenger metallothionein in hypoxia-induced neotropical fish.Ecotoxicology and Environmental Safety, 2014, 103: 24-28.

[35] Huang Z X , Gu W Q, Hu Y, et al.Separation and Purification of rat liver metallothionein, preparation of α-domain fragments of MT- II and their characterization by NMR.Chemical Research in Chinese Universities, 1993, 4: 454-457.

第8章　酵母源金属硫蛋白在模拟胃肠道环境中对铅离子的螯合作用

8.1　酵母源金属硫蛋白在模拟胃环境中对铅离子的螯合率

　　MT 促排重金属的主要机制是：一方面使其能够直接被消化道吸收，结构中巯基簇所结合的金属离子能够与外来重金属离子发生竞争及置换作用，外来重金属离子因其与 MT 具有更强的亲和力而置换 MT 中原有金属离子，与脱金属 MT 形成安全及稳定的结合物，从而减轻机体重金属负荷；另一方面 MT 能够被消化道分解为半胱氨酸或半胱氨酸组成的小肽片段，该类片段能够直接结合外来重金属离子或者作为内源性 MT 原料，增加内源性 MT 的产生，但其明确的作用位点及机制尚存争议[1~3]。因此，本节实验以常见兔肝 Zn-MT 为对照，探讨了两种酵母源 MT 亚型在人工模拟胃环境中对铅离子的螯合作用与机制，旨在为后续酵母源 MT 体内排铅功能的深入研究提供前期铺垫及机制分析的理论支持。

8.1.1　材料与设备

1. 材料与试剂

兔肝 Zn-MT（纯度 99%）	上海源叶生物科技有限公司
酵母源 MT（MT-Ⅰ、MT-Ⅱ，纯度 91%）	黑龙江八一农垦大学食品学院
β-巯基乙醇	上海源叶生物科技有限公司
溴酚蓝	天津市大茂化学试剂厂
亚甲基双丙烯酰胺	Sigma 公司
磷酸二氢钠	天津化学试剂厂
磷酸氢二钾	天津化学试剂厂
胃蛋白酶	河南德大化工有限公司
铅、锌标准液（1 mg/ml）	广州市尚邦贸易有限公司
考马斯亮蓝 R-250	上海源叶生物科技有限公司
SDS-PAGE 超低分子质量标准品	上海源叶生物科技有限公司

2. 仪器与设备

SHA-B 型水浴恒温振荡器　　　　　　　　江苏亿通电子有限公司
JD100-3B 电子分析天平　　　　　　　　　沈阳龙腾电子有限公司
SpectrAA 200Z 石墨炉原子吸收分光光度计　美国 Varian 公司
PHS-3C 型 pH 计　　　　　　　　　　　　天津市科威仪器有限公司
纤维素透析袋（截留分子质量 25～14 000 Da）上海源叶生物科技有限公司
SDS-PAGE 电泳仪系统　　　　　　　　　　北京君意东方电泳设备有限公司

8.1.2　实验方法

1. 构建模拟胃环境

　　胃环境主要由胃液组成，含有大量脂类、微生物、电解质、激素及水等，且胃液正常处于 37℃、pH0.9～1.5 环境中，但 pH 与胃蛋白酶为蛋白质活性主要影响因素，本实验主要通过调节 pH 及添加胃蛋白酶构建模拟胃环境，探究酵母源MT 在胃环境中对铅离子的螯合效果[4, 5]。参考文献方法[6, 7]并稍加改进，配置pH1.2、胃蛋白酶浓度为 10 mg/ml 的模拟胃液，螯合反应温度条件为 37℃，即为模拟胃环境。

　　按以上条件以同体积去离子水代替胃蛋白酶水溶液，即无胃蛋白酶添加模拟胃环境。由于采用火焰原子吸收光谱法[8]测定溶液重金属离子含量，故后续实验需将 MT 与胃蛋白酶置于透析袋中。

2. 酵母源金属硫蛋白在模拟胃道环境中对铅离子的螯合率

　　鉴于 MT 浓度对其体外螯合铅离子效果的影响鲜有报道，故本实验参考有关MT 功能性评价相关研究采用的剂量设置 MT 浓度[9]。参照上述模拟胃环境构建方法，取一定量 MT 水溶液 10 ml 于大小适中的透析袋中，向透析袋中加入 10 mg/ml胃蛋白酶水溶液 10 ml，透析袋用封口夹夹紧，将透析袋置于 500 ml 锥形瓶中。另取 460 ml 模拟胃肠液于上述锥形瓶中，37℃恒温水浴振荡 12 h，螯合体系主要反应组分见表 8-1，MT 对铅离子螯合率（S）用以下公式计算：

$$S = \frac{C_0 - C_e}{C_0} \times 100\%　　　　　（8-1）$$

式中 C_0 为铅离子初始浓度，C_e 为螯合后体系铅离子浓度。

表 8-1　胃环境螯合体系主要反应组分

组分	反应物	浓度（μg/ml）	含量（mg）
MT	Zn-MT、MT-Ⅰ、MT-Ⅱ	0、2、4、8	0、1、2、4
铅离子	醋酸铅	0.4	0.2
蛋白酶	胃蛋白酶	0.1×10^5	100

3. 统计学分析

数据采用 $\bar{x} \pm s$ 表示，采用 SAS 9.1.3 统计学软件进行统计学分析，Origin 8.0 软件绘制相关图表，组间比较采用 T 检验，$p < 0.05$ 有统计学意义[10]。

8.1.3　结果与分析

1. 酵母源金属硫蛋白在模拟胃环境中对铅离子的螯合作用

（1）酵母源金属硫蛋白在模拟胃环境中对铅离子的螯合率

酵母源 MT 在模拟胃环境中对铅离子的螯合效果如图 8-1 所示。在 0~2 μg/ml 浓度范围内，随着酵母源 MT 浓度的升高，其对铅离子的螯合率明显提高，且呈现显著的量效关系（$p < 0.05$）。MT 浓度在 2~4 μg/ml 范围时，其对铅离子的螯合效果趋于平缓，当 MT 浓度为 4 μg/ml 时，MT 对铅离子的螯合率达到最高。在模拟胃环

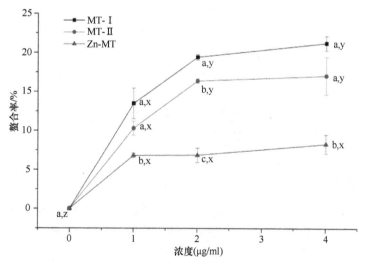

图 8-1　酵母源 MT 在模拟胃环境中对铅离子的螯合率

a-c 代表同一浓度不同样品的螯合率差异显著性，x-z 代表同一样品不同浓度的螯合率差异显著性，字母不同表示差异显著（$p < 0.05$），字母相同表示差异不显著（$p > 0.05$）

境中，三种 MT 对铅离子均有一定的螯合作用，酵母源 MT 对铅离子的螯合率显著高于 Zn-MT（$p < 0.05$），且两类酵母源 MT 对铅离子的螯合率无显著差异（$p > 0.05$）[11]，由此推测，模拟胃环境在消化 MT 过程中，对酵母源 MT 的氨基酸结构（尤其是半胱氨酸连接处）消化作用显著弱于 Zn-MT。

（2）酵母源金属硫蛋白在无胃蛋白酶添加模拟胃环境中对铅离子的螯合率

图 8-2 为 MT 在无胃蛋白酶添加模拟胃环境中对铅离子的螯合效果，对比图 8-1 可以看出，浓度在 0～4 μg/ml 范围内，高浓度 MT 在无胃蛋白酶添加模拟胃环境中对铅离子的螯合效果更好。结果表明，胃蛋白酶能够显著降低 Zn-MT 与 MT-I 对铅离子的螯合率（$p < 0.05$），但对 MT-II 的螯合效果无显著影响（$p > 0.05$），可能是由于胃蛋白酶能够破坏 Zn-MT 与 MT-I 的氨基酸结构[12]，尤其是减少及破坏其巯基结构，从而影响铅离子与 MT 的结合点，而这种作用对 MT-II 的特殊结构影响较小。

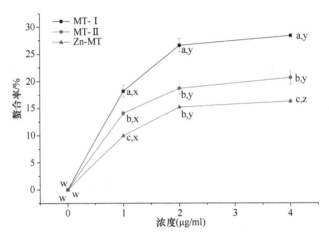

图 8-2　酵母源 MT 在无胃蛋白酶添加模拟胃环境中对铅离子的螯合率

a-c 代表同一浓度不同样品的螯合率差异显著性，w-z 代表同一样品不同浓度的螯合率差异显著性，
字母不同表示差异显著（$p < 0.05$），字母相同表示差异不显著（$p > 0.05$）

2. 螯合体系重金属离子的迁移与转化

关于 MT 螯合重金属机制，普遍认为 MT 结合重金属离子因其结合能力不同，多种重金属离子存在时，重金属离子会发生迁移与置换作用[13]。选取 MT 浓度为 4 μg/ml 时，测定螯合体系主要重金属离子变化率，结果如表 8-2 所示。MT 在螯合铅离子过程中，同时释放自身结合重金属元素，两者比例并未严格符合竞争置换机制，且自身重金属离子释放率显著高于对铅离子螯合率（$p < 0.05$），由此推测，模拟胃环境能够破坏 MT 与重金属离子的结合位点，从而降低其对重金属离子螯合能力，但模拟胃环境对 MT-II 影响较小。

表 8-2　透析袋外溶液中重金属离子含量变化率

组别	金属硫蛋白	重金属离子含量变化率（%）	
		铅离子	锌离子
模拟胃环境	MT-Ⅰ	21.24±0.92（−）	27.10±0.96*（+）
	MT-Ⅱ	17.06±2.39（−）	19.10±0.36（+）
	Zn-MT	8.31±1.19（−）	14.33±0.69*（+）

注：+，升高率；−，降低率；与铅离子比较，* $p < 0.05$。

8.1.4　小结

本节实验以兔肝 Zn-MT 为对照，考察了两种酵母源 MT 亚型在模拟胃环境中对铅离子的螯合作用。实验结果显示，三种 MT 在模拟胃环境中对铅离子均具有一定的螯合作用，并呈一定的量效关系。在模拟胃环境中，两种酵母源 MT 亚型对铅离子的螯合率显著高于 Zn-MT（$p < 0.05$），其大小关系为：Zn-MT＞MT-Ⅰ＞MT-Ⅱ，MT 在螯合铅离子过程中，重金属元素变化规律并不符合严格的取代机制。结果显示，模拟胃肠道环境对酵母源 MT 巯基具有一定程度的破坏作用，减少了重金属离子结合位点，其中对 MT-Ⅱ的影响小于 MT-Ⅰ，这可能与 MT 的 RS-M-SR 等特殊结构有关。综上所述，MT-Ⅰ与 MT-Ⅱ在模拟胃道环境中均能显著地螯合铅离子。

8.2　酵母源金属硫蛋白在模拟肠道环境中对铅离子的螯合率

MT 主要以外用（化妆品）和口服（功能性食品及药品等）形式作用于人体，虽然已有大量报道证实动物源性 MT 在体内能够稳定的发挥排铅效果[14]，但本课题组所制备的酵母源 MT 口服后是否能够在胃肠道环境中存在且保持活性及其在体内排铅的机制尚需明确的验证。因此，本实验以常见兔肝 Zn-MT 为对照，探讨了两种酵母源 MT 亚型在人工模拟肠道环境中对铅离子的螯合作用与机制，旨在为后续酵母源 MT 体内排铅功能的深入研究提供理论支撑和实践指导。

8.2.1　材料与设备

1. 材料与试剂

兔肝 Zn-MT（纯度 99%）　　　　　上海源叶生物科技有限公司
酵母源 MT-Ⅰ（纯度 91%）　　　　黑龙江八一农垦大学食品学院
酵母源 MT-Ⅱ（纯度 91%）　　　　黑龙江八一农垦大学食品学院

β-巯基乙醇	上海源叶生物科技有限公司
溴酚蓝	天津市大茂化学试剂厂
亚甲基双丙烯酰胺	Sigma 公司
磷酸二氢钠	天津化学试剂厂
磷酸氢二钾	天津化学试剂厂
胰蛋白酶	河南德大化工有限公司
铅、锌标准液（1 mg/ml）	广州市尚邦贸易有限公司
考马斯亮蓝 R-250	上海源叶生物科技有限公司
SDS-PAGE 超低分子质量标准品	上海源叶生物科技有限公司

2. 仪器与设备

SHA-B 型水浴恒温振荡器	江苏亿通电子有限公司
JD100-3B 电子分析天平	沈阳龙腾电子有限公司
SpectrAA 200Z 石墨炉原子吸收分光光度计	美国 Varian 公司
PHS-3C 型 pH 计	天津市科威仪器有限公司
纤维素透析袋（截留分子质量 25～14 000 Da）	上海源叶生物科技有限公司
SDS-PAGE 电泳仪系统	北京君意东方电泳设备有限公司

8.2.2　实验方法

1. 构建模拟肠道环境

参考文献方法[15]，配置 pH7.8、胰蛋白酶浓度 10 mg/ml 的模拟肠液，螯合体系设置为 37℃，即为模拟肠道环境。肠道环境主要由各种肠腺分泌的分泌液构成，由水、氯化钠及胰蛋白酶等多种成分构成，肠道环境正常温度为 37℃，pH7.8～9.0，但 pH 与胰蛋白酶为蛋白质活性主要影响因素，本实验通过调节 pH 及添加胰蛋白酶构建模拟肠道环境，探究酵母源 MT 在肠道环境中对铅离子的螯合效果。

按以上条件以同体积去离子水代替胰蛋白酶水溶液，即无胰蛋白酶添加模拟胃环境。由于采用火焰原子吸收光谱法测定溶液重金属离子含量[8]，故后续实验需将 MT 与胰蛋白酶置于透析袋中。

2. 酵母源金属硫蛋白在模拟肠道环境中对铅离子的螯合率

鉴于 MT 浓度对其体外螯合铅离子效果的影响鲜有报道，故本实验参考有关 MT 功能性评价相关研究[16]采用的剂量设置 MT 浓度。参照上述模拟肠道环境构建方法，取一定量 MT 水溶液 10 ml 于大小适中的透析袋中，向透析袋中加入 10 mg/ml

胰蛋白酶水溶液 10 ml，透析袋用封口夹夹紧，将透析袋置于 500 ml 锥形瓶中。另取 460 ml 模拟肠液和 20 ml 醋酸铅溶液（10 μg/ml）于上述锥形瓶中，37℃恒温水浴振荡 12 h，螯合体系主要反应组分见表 8-1，MT 对铅离子螯合率（S）以公式（8-1）计算。

3. 酵母源金属硫蛋白在模拟胃环境和肠道环境中的降解作用

取一定量 MT-Ⅰ与 MT-Ⅱ样品分别溶解于 1 ml 模拟胃环境和肠道环境中，37℃恒温水浴振荡 12 h，SDS-PAGE 凝胶电泳分析 MT 在模拟胃环境和肠道环境中降解产物分子质量。4. 统计学分析

数据采用 $\bar{x} \pm s$ 表示，采用 SAS 9.1.3 统计学软件进行统计学分析，Origin 8.0 软件绘制相关图表，组间比较采用 T 检验，$p < 0.05$ 有统计学意义[17]。

8.2.3　结果与讨论

1. 酵母源金属硫蛋白在模拟肠道环境中对铅离子的螯合作用

（1）酵母源金属硫蛋白在模拟肠道环境中对铅离子的螯合率

从图 8-3 中可以看出，MT 浓度在 0～2 μg/ml 范围内，三种 MT 在模拟肠道环境中对铅离子的螯合作用具有显著的量效关系（$p < 0.05$），MT 浓度提高至 2 μg/ml 以后，其对铅离子的螯合作用趋于平缓，在 4 μg/ml 浓度下，MT 对铅离子的螯合

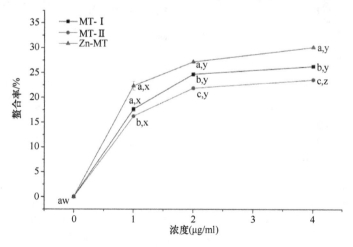

图 8-3　酵母源 MT 在模拟肠道环境中对铅离子的螯合率

a-c 代表同一浓度不同样品的螯合率差异显著性，w-z 代表同一样品不同浓度的螯合率差异显著性，
字母不同表示差异显著（$p < 0.05$），字母相同表示差异不显著（$p > 0.05$）

效果最好，三种 MT 对铅离子的螯合效果具有差异显著性（$p<0.05$），其关系为：Zn-MT＞MT-Ⅰ＞MT-Ⅱ。与图 8-1 比较可知，MT 在模拟肠道环境中对铅离子的螯合效果显著高于在模拟胃环境中对铅离子的螯合效果（$p<0.05$），可能是因胰蛋白酶具有较强的特异选择性，相对于胃蛋白酶，胰蛋白酶对 MT 的氨基酸结构特别是对巯基破坏性较小，MT 在模拟肠道环境中保留了其自身的大量巯基，从而保护 MT 与铅离子的结合位点[18, 19]。

（2）酵母源金属硫蛋白在无胰蛋白酶添加模拟肠道环境中对铅离子的螯合率

图 8-4 为酵母源 MT 在无胰蛋白酶添加模拟肠道环境中对铅离子的螯合效果，从图中可以看出，三种 MT 在无胰蛋白酶添加模拟肠道环境中对铅离子具有较强的螯合作用，螯合效果随着 MT 浓度的升高而显著提高（$p<0.05$），Zn-MT 在无胰蛋白酶添加模拟肠道环境中对铅离子的螯合效果显著优于 MT-Ⅰ 与 MT-Ⅱ（$p<0.05$）。图 8-4 与图 8-2 对比可以看出，三种 MT 对铅离子螯合效果受胰蛋白酶影响较小（$p>0.05$）。实验结果表明：MT 进入肠道环境后，肠道环境对其影响较弱。在无胰蛋白酶添加模拟肠道环境中对铅离子的螯合效果显著高于酵母源 MT（$p<0.05$），这可能是因为酵母源 MT 在 pH1.2 时，相比 Zn-MT 更易于脱金属，形成更多重金属结合位点，从而提高酵母源 MT 与 Pb^{2+}螯合效果，但在碱性的肠道环境中 Zn-MT 更易于形成脱金属 MT，从而对铅离子的螯合效果更好[20, 21]。

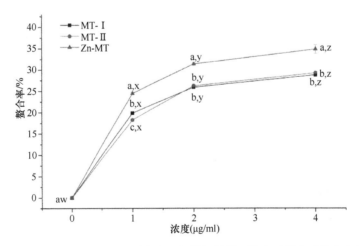

图 8-4　酵母源 MT 在无胰蛋白酶添加模拟肠道环境中对铅离子的螯合率
a-c 代表同一浓度不同样品的螯合率差异显著性，w-z 代表同一样品不同浓度的螯合率差异显著性，
字母不同表示差异显著（$p<0.05$），字母相同表示差异不显著（$p>0.05$）

2. 螯合体系重金属离子的迁移与转化

结果如表 8-3 所示。MT 在螯合铅离子过程中，同时释放自身结合重金属元素，

两者比例并未严格符合竞争置换机制，且自身重金属离子释放率显著高于对铅离子螯合率（$p < 0.05$），由此推测，模拟胃环境能够破坏 MT 与重金属离子的结合位点，从而降低其对重金属离子螯合能力，但模拟胃环境比模拟肠环境对 MT-Ⅱ影响较小。

表 8-3　透析袋外溶液中重金属离子含量变化率

组别	金属硫蛋白	重金属离子含量变化率（%）	
		铅离子	锌离子
模拟肠道环境	MT-Ⅰ	26.29±0.22（−）	28.46±0.57*（+）
	MT-Ⅱ	23.59±0.25（−）	28.00±0.44*（+）
	Zn-MT	30.12±0.13（−）	32.34±0.40*（+）

注：+，升高率；−，降低率；与铅离子比较，* $p < 0.05$。

3. 酵母源金属硫蛋白在模拟胃肠液中的降解作用

图 8-5 为 MT-Ⅰ与 MT-Ⅱ在模拟胃肠道环境中降解产物 SDS-PAGE 凝胶电泳图谱。两种酵母源 MT 亚型在模拟胃肠道环境中 12 h 后均发生一定程度的降解，部分蛋白降解为 5 kDa 以下的片段，其中 3 kDa 以下片段呈涂布状，但模拟肠道环境对两类酵母源 MT 的消化作用弱于模拟胃环境，符合上述对于酵母源 MT 在模拟胃肠道环境中螯合铅离子不同表现的解释，由此推测模拟胃环境的低 pH 及胃蛋白酶更易于破坏 MT 的 α 结构域及 β 结构域，将 MT 降解为部分小肽，其主要影响位点为桥连的硫原子处[22, 23]。

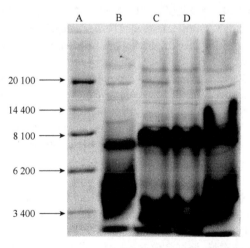

图 8-5　MT-Ⅰ、MT-Ⅱ在模拟胃肠道环境中降解作用
A. 低分子质量蛋白标志物；B. MT-Ⅰ（模拟胃环境）；C. MT-Ⅰ（模拟肠道环境）；D. MT-Ⅱ（模拟肠道环境）；E. MT-Ⅱ（模拟胃环境）

8.2.4　小结

本实验以兔肝 Zn-MT 为对照，考察了两种酵母源 MT 亚型在模拟肠道环境中对铅离子的螯合作用。实验结果显示，三种 MT 在模拟肠道环境中对铅离子具有一定的螯合作用，并呈一定的量效关系。在模拟肠道环境中，三种 MT 对铅离子的螯合效果显著高于在模拟胃环境中对铅离子的螯合效果（$p < 0.05$），其大小关系为：Zn-MT＞MT-Ⅰ＞MT-Ⅱ，MT 在螯合铅离子过程中，重金属元素变化并未符合严格的取代机制。

同时，综合 8.1 和 8.2 的模拟胃肠环境分析，结果提示，模拟肠道环境对酵母源 MT 巯基具有一定程度的破坏作用，减少了重金属离子的结合位点，其中对 MT-Ⅱ的影响小于 MT-Ⅰ，且胰蛋白酶相对于胃蛋白酶对酵母源 MT 螯合铅离子效果影响效果更小（$p > 0.05$），这可能与 MT 的 RS-M-SR 等特殊结构有关。MT-Ⅰ 与 MT-Ⅱ在模拟胃肠道环境中均能显著地螯合铅离子，并在 12 h 内能较好地抵抗模拟胃肠道环境的消化，保持其螯合铅离子能力。

参 考 文 献

[1] 陈春, 周启星. 金属硫蛋白作为重金属污染生物标志物的研究进展. 农业环境科学学报, 2009, 28(3): 425-432.

[2] 张燕, 肖婷婷, 沈祥春. 金属硫蛋白的功能及药理作用研究进展. 中国药理学通报, 2010, 26(6): 821-824.

[3] 励建荣, 宣伟, 李学鹏. 金属硫蛋白的研究进展. 食品科学, 2010, 31(17): 392-396.

[4] Baudrimont M, Andres S, Durrieu G, et al. The key role of me-tallothioneins in the bivalve Corbicula fluminea during the depuration phase after in situ exposure to Cd and Zn. Aquatic Toxicology, 2003, 63(2): 89-102.

[5] Maremanda K P, Khan S, Jena G. Zinc protects cyclophosphamide-in-duced testicular damage in rat: Involvement of metallothionein, tesmin and Nrf2. Biochemical and Biophysical Research Communications, 2014, 445(3): 591-596.

[6] Sabolić I, Breljak D, Škarica M, et al. Role of metallothionein in cadmium traffic and toxicity in kidneys and other mammalian organs. Biometals, 2010, 23(5): 897-926.

[7] 邵欣欣, 许晓曦, 吕萍萍, 等. 金属硫蛋白对鲤鱼不同组织重金属蓄积影响的研究. 食品工业科技, 2013, 3: 120-123.

[8] Dessuy M B, Vale M G R, Welz B, et al. Determination of cadmium and lead in beverages after leaching from pewter cups using graphite furnace atomic absorption spectrometry. Talanta, 2011, 85(1): 681-686.

[9] 邹学敏. 金属硫蛋白对镍、铬联合染毒致小鼠肝肾损伤的保护作用. 衡阳: 南华大学硕士论文, 2012.

[10] Tokuda E, Ono S I, Ishige K, et al. Metallothionein proteins expression, copper and zinc

concentrations, and lipid peroxidation level in a rodent model for amyotrophic lateral sclerosis. Toxicology, 2007, 229(1): 33-41.

[11] 全先庆, 张洪涛, 单雷, 等. 植物金属硫蛋白及其重金属解毒机制研究进展. 遗传, 2006, 3: 375-382.

[12] Torres-Escribano S, Denis S, Blanquet-Diot S, et al. Comparison of a static and a dynamic *in vitro* model to estimate the bioaccessibility of As, Cd, Pb and Hg from food reference materials *Fucus* sp.(IAEA-140/TM)and *Lobster hepatopancreas*(TORT-2). Science of the Total Environment, 2011, 409(3): 604-611.

[13] 蒲晓亚, 吴烨, 安建平, 等. 不同重金属胁迫对小麦金属硫蛋白同源性的影响. 食品工业科技, 2011, 5: 87-89.

[14] Nikpour Y, Zolgharnein H, Sinaei M, et al. Evaluation of metallothionein expression as a biomarker of mercury exposure in Scatophagus argus. Pakistan Journal of Biological Sciences, 2008, 11(18): 2269-2273.

[15] 张东杰. 复方促排铅功能制剂的组分优化及其生物活性研究. 长春: 吉林大学博士学位论文, 2010.

[16] 梁淑轩, 艾丹丹, 孙汉文. 不同 pH 条件下兔肝金属硫蛋白与铜(Ⅱ)结合的研究. 境与健康杂志, 2011, 28(10): 884-886.

[17] Skutkova H, Babula P, Stiborova M, et al. Structure, polymorphisms and electrochemistry of mammalian metallothioneins: A review. International Journal of Electrochemical Science, 2012, 7: 12415-12431.

[18] 马文丽, 王兰, 何永吉. 镉诱导华溪蟹不同组织金属硫蛋白表达及镉蓄积的研究.环境科学学报, 2008, 28(6): 1192-1197.

[19] 林芃, 茹炳根, 任宏伟. 鱼体内金属硫蛋白与水环境关系的研究. 北京大学学报: 自然科学版, 2001, 37(6): 779-784.

[20] 王廷璞, 马伟超, 李一婧, 等. 不同重金属胁迫蔬菜产生金属硫蛋白的同源性检测. 食品安全质量检测学报, 2013, 4: 1179-1184.

[21] Blindauer C A. Bacterial metallothioneins: Past, present, and questions for the future. JBIC Journal of Biological Inorganic Chemistry, 2011, 16(7): 1011-1024.

[22] Chaturvedi A K, Mishra A, Tiwari V, et al. Cloning and transcript analysis of type 2 metallothionein gene (SbMT2) from extreme halophyte *Salicornia brachiate* and its heterologous expression in *E. Coli.* Gene, 2012, 499(2): 280-287.

[23] Atenesyan L, Gunther V, Celniker S E, et al. Characterization of MtnE, the fifth metallothionein member in *Dros ophila*. Journal Biological Inorganic Chemistry, 2011, 16(7): 1047-1056.

第9章 酵母源金属硫蛋白对不同类型铅中毒小鼠的排铅及修复氧化损伤作用

9.1 酵母源金属硫蛋白对急性铅中毒小鼠的排铅及修复氧化损伤作用

随着工业污染的加剧，铅中毒已被公认为全球性的公共健康问题。尽管在全球范围内对铅毒性的认识逐渐深入，但由于误食高铅含量药物、含铅化学物质或其他大量铅接触形式而引起的急性铅中毒事件时有发生。大量研究表明，铅能够稳定蓄积在血液及骨骼中，通过破坏机体抗氧化体系引起机体的氧化应激反应，加速细胞凋亡，干扰机体正常循环系统，从而损伤机体正常造血系统、神经系统、生殖系统和心血管系统等，并对肝肾等器官正常功能产生严重伤害。伴随着铅中毒事件的不断出现，我国卫生部与劳动保障部已于2002年将铅中毒列为十大类职业病的一种[1]。

铅污染及其引起的危害逐渐引起人们的重视，目前，铅中毒事件主要分为一次性、急性大量铅接触导致的急性铅中毒和长期、慢性铅接触导致的慢性铅中毒[2]。目前，已知急性铅毒性主要为破坏机体抗氧化系统，抑制内源性抗氧化酶或非酶类（如超氧化物歧化酶和谷胱甘肽过氧化物酶）活性，增加机体氧化应激，产生大量丙二醛等脂质过氧化物，从而导致机体器官及系统的氧化损伤[3]。在排铅治疗领域，主要采用二巯基丁二酸等化学物质进行体内螯合铅治疗急性铅中毒，而中药类及天然产物类排铅物质目前只能用于慢性铅中毒或相关并发症的治疗。因此，寻找一种高效、安全及廉价的排铅物质用于急性铅中毒的治疗成为排铅领域的迫切需求[4]。

虽然本书前期工作已经证实两种酵母源 MT 亚型在体外具有较强的抗氧化活性，同时在模拟胃肠环境中仍能保持螯合铅离子作用，但其在体内是否能够发挥排铅作用，是否能够抑制体内自由基的生成和存在，以及其拮抗铅对抗氧化酶活性的抑制仍需进一步研究与证实。因此，本节实验以兔肝 Zn-MT 及常用排铅药物二巯基丁二酸为对照，探究了两种酵母源 MT 亚型对急性铅中毒小鼠排铅及氧化损伤修复作用，旨在为酵母源 MT 在急性铅中毒解毒方面的应用提供数据支持，并为后续慢性铅中毒解毒的效果及机制研究提供理论参考。

9.1.1　材料与设备

1. 材料与试剂

兔肝 Zn-MT（纯度 99%）	上海源叶生物科技有限公司
酵母源金属硫蛋白（MT-Ⅰ，纯度 91%）	黑龙江八一农垦大学实验室自提
酵母源金属硫蛋白（MT-Ⅱ，纯度 91%）	黑龙江八一农垦大学实验室自提
二巯基丁二酸（DMSA）	上海研臣实业有限公司
MDA 测试盒	南京建成生物工程研究所
SOD 测试盒	南京建成生物工程研究所
GSH-Px 测试盒	南京建成生物工程研究所

2. 仪器与设备

SHA-B 型水浴恒温振荡器	江苏亿通电子有限公司
BS224S 型电子天平	鹤壁鑫泰高科仪器制造有限公司
SpectrAA 200 石墨炉原子吸收分光光度计	美国 Varian 公司
Tecan Sunrise 酶标仪	瑞士帝肯公司
Corning Costar 3590 不可拆卸 96 孔酶标板	上海源叶生物科技有限公司

3. 实验动物

健康昆明种小鼠（清洁级，批准号：医动字第 10-5101），雄性，体质量（24±3）g，由长春生物制品研究所提供。

9.1.2　实验方法

1. 实验动物分组与饲养

取健康小鼠 120 只，适应性饲养一周，称重。参照常用实验动物随机分组方法[5]，随机抽取 10 只为正常对照组（NOR 组），其余小鼠按体重腹腔注射醋酸铅溶液（300 mg/kg b·w·）构建急性铅中毒小鼠模型。将造模的铅中毒小鼠随机分为 11 组：模型对照组（MoD 组）、阳性对照组（DMSA 组）、Zn-MT 处理组（低、中、高剂量各 1 组）、MT-Ⅰ 处理组（低、中、高剂量各 1 组）、MT-Ⅱ 处理组（低、中、高剂量各 1 组），每组小鼠 10 只。

小鼠饲养在动物实验专用塑料鼠笼中，以无菌碎木屑为垫料，每隔两天换一次垫料，顶部配有钢丝网盖以及自动饮水器，室温（24±2）℃，相对湿度（45±3）%，每日光照 12 h，摄食标准饲料，自由饮水。

2. 给药剂量与方法

小鼠造模 2 h 后，每天一次性灌胃给药 0.2 ml，同一时间连续 14 d，各组小鼠具体药剂分配见表 9-1。

表 9-1　实验动物的药剂分配

组名	药物名	药物剂量（mg/kg b.w.）
正常对照组（NOR 组）	生理盐水	2.00
模型对照组（MoD 组）	生理盐水	2.00
阳性对照组（DMSA 组）	DMSA	2.00
Zn-MT 低剂量组（Zn-MT-LD 组）	Zn-MT	1.60
MT-I 低剂量组（MT-I-LD 组）	MT-I	1.60
MT-II 低剂量组（MT-II-LD 组）	MT-II	1.60
Zn-MT 中剂量组（Zn-MT-MD 组）	Zn-MT	2.00
MT-I 中剂量组（MT-I-MD 组）	MT-I	2.00
MT-II 中剂量组（MT-II-MD 组）	MT-II	2.00
Zn-MT 高剂量组（Zn-MT-HD 组）	Zn-MT	2.40
MT-I 高剂量组（MT-I-HD 组）	MT-I	2.40
MT-II 高剂量组（MT-II-HD 组）	MT-II	2.40

注：b.w. 是 bodyweight 的缩写，意思是每公斤体重注射的毫克数，后同。

3. 动物指标测定

实验期间，每天观察并记录小鼠形态特征、死亡率及体重变化，末次给药 24 h 后，摘眼球取血，每组随机选取 5 只小鼠分离血清，试剂盒法测定小鼠血清中 MDA、SOD 及 GSH-Px 系列抗氧化酶系的活性。各组其余 5 只小鼠保存全血（肝素钠抗凝），石墨炉原子吸收光谱法测定血液中矿物元素铅的含量。

4. 统计学分析

数据采用 $\bar{x} \pm s$ 表示，采用 SAS 9.1.3 统计学软件进行统计学分析，Origin 8.0 软件绘制相关图表，组间比较采用 T 检验，$p < 0.05$ 有统计学意义[6]。

9.1.3　结果与讨论

1. 实验动物一般情况

小鼠急性铅染毒后，皮毛粗糙，活动量增加，与正常组比较，各染毒组小鼠对外界环境刺激敏感，明显出现好斗现象，但日常聚集于鼠笼一角，饮食及饮水量明显减少，尿液呈深黄色。灌胃给药后，仅 DMSA 组小鼠中毒症状有不同程度的缓解，各 MT 处理组小鼠无明显改善。

2. 酵母源金属硫蛋白对急性铅中毒小鼠体重的影响

小鼠急性铅染毒后，体重升高程度显著下降（$p < 0.05$），灌胃给药 14 d 后，仅 DMSA 组小鼠中毒症状改善，体重与正常组小鼠无显著差别（$p > 0.05$），说明 DMSA 进入机体后能迅速渗透到血液系统络合铅离子，增加尿液排铅量，减轻铅致小鼠机体系统紊乱，提高小鼠摄食量及利用率[7]。MT 处理组小鼠体重与模型组小鼠体重无明显区别（$p > 0.05$），结果如图 9-1 所示。

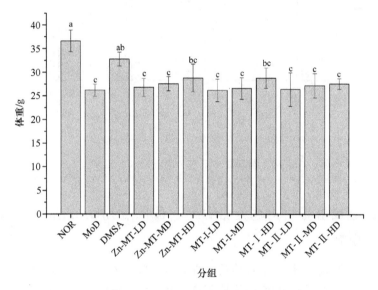

图 9-1　酵母源 MT 对小鼠体重的影响

a-c 代表小鼠体重差异显著性，字母不同表示差异显著（$p < 0.05$），字母相同表示差异不显著（$p > 0.05$）

3. 酵母源金属硫蛋白对急性铅中毒小鼠血铅水平的影响

由图 9-2 可以看出，与正常组比较，小鼠经一次性腹腔注射醋酸铅溶液后，矿物元素铅于 14 d 内稳定存在于小鼠血液中，小鼠血铅水平显著升高（$p < 0.05$）。灌胃给药后，除低剂量 MT-II 处理组外，其余各组给药小鼠血铅水平均显著降低（$p < 0.05$）。在 0.16 mg/kg b.w.～0.24 mg/kg b·w·剂量范围内，三种 MT 均能够有效降低急性铅中毒小鼠血铅水平，且呈显著的量效关系（$p < 0.05$），其中高剂量 MT-I 处理组小鼠血铅水平显著低于 MT-II 处理组（$p < 0.05$），但各 MT 处理组小鼠血铅水平均显著低于 DMSA 组（$p < 0.05$）。结果表明，MT 与 DMSA 对急性

铅中毒小鼠均有较好的排铅效果，且排铅效果与剂量呈正相关，但 DMSA 的排铅效果显著优于 MT（$p<0.05$），高剂量给药后，MT-Ⅰ排铅效果显著好于 MT-Ⅱ（$p<0.05$）。

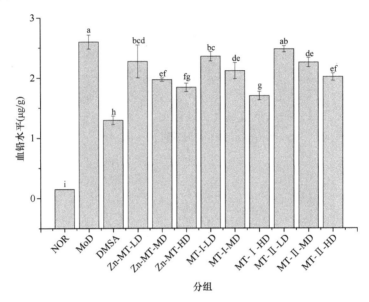

图 9-2　酵母源 MT 对小鼠血铅水平的影响

a-i 代表小鼠血铅水平差异显著性，字母不同表示差异显著（$p<0.05$），字母相同表示差异不显著（$p>0.05$）

4. 酵母源金属硫蛋白对急性铅中毒小鼠血清 MDA、SOD 及 GSH-Px 水平的影响

相比于正常组，急性铅中毒小鼠血清 MDA 水平显著升高（$p<0.05$），SOD 与 GSH-Px 则显著降低（$p<0.05$），表明矿物元素铅进入体内会破坏机体正常抗氧化系统，加速氧自由基生成，进而引起机体脂质过氧化氧化损伤。急性铅中毒小鼠给药 14 d 后，机体过氧化损伤有不同程度的修复，其中高剂量 MT-Ⅰ 与 MT-Ⅱ组 MDA 水平显著低于 Zn-MT 与 DMSA（$p<0.05$），而在修复机体 SOD 与 GSH-Px 指标趋于正常过程中（$p<0.05$），三种 MT 无明显的剂效及量效关系（$p>0.05$）。结果表明，MT-Ⅰ 与 MT-Ⅱ进入急性铅中毒小鼠体内后，能够显著修复铅致小鼠过氧化损伤，且 MT-Ⅰ 与 MT-Ⅱ组在抑制 MDA 生成方面作用效果好于 Zn-MT 与 DMSA，这种作用一方面来源于 MT 结构中的大量巯基能够稳定结合铅离子并促进其排出体外，另一方面可能是由于酵母源 MT 的特异性结构不仅能够作用于 MDA 生成中间过程，破坏 LOO⁻等中间产物的形成，还能直接作用于 MDA，从而减少血清中 MDA 含量[8]。小鼠血清 MDA、SOD 及 GSH-Px 水平见表 9-2。

表 9-2　实验动物血清 MDA、SOD 及 GSH-Px 水平

组别	MDA（nmol/ml）	SOD（U/ml）	GSH-Px（U/ml）
NOR	4.30±0.55[e]	338.70±36.28[a]	296.4±53.66[a]
MoD	14.02±1.62[a]	210.71±23.39[c]	178.29±41.69[c]
DMSA	10.45±0.74[b]	286.29±17.37[b]	200.59±31.81[b]
Zn-MT-LD	10.92±0.47[b]	272.24±23.06[b]	228.99±46.19[ab]
Zn-MT-MD	9.54±0.53[bc]	284.04±20.62[b]	250.25±34.89[ab]
Zn-MT-HD	9.41±0.78[bc]	310.10±16.07[ab]	268.8±44.71[ab]
MT-Ⅰ-LD	10.43±0.97[b]	283.14±19.46[b]	235.81±42.30[ab]
MT-Ⅰ-MD	8.45±0.84[cd]	302.70±26.81[ab]	262.33±30.89[ab]
MT-Ⅰ-HD	7.54±0.28[d]	322.22±37.91[ab]	287.29±36.09[ab]
MT-Ⅱ-LD	10.68±0.46[b]	263.00±16.07[b]	223.78±32.00[ab]
MT-Ⅱ-MD	8.52±0.55[cd]	303.38±18.722[ab]	252.91±40.84[ab]
MT-Ⅱ-HD	7.62±0.32[d]	309.2±18.45[ab]	280.26±48.52[ab]

注：a-d 代表小鼠血清差异显著性，字母不同表示差异显著（$p<0.05$），字母相同表示差异不显著（$p>0.05$）。

9.1.4　小结

目前国内外用于排铅治疗的药物主要分为 EDTA 类金属螯合剂（依地酸二钠钙）、DMSA 类竞争性解毒剂（DMSA）与高锌中药方剂（金银花、木瓜及枸杞等）。西药类排铅制剂虽然排铅效果明显，但普遍存在增加肾功能负担等副作用；中药方剂因其疗效慢及毒性不确定使其在实际应用中受到极大的限制。MT 因其高效排铅及强抗氧化性越来越多地受到排铅药物开发领域的重视，其中动物源 MT 在排铅药物方面的应用及研究最为常见，但由于动物源 MT 提纯技术复杂、周期时间长以及价格昂贵等限制，使得 MT 的排铅研究及应用极为受限。而本课题组获得的具有自主知识产权的酵母源 MT，是金属诱导剂诱导酵母类微生物产生的金属硫蛋白，具有周期时间短、提取技术简易、价格低廉及较高的安全性等优点，利于工业化生产和推广应用。

本实验以 DMSA 与常见动物源 Zn-MT 为对照，一次性腹腔注射醋酸铅形式构建急性铅中毒小鼠模型，探究不同构型酵母源 MT 对急性铅中毒小鼠排铅及过氧化损伤修复作用。实验结果表明，铅能够引起机体严重过氧化损伤，其主要机制为增加氧化应激，产生大量 MDA 等脂质过氧化产物，从而干扰机体正常抗氧化系统[9, 10]。急性铅中毒小鼠经灌胃给药后，与 MT 处理组比较，DMSA 处理组小鼠血铅含量显著降低（$p<0.05$），但 MDA 含量却显著高于高剂量 MT 处理组（$p<0.05$），由此表明，DMSA 作为化学性金属螯合剂，暴露于血铅环境中能够迅速螯合血液中铅离子，并通过尿液等途径将铅离子排出体外，从而减轻铅致机体过氧化损伤，

但对机体已有氧化损伤并无明显修复作用。与模型组比较，MT 能够有效降低急性铅中毒小鼠血铅水平，且呈显著的量效关系（$p < 0.05$），同时促进小鼠血清中 MDA、SOD 及 GSH-Px 水平驱于正常（$p < 0.05$），其中 MT-Ⅰ与 Zn-MT 排铅效果无明显差异（$p > 0.05$），均显著高于 MT-Ⅱ（$p < 0.05$），MT-Ⅰ与 MT-Ⅱ抑制血清中 MDA 增加效果显著高于 Zn-MT（$p < 0.05$），推测与酵母源 MT 特殊的氨基酸结构及不同来源的 MT 于消化道内吸收程度和消化程度不同有关。本实验有力证实，两种酵母源 MT 亚型均显示出显著地排铅效果，且与动物源 MT 类似，并呈现了 DMSA 所不具备的对已有铅致氧化损伤的修复作用。

9.2 酵母源金属硫蛋白对慢性铅中毒小鼠的排铅及肝功能保护作用

随着全球范围铅污染的加剧，通过空气、水及膳食等途径慢性铅接触而导致的慢性铅中毒事件频发，其中儿童、长期使用化妆品及相关从事化工人员因铅暴露时间长及暴露面广而成为主要慢性铅中毒受害人群，慢性铅中毒已成为铅中毒的主要方面[11]。然而，慢性铅接触因毒物来源广，急性发病率低及难以控制等更易于被忽视。目前已知慢性铅中毒主要毒性表现为体内铅蓄积而导致的神经系统、心脑血管系统及肝系统损伤，其中对神经系统及肝功能的损伤最为明显[12, 13]。

采用联合考察形态学表现、血铅水平及血常规指标作为慢性铅中毒的前期确诊已经成为趋势，采用肝功能指标及病理学组织观察作为慢性铅中毒损伤程度的评价。本章实验以兔肝 Zn-MT 与 DMSA 为对照，探究了两种酵母源 MT 亚型对慢性铅中毒小鼠排铅及肝功能保护作用，并对其保护机制进行初步探究，旨在为酵母源 MT 在慢性铅中毒解毒方面的应用提供理论基础及数据支持[14]。

9.2.1　材料与设备

1. 材料与试剂

兔肝 Zn-MT（纯度 99%）　　　　　　　　上海源叶生物科技有限公司
酵母源金属硫蛋白（MT-Ⅰ，纯度 91%）　黑龙江八一农垦大学实验室自提
酵母源金属硫蛋白（MT-Ⅱ，纯度 91%）　黑龙江八一农垦大学实验室自提
二巯基丁二酸（DMSA）　　　　　　　　上海研臣实业有限公司
醋酸铅　　　　　　　　　　　　　　　　南京建成生物工程研究所
肝素钠　　　　　　　　　　　　　　　　南京建成生物工程研究所

| 伊红染液 | 南京建成生物工程研究所 |

2. 仪器与设备

BS224S 型电子天平	鹤壁鑫泰高科仪器制造有限公司
SpectrAA 200 型石墨炉原子吸收分光光度计	美国 Varian 公司
血常规分析仪	东莞市健威医疗器械有限公司
XD811F 型快速生化分析仪	武汉三丰医疗设备有限公司
1805 型切片机（石蜡）	德国 Leica 公司
EG1150 型组织包埋机	德国 Leica 公司
CK40 型光学显微镜	日本 Olympus 公司

3. 实验动物

健康昆明种小鼠（批准号：医动字第 13-3277），雄性，体质量（20±2）g，由长春生物制品研究所提供。

9.2.2　实验方法

1. 实验动物分组与饲养

按照中华人民共和国卫生部颁布的保健食品检验与评价技术规范（2003 版）进行促排铅模型建立与功能评价的研究[15]。取健康小鼠 120 只，适应性饲养一周，称重，随机抽取 10 只为正常对照组（NOR 组），随机分为 11 组：模型对照组（MoD 组）、阳性对照组（DMSA 组）、Zn-MT 处理组（低、中、高剂量各 1 组）、MT-Ⅰ处理组（低、中、高剂量各 1 组）、MT-Ⅱ处理组（低、中、高剂量各 1 组），每组小鼠 10 只。

小鼠饲养在动物实验专用塑料鼠笼中，以无菌碎木屑为垫料，每隔两天换一次垫料，顶部配有钢丝网盖以及自动饮水器，室温（24±2）℃，相对湿度（45±3）%，每日光照 12 h，摄食标准饲料[16]。

2. 给药剂量与方法

各组小鼠每天同一时间一次性灌胃给药 0.2 ml，连续 35 d，其中 NOR 组小鼠每天自由饮用含 25 μl/L 冰醋酸的去离子水，其余各铅染毒组小鼠每天自由饮用含 0.24%醋酸铅的去离子水溶液（溶液中加入 25 μl/L 冰醋酸），各组小鼠具体灌胃药剂分配见表 9-3。

表 9-3　实验动物的药剂分配

组名	药物名	药物剂量（mg/kg b.w.）
正常对照组（NOR 组）	生理盐水	2.00
模型对照组（MoD 组）	生理盐水	2.00
阳性对照组（DMSA 组）	DMSA	2.00
Zn-MT 低剂量组（Zn-MT-LD 组）	Zn-MT	1.60
MT-Ⅰ低剂量组（MT-Ⅰ-LD 组）	MT-Ⅰ	1.60
MT-Ⅱ低剂量组（MT-Ⅱ-LD 组）	MT-Ⅱ	1.60
Zn-MT 中剂量组（Zn-MT-MD 组）	Zn-MT	2.00
MT-Ⅰ中剂量组（MT-Ⅰ-MD 组）	MT-Ⅰ	2.00
MT-Ⅱ中剂量组（MT-Ⅱ-MD 组）	MT-Ⅱ	2.00
Zn-MT 高剂量组（Zn-MT-HD 组）	Zn-MT	2.40
MT-Ⅰ高剂量组（MT-Ⅰ-HD 组）	MT-Ⅰ	2.40
MT-Ⅱ高剂量组（MT-Ⅱ-HD 组）	MT-Ⅱ	2.40

3. 动物指标测定

实验期间，每天观察并记录小鼠形态特征、死亡率及体重变化，末次给药 24 h 后，摘眼球取血，每组随机选取 5 只小鼠分离血清，采用快速生化分析仪测定血清中谷丙转氨酶（GPT）与谷草转氨酶（GOT）水平，其余 5 只小鼠保存全血（肝素钠抗凝），血常规分析仪测定选定的部分血常规指标，另用石墨炉原子吸收光谱法测定血液中矿物元素铅的含量。全部小鼠处死后，迅速采集肝脏，生理盐水清洗后，制作石蜡切片，电动显微镜下观察，400 倍拍照。

4. 统计学分析

数据采用 $\bar{x} \pm s$ 表示，采用 SAS 9.1.3 统计学软件进行统计学分析，Origin 8.0 软件绘制相关图表，组间比较采用 t 检验，$p < 0.05$ 有统计学意义。

9.2.3　结果与讨论

1. 实验动物一般情况

鼠铅染毒初期，皮毛粗糙，活动量增加，与正常组比较，各染毒组小鼠对外界环境刺激敏感，明显出现好斗现象，但日常聚集于鼠笼一角，饮食及饮水量明显减少，尿液呈深黄色。该现象与前期实验中急性铅中毒小鼠模型研究结果相类似。灌胃给药 35 d 后，各给药组小鼠铅中毒症状有不同程度的缓解。

2. 酵母源金属硫蛋白对慢性铅中毒小鼠体重的影响

小鼠饲喂 35 d 后，各组体重无显著差别（$p > 0.05$），由此推测本实验所设置慢性染毒铅浓度对小鼠正常新陈代谢并未产生重度影响，且小鼠自身对低浓度的慢性铅毒性具有一定的抗性，结果见图 9-3。

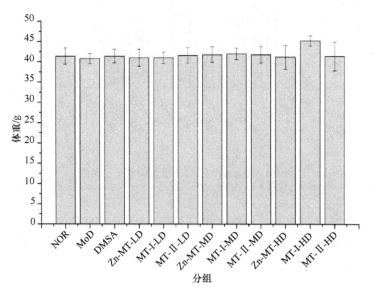

图 9-3　酵母源 MT 对小鼠体重的影响

3. 酵母源金属硫蛋白对慢性铅中毒小鼠血铅水平的影响

由图 9-4 可以看出，小鼠慢性铅接触后，相比于正常组，模型对照组的小鼠血铅水平显著升高（$p < 0.05$）。灌胃给药 35 d 后，与模型对照组比较，DMSA 与中、高剂量 MT 处理组（MT-Ⅱ-MD 除外）小鼠血铅水平显著下降（$p < 0.05$），且高剂量 MT 处理组小鼠血铅水平显著低于 DMSA 组（$p < 0.05$），其中高剂量 MT-Ⅰ 处理组小鼠血铅水平显著低于其他药物处理组（$p < 0.05$）。结果表明，DMSA 与三类 MT 均具有较好的排铅效果，可显著降低慢性铅中毒小鼠血铅水平，高剂量 MT 排铅效果显著优于实验设置浓度（常用口服浓度）下的 DMSA，且 MT 排铅效果与剂量呈正相关，其中高剂量 MT-Ⅰ 排铅效果最好。

4. 酵母源金属硫蛋白对慢性铅中毒小鼠血常规指标的影响

目前医疗上通常将血常规检查作为铅中毒检测的首检项，而白细胞、粒细胞计数、红细胞平均体积及血红蛋白等被认为受铅影响较大的指标。普遍认为铅在机体蓄积后，能够破坏血红素合成相关酶活性，减少血红素与球蛋白的结合，同

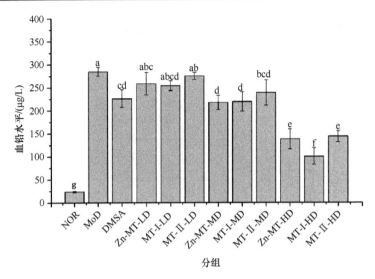

图 9-4　酵母源 MT 对小鼠血铅水平的影响

a-g 代表小鼠血铅水平差异显著性，字母不同表示差异显著（$p < 0.05$），字母相同表示差异不显著（$p > 0.05$）

时损伤红细胞 DNA 及其正常细胞结构，造成溶血，从而导致红细胞平均体积及血红蛋白水平异常[17]。另外，高铅蓄积使机体氧化应激增强，过氧化产物增多，损伤肝组织及功能，引起大量炎症，同时破坏机体免疫系统，从而导致白细胞及粒细胞计数水平下降[18, 19]。

　　在本实验中，与正常组比较，模型对照组小鼠白细胞、粒细胞计数、红细胞平均体积及血红蛋白水平均显著下降（$p < 0.05$）。与模型组比较，三类 MT 处理组各指标水平均有不同程度的改善，其低、中、高剂量 MT 处理组小鼠白细胞（Zn-MT-MD 除外）、红细胞平均体积及血红蛋白水平显著升高（$p < 0.05$），但各中毒组小鼠粒细胞计数水平无显著差异性（$p > 0.05$）。结果表明，酵母源 MT 对慢性铅中毒小鼠血常规指标异常具有良好的改善作用，这可能是由于 MT 在减少铅蓄积的同时，对肝脏等器官已有损伤及并发炎症具有一定的修复与治疗作用，且高剂量处理效果最好，结果见表 9-4。

5. 酵母源金属硫蛋白对慢性铅中毒小鼠肝功能指标的影响

　　肝功能检查是通过检测与肝脏功能代谢有关的各项指标，以反映肝脏功能基本状况的基本医学检验项目，其中谷丙转氨酶（GPT）与谷草转氨酶（GOT）为肝功能损害最敏感的检测指标，通常用来评价肝组织损伤及其并发炎症[20]。由图 9-5 可以看出，与正常对照组比较，模型对照组小鼠 GPT 与 GOT 水平显著升高（$p < 0.05$），与模型对照组比较，各给药组小鼠 GPT 水平均显著下降（$p < 0.05$），高剂

表 9-4　酵母源 MT 对小鼠血常规指标的影响

组名	白细胞（WBC）(10^9/L)	粒细胞计数（GR）(10^9/L)	红细胞平均体积(MCV)（fL）	血红蛋白（HGB）（g/L）
NOR	6.90±1.10[a]	0.72±0.22[a]	53.06±2.35[a]	160.60±2.07[a]
MoD	3.14±0.63[e]	0.30±0.10[b]	46.66±1.19[d]	138.20±7.92[b]
DMSA	4.12±0.50[cde]	0.50±0.19[ab]	46.16±2.05[d]	156.60±3.21[a]
Zn-MT-LD	3.54±0.84[de]	0.40±0.07[ab]	47.40±1.05[cd]	155.40±3.91[a]
MT-Ⅰ-LD	4.18±0.55[cde]	0.52±0.25[ab]	48.88±1.18[bcd]	154.60±11.61[a]
MT-Ⅱ-LD	3.58±0.25[de]	0.50±0.07[ab]	48.90±2.38[bcd]	157.00±3.16[a]
Zn-MT-MD	2.28±0.26[cde]	0.50±0.16[ab]	50.22±0.30[abc]	155.00±2.35[a]
MT-Ⅰ-MD	5.38±0.89[abc]	0.58±0.22[ab]	50.94±1.58[ab]	154.20±10.99[a]
MT-Ⅱ-MD	5.02±0.76[bcd]	0.52±0.15[ab]	50.18±0.47[abc]	155.80±2.28[a]
Zn-MT-HD	5.30±0.60[abc]	0.60±0.23[ab]	50.28±1.13[abc]	156.00±6.82[a]
MT-Ⅰ-HD	6.08±1.20[ab]	0.58±0.16[ab]	50.68±1.57[ab]	156.40±3.91[a]
MT-Ⅱ-HD	5.06±0.83[bcd]	0.58±0.30[ab]	50.36±1.72[abc]	156.00±4.85[a]

注：a-e 代表小鼠同一血常规指标差异显著性，字母不同表示差异显著（$p<0.05$），字母相同表示差异不显著（$p>0.05$）。

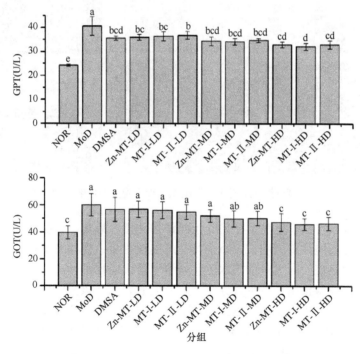

图 9-5　酵母源 MT 对小鼠肝功能指标的影响

a-e 代表小鼠同一肝功能指标差异显著性，字母不同表示差异显著（$p<0.05$），字母相同表示差异不显著（$p>0.05$）

量 MT 处理组小鼠 GOT 水平均显著下降（$p<0.05$），且高浓度 MT 处理组组间无差异（$p>0.05$）。结果表明，慢性铅接触能够显著升高小鼠血清 GPT 与 GOT 水平，而 MT 对该毒性具有一定的抗性作用，这可能是因为铅蓄积体内后，能够损伤正常肝组织及其功能，并引发炎症，而三种 MT 均能够降低铅对肝脏的损伤作用或对已有肝损伤具有与一定修复作用，从而调节血清 GPT 与 GOT 水平趋于正常，且高剂量处理对两指标改善效果最好，三种 MT 在高剂量下作用效果无差异（$p>0.05$）。

6. 酵母源金属硫蛋白对慢性铅中毒小鼠肝组织病理学观察的影响

综合高剂量 MT 对慢性铅中毒小鼠血铅、血常规及肝功能指标水平影响度最高，由此选取正常对照组、模型对照组、DMSA 对照组及高剂量 MT 处理组小鼠肝组织 H&E 染色切片光镜观察图，结果如图 9-6 所示。

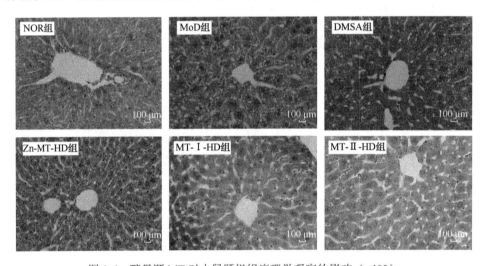

图 9-6　酵母源 MT 对小鼠肝组织病理学观察的影响（×400）

从图中可以看出，正常组小鼠肝组织结构完整，清晰，肝脏在中央静脉周围呈放射状，肝细胞体积饱满，大小均匀，细胞核明显；模型组小鼠肝组织细胞核明显减少，胞浆疏松，大量细胞水肿并破裂，形成凋亡小体，并出现一定炎性细胞浸润现象，细胞核明显减少且分布不均，肝脏紊乱，该损伤表现与已有铅毒性报道类似[21]；DMSA 与高剂量 MT 处理后，小鼠各肝损伤程度明显下降，肝组织结构趋于正常，其中三种高剂量 MT 处理组小鼠肝组织正常效果优于 DMSA 组[22]。结果表明，慢性铅接触对肝脏具有显著的损伤作用，MT 对铅致肝损伤具有明显的修复作用，其中两种酵母源 MT 亚型与动物源 MT 作用效果类似。

9.2.4　小结

随着对 MT 认识及研究的深入，因其高效排铅及强抗氧化性越来越多地受到排铅领域的重视，其中动物源 MT 在排铅方面的应用及研究最为常见，但由于动物源性 MT 提纯技术复杂、周期时间长以及价格昂贵等限制，使得 MT 的排铅研究及应用极为受限。而本课题组获得的具有自主知识产权酵母源 MT，是金属诱导剂诱导酵母类微生物产生，具有周期时间短、提取技术简易、价格低廉及较高的安全性等优点显著，利于工业化生产和推广应用。

本实验以慢性饮用醋酸铅溶液方式构建慢性铅中毒小鼠模型，以常见排铅药物 DMSA 与动物源 Zn-MT 为对照，探究不同酵母源 MT 亚型对慢性铅中毒小鼠排铅及肝脏保护作用。实验结果表明，与正常对照组比较，慢性铅接触对肝组织具有明显的损伤作用，并引发机体部分炎症，小鼠部分血常规及肝功能指标水平异常，但小鼠体重无显著变化。与模型对照组小鼠比较，慢性铅中毒小鼠经灌胃给予 MT 后，血铅水平均有一定程度下降，且下降程度与 MT 剂量呈正相关，同时高剂量 MT 处理对慢性铅中毒小鼠红细胞平均体积及血红蛋白水平具有显著的恢复作用[23, 24]。综合慢性铅中毒小鼠血铅、血常规指标、肝功能指标及肝脏组织病理学观察结果，酵母源 MT 对慢性铅中毒小鼠具有良好的排铅及肝脏保护作用，其中高浓度 MT 效果最好，结合前期在 MT 抗氧化与体外螯合铅离子方面的研究，推测其主要机制可能是 MT 进入机体后，其结构中的大量巯基能够与血液中矿物元素铅结合并排除体外，减少铅引起的机体氧化应激，减少过氧化产物的生成或直接抑制过氧化产物的合成途径，从而修复铅致肝脏损伤。

由于金属硫蛋白来源广泛，不同构型酵母源金属硫蛋白在体内代谢途径尚不明确，且铅在不同组织蓄积程度及损伤机制尚不明确，因此酵母源金属硫蛋白对不同铅毒性的解毒作用仍待进一步研究。但在本实验中，两种酵母源金属硫蛋白显示了显著地排铅效果，并对铅致肝损伤有较好的修复及保护作用，作用效果与动物源性金属硫蛋白类似，这将在金属硫蛋白促排铅、联合排铅及治疗或预防铅致过氧化损伤方面具有广阔的应用及市场前景。

9.3　酵母源金属硫蛋白对慢性铅中毒小鼠的排铅及肾功能保护作用

铅作为一种非人体必需重金属元素广泛存在于自然环境中。铅能够稳定蓄积于机体不同组织中，并通过破坏机体抗氧化体系刺激机体氧化应激反应[25]，加速细胞凋亡，干扰机体正常循环系统，尤其是微量元素代谢，进而损伤机体正常造血系统、神经系统、生殖系统及心血管系统，同时，还对肾脏等器官正常功能产生严重氧化损伤[9]。随着铅污染的加剧，人们日益受到铅毒性威胁，预防或解除铅毒性已成为促排重金属领域的研究热点。目前，国内外尚没有安全、快速和有效的手段排除机体铅蓄积或解除铅对机体损伤。对于铅中毒的治疗，通常采用以二巯基丁二酸（DMSA）为代表的 EDTA 类竞争性西药[26, 27]，虽然能够较为有效的排除体内蓄积铅，但通常无法对已有机体损伤进行修复，同时该类药物无法被细胞吸收，未结合铅的剩余药物游离于血液或组织液中，由此造成肝、肾损伤，同时引起机体微量元素代谢紊乱。另外，也有部分学者对安全性天然产物进行了排铅研究[28, 29]，虽然具有一定效果，但机制普遍尚不明确，且缺乏普遍性及稳定性验证。

　　酵母源 MT 为铜、锌及镉等金属离子诱导酵母表达所产生的一类，相对于动物源 MT 具有生产周期短、提取率高、价格低廉及高安全性等优点，越来越多地受到国内外学者的重视[30]。本课题组探究了具有自主知识产权[31~33]的两种酵母源 MT 亚型（MT-Ⅰ、MT-Ⅱ）对铅致小鼠肾脂质过氧化损伤的拮抗作用，并对其拮抗机制进行初步探究，结合前期课题组在酵母源 MT 对铅致肝损伤修复方面的研究，旨在为酵母源 MT 在铅毒性拮抗及修复方面的应用及相关促排铅和抗氧化产品的开发提供数据支持及理论参考。

9.3.1　材料与设备

1. 材料与试剂

兔肝 Zn-MT（纯度 99%）	上海源叶生物科技有限公司
酵母源金属硫蛋白（MT-Ⅰ，纯度 91%）	黑龙江八一农垦大学实验室自提
酵母源金属硫蛋白（MT-Ⅱ，纯度 91%）	黑龙江八一农垦大学实验室自提
二巯基丁二酸（DMSA）	上海研臣实业有限公司
醋酸铅	南京建成生物工程研究所
肝素钠	南京建成生物工程研究所
伊红染液	南京建成生物工程研究所

2. 仪器与设备

BS224S 型电子天平	鹤壁鑫泰高科仪器制造有限公司
YB-p5001 型电子天平	北京长拓锐新科技发展有限公司
SpectrAA200Z 型石墨炉原子吸收分光光度计	美国 Varian 公司
血常规分析仪	东莞市健威医疗器械有限公司
XD811F 型快速生化分析仪	武汉三丰医疗设备有限公司

1805 型切片机（石蜡）	德国 Leica 公司
EG1150 型组织包埋机	德国 Leica 公司
CK40 型光学显微镜·	日本 Olympus 公司

3. 实验动物

健康昆明种小鼠（批准号：医动字第 13-3277），雄性，体质量（20±2）g，由长春生物制品研究所提供。

9.3.2　实验方法

1. 实验动物分组与饲养

按照中华人民共和国卫生部颁布的保健食品检验与评价技术规范（2003 版）进行促排铅模型建立与功能评价的研究。取健康小鼠 90 只，适应性饲养一周，称重，随机抽取 10 只为正常对照组（NOR 组），其余小鼠作为铅染毒小鼠，随机分为 8 组：模型对照组（MoD 组）、阳性对照组（DMSA 组）、MT-Ⅰ 处理组（低、中、高剂量各 1 组）、MT-Ⅱ 处理组（低、中、高剂量各 1 组），每组小鼠 10 只。

小鼠饲养在动物实验专用塑料鼠笼中，以无菌碎木屑为垫料，每隔两天换一次垫料，顶部配有钢丝网盖以及自动饮水器，室温（24±2）℃，相对湿度（45±3）%，每日光照 12 h，摄食标准饲料。

2. 给药剂量与方法

各组小鼠每天同一时间一次性灌胃给药 0.2 ml，连续 35 d，其中 NOR 组小鼠每天自由饮用含 25 μl/L 冰醋酸的去离子水，其余各铅染毒组小鼠每天自由饮用含 1.0 g/L 醋酸铅的去离子水溶液（溶液中加入 25.0 μl/L 冰醋酸），各组小鼠具体灌胃药剂分配见表 9-5。

表 9-5　实验动物的药剂分配

组名	药物名	药物剂量（mg/kg b·w·）
正常对照组（NOR 组）	生理盐水	2.00
模型对照组（MoD 组）	生理盐水	2.00
阳性对照组（DMSA 组）	DMSA	2.00
MT-Ⅰ低剂量组（MT-Ⅰ-LD 组）	MT-Ⅰ	1.60
MT-Ⅰ中剂量组（MT-Ⅰ-MD 组）	MT-Ⅰ	2.00
MT-Ⅰ高剂量组（MT-Ⅰ-HD 组）	MT-Ⅰ	2.40
MT-Ⅱ低剂量组（MT-Ⅱ-LD 组）	MT-Ⅱ	1.60
MT-Ⅱ中剂量组（MT-Ⅱ-MD 组）	MT-Ⅱ	2.00
MT-Ⅱ高剂量组（MT-Ⅱ-HD 组）	MT-Ⅱ	2.40

3. 动物指标测定

实验期间，每天观察并记录小鼠形态特征、死亡率及体重变化，末次给药 24 h 后，摘眼球取血，每组随机选取 5 只小鼠分离血清，采用快速生化分析仪测定血清中谷丙转氨酶（GPT）与谷草转氨酶（GOT）水平，其余 5 只小鼠保存全血（肝素钠抗凝），血常规分析仪测定选定的部分血常规指标，另用石墨炉原子吸收光谱法测定血液中矿物元素铅的含量。全部小鼠处死后，迅速采集肾脏，生理盐水清洗后，制作石蜡切片，电动显微镜下观察，400 倍拍照。

4. 统计学分析

数据采用 $\bar{x} \pm s$ 表示，采用 SAS 9.1.3 统计学软件进行统计学分析，Origin 8.0 软件绘制相关图表，组间比较采用 t 检验，$p < 0.05$ 有统计学意义。

9.3.3　结果与讨论

1. 实验动物一般情况

小鼠铅染毒初期，皮毛粗糙，活动量增加，与正常组比较，各染毒组小鼠对外界环境刺激敏感，明显出现好斗现象，但日常聚集于鼠笼一角，饮食及饮水量明显减少，尿液呈深黄色。该现象与课题组前期试验中急性铅中毒小鼠模型研究结果相类似。灌胃给药 35 d 后，各给药组小鼠铅中毒症状有不同程度的缓解。

2. 酵母源金属硫蛋白对慢性铅中毒小鼠体重的影响

从图 9-7 可以看出，与正常组小鼠平均体重（34.90 g）比较，模型对照组小鼠经日饮醋酸铅 35 d 后，平均体重显著降低（29.86 g，$p < 0.05$），同时小鼠日常存在皮毛粗糙、好斗及尿液呈暗黄色等特征，这可能是由于铅蓄积体内后对小鼠正常新陈代谢产生了较为显著影响。而经灌胃给药后，各给药组小鼠平均体重均趋于正常（34.42～36.56 g），且组间无显著差异（$p < 0.05$），而本课题组前期实验研究表明小鼠自身对于此实验条件设置的铅毒性水平具有一定的抵抗作用，铅中毒小鼠与正常组小鼠之间体重无显著差异性[34]，由此可知，小鼠对于低剂量的铅毒性虽然具有一定抗性，但这种能力具有明显个体差异性。

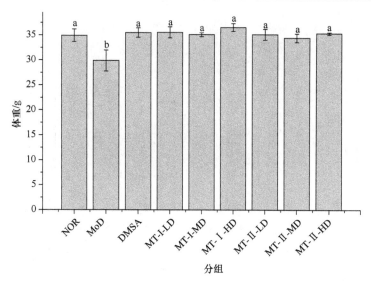

图 9-7　酵母源 MT 对小鼠体重的影响

a-b 代表小鼠体重差异显著性，字母不同表示差异显著（$p < 0.05$），字母相同表示差异不显著（$p > 0.05$）

3. 酵母源 MT 对铅染毒小鼠肾脏铅水平的影响

小鼠铅接触 30 d 后，各组小鼠肾脏铅水平（4.10～7.47 μg/g）显著高于正常对照组小鼠（0.22 μg/g，$p < 0.05$），而经灌胃给药后，各给药组小鼠肾脏铅水平（3.99～5.5 μg/g）显著低于模型对照组小鼠（7.47 μg/g，$p < 0.05$），其中，在两种酵母源 MT 中剂量组与 DMSA 组之间，三组小鼠肾脏铅水平无显著差异性（$p > 0.05$），但是 MT-Ⅰ高剂量组小鼠肾脏铅水平（3.99 μg/g）显著低于其余各给药组（$p < 0.05$）。结果表明，长期铅接触后，铅能够蓄积于肾脏中，两种酵母源 MT 亚型与 DMSA 均能够减少铅在小鼠肾脏中的蓄积量，其中高剂量 MT-Ⅰ排铅效果最好，显著优于常用口服浓度下的 DMSA，结果见图 9-8。

4. 酵母源 MT 对小鼠肾脏脂质过氧化水平的影响

从表 9-6 可以看出，与正常对照组小鼠比较，小鼠接触铅 35 d 后，肾脏 MDA 水平显著升高（$p < 0.05$），SOD 及 GSH-Px 水平显著降低（$p < 0.05$），由此表明，铅能够显著提高肾脏脂质过氧化，增加脂质过氧化产物，破坏机体抗氧化酶系。经灌胃给予小鼠酵母源 MT 后，小鼠 MDA 水平降低，SOD 与 GSH-Px 水平升高，并呈一定量效关系，高剂量酵母源 MT 改善效果优于 DMSA，其中 MT-Ⅰ高剂量组小鼠脂质过氧化状态恢复最好，和正常组无显著差异（$p > 0.05$）。

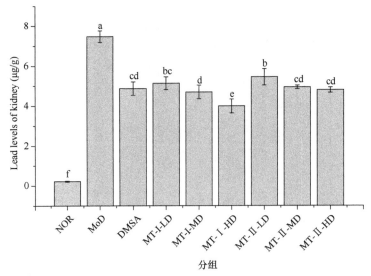

图 9-8　酵母源 MT 对小鼠肾铅水平的影响

a-f 代表小鼠肾铅水平差异显著性，字母不同表示差异显著（$p < 0.05$），字母相同表示差异不显著（$p > 0.05$）

表 9-6　各组小鼠肾脏 MDA、SOD 及 GSH-Px 水平（$n=5$）

组别	MDA nmol/mgprot	SOD U/gprot	GSH-Px U/gprot
NoR 组	37.82±7.05[f]	141.98±4.43[a]	5.58±0.27[a]
MoD 组	88.26±12.54[a]	98.30±8.30[d]	3.20±0.17[f]
DMSA 组	86.86±8.59[a]	116.02±4.57[c]	3.70±0.21[e]
MT-Ⅰ-LD 组	73.80±6.43[abc]	99.38±2.71[d]	3.96±0.11[de]
MT-Ⅰ-MD 组	54.28±11.32[def]	122.78±2.76[bc]	4.36±0.05[c]
MT-Ⅰ-HD 组	39.68±6.74[ef]	135.24±2.19[a]	5.32±0.22[a]
MT-Ⅱ-LD 组	80.68±6.77[ab]	98.80±2.16[d]	3.78±0.04[de]
MT-Ⅱ-MD 组	63.70±7.86[bcd]	117.08±2.75[c]	4.10±0.104[cd]
MT-Ⅱ-HD 组	56.88±8.47[cde]	126.32±2.91[b]	4.82±0.11[b]

注：a-f 代表同一指标差异显著性，字母不同表示差异显著（$p < 0.05$），字母相同表示差异不显著（$p > 0.05$）。

5. 酵母源 MT 对铅染毒小鼠肾功能的影响

选取常见具有代表性肾功能检查指标 BUN 与 Cr，结果如图 9-9 所示。与正常对照组小鼠比较（BUN 11.70 mmol/L，Cr 63.72μmol/L），小鼠经铅染毒后，血清 BUN（46.80 mmol/L）与 Cr（139.60μmol/L）显著升高（$p < 0.05$），经药物处理后，各给药组小鼠 BUN 与 Cr 水平均有不同程度的降低，其中 MT 组小鼠指标降低程度与剂量呈正相关，MT-Ⅰ 高剂量组小鼠 BUN 水平显著低于其他给药组（$p < 0.05$），Cr 水平与 MT-Ⅱ 高剂量组小鼠水平无显著差异（$p > 0.05$）。

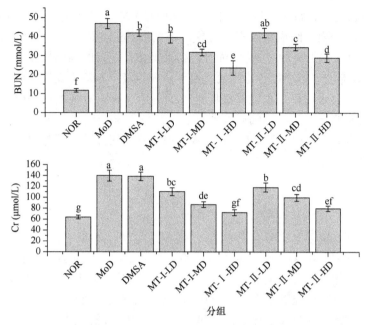

图 9-9 酵母源 MT 对小鼠肾功能指标的影响

a-g 代表同一指标差异显著性，字母不同表示差异显著（$p<0.05$），字母相同表示差异不显著（$p>0.05$）

6. 酵母源 MT 对铅染毒小鼠肾组织病理学观察的影响

综合高剂量 MT 对铅中毒小鼠肾脏铅水平及肾脏脂质过氧化评价指标水平影响度最高，由此选取正常对照组、模型对照组、DMSA 对照组及高剂量 MT 处理组小鼠肾组织染色切片光镜观察图，结果如图 9-10 所示。从图 9-10 中可以看出，与正

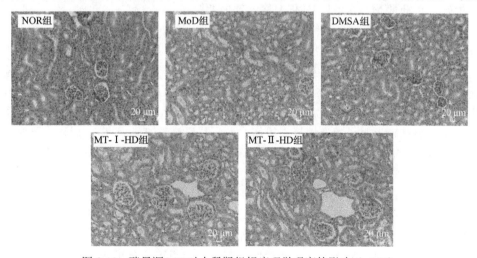

图 9-10 酵母源 MT 对小鼠肾组织病理学观察的影响（×400）

常对照组小鼠比较，模型对照组小鼠肾小球明显变大、变形及萎缩，细胞核减少，部分出现细胞破裂，间质血管充血现象。小鼠经各药物处理后，肾组织均具有不同程度的修复，但 DMSA 与模型对照组小鼠仍存在一定的细胞核减少及间质血管充血现象，MT 处理组小鼠肾组织明显趋于正常，其中 MT-Ⅰ高剂量组小鼠恢复效果最好。实验表明，铅蓄积能够破坏肾组织，导致肾正常组织及结构的破坏，可能是由于铅能够直接破坏肾细胞及肾小管，或铅能够引起机体炎症，通过炎症因子达到对肾的损害作用。但 MT 对铅致肾损伤具有明显的修复作用，且三种 MT 效果相似均优于 DMSA。

9.3.4　小结

本课题组前期已对具有自主知识产权的两种酵母源 MT 在修复铅致肝损伤等方面展开了研究，结果证实了机体慢性接触铅离子后，铅元素能够稳定蓄积于血液与股骨中，并引起肝的炎症及纤维化。而在本实验中，小鼠经铅暴露 35 d 后，肾组织中铅含量同样显著上升（$p < 0.05$），正常代谢趋于紊乱，出现明显铅中毒症状。同时，铅还能够显著破坏小鼠 SOD 及 GHS-Px 等抗氧化酶系正常水平（$p < 0.05$），增加脂质过氧化物 MDA 的生成（$p < 0.05$）。通过对铅染毒小鼠肾组织病理学观察可以看出，铅蓄积体内后最终能够破坏肾正常组织及结构。

铅染毒小鼠经过灌胃一定时间的 DMSA 与酵母源 MT 后，小鼠中毒症状均出现不同程度的恢复，并呈一定的量效关系。高剂量 MT 处理组小鼠肾脏铅水平与 MDA 水平显著低于模型对照组（$p < 0.05$），肾脏 SOD 与 GSH-Px 水平显著高于模型对照组（$p < 0.05$），其中高剂量 MT-Ⅰ在上述各指标评价中对上述指标的改善程度最好，高剂量 MT-Ⅱ组与 DMSA 整体效果类似。

血尿素氮与 Cr 为机体蛋白质及肌肉最终代谢产物，主要经过肾小球滤过排出体外，而肾出现病变，特别是肾小球结构及功能变化后，肾小球对其滤过作用降低，血清中 BUN 与 Cr 将明显增多，因此常用 BUN 与 Cr 作为炎性或纤维性肾病变的检测。实验结果表明，铅进入机体后，小鼠血清 BUN 与 Cr 水平显著升高（$p < 0.05$），由此推测实验设置的铅浓度对肾组织产生一定的损伤，而病理学组织观察证实了铅引起了小鼠较为明显的炎性损失损伤。而小鼠经灌胃高剂量 MT 后，小鼠血清 BUN 与 Cr 水平显著低于模型对照组（$p < 0.05$），病理学组织观察表明高剂量 MT 处理组小鼠肾组织损伤程度较低。

综上所述，铅进入机体后，主要以铅盐、铅化合物及铅-蛋白质结合物等形式随血液循环系统分布全身，并稳定蓄积，从而危害肝、肾及脑等器官及组织。铅蓄积于机体后，能够显著破坏机体抗氧化酶系，增加 MDA 等脂质过氧化物的生成及存在，造成肾组织损伤，其主要毒性机制可能为铅等重金属离子能够破坏 δ-氨基-γ-酮戊酸脱水酶活性,从而增加 δ-氨基-γ-酮戊酸的积累[35],刺激机体氧化应激,增加氧自由基对细胞膜脂质或组织中脂肪酸的破坏,同时,长期铅接触或许会改变 δ-氨基-γ-酮戊酸脱水酶基因,增加机体铅毒性易感性。而酵母源 MT 具有显著的排铅及拮抗铅致肾脂质过氧化损伤的作用,这可能是由于酵母源 MT 中含量大量的巯基簇[36],当进入体内与铅离子接触后,酵母源 MT 结构中的锌离子释放,从而提供酵母源 MT 与铅离子的结合位点,两者形成稳定的无毒结合物质,以尿液等形式排出体外。同时,酵母源 MT 自身释放的锌离子具有一定的抗氧化活性并可以参与调控 δ-氨基-γ-酮戊酸脱水酶的生成[37]。

随着人们对铅氧化毒性认识的深入,大量用于治疗或预防铅中毒的促排铅及抗氧化产品陆续出现于市场。在本实验中,酵母源 MT 显示了优异的排铅及对铅致肾脂质过氧化损伤的拮抗作用,为其在促排铅和抗氧化等方面产品开发方面提供了支持,同时笔者相信酵母源 MT 在其他重金属、辐照或化学物质等引起的过氧化损伤等方面的应用也具有一定的可能性及广阔的发展前景。

参 考 文 献

[1] 胡瞬, 易有金, 熊兴耀, 等. 灵芝孢子油对小鼠血清 SOD、CAT 活性及 C3、P21mRNA 表达的影响. 食品科学, 2011, 19: 232-235.

[2] 胡孔友, 从仁怀, 马方励, 等. 一种中草药组方保健食品促进排铅功能的研究. 现代食品科技, 2009, 25(11): 1265-1268.

[3] Ponce-Canchihuamán J C, Pérez-Méndez O, Hernández-Muñoz R, et al. Protective effects of *Spirulina maxima* on hyperlipidemia and oxidative-stress induced by lead acetate in the liver and kidney. Lipids in Health and Disease, 2009, 9(1): 1-7.

[4] Salińska A, Włostowski T, Zambrzycka E. Effect of dietary cadmium and/or lead on histopathological changes in the kidneys and liver of bank voles *Myodes glareolus* kept in different group densities. Ecotoxicology, 2012, 21(8): 2235-2243.

[5] 王颖, 张桂芳, 徐炳政, 等. 葡萄籽原花青素提取物对糖尿病小鼠血糖的影响. 天然产物研究与开发, 2012, 24: 1191-1195.

[6] Vašák M. Metallothioneins: Chemical and biological challenges. Journal of Biological Inorganic Chemistry, 2011, 16(7): 975-976.

[7] Ugbaja R N, Onunkwor B O, Omoniyi D A. Lead induced dyslipidemia: The comparative effects of ascorbate and chelation therapy. African Journal of Biotechnology, 2013, 12(15): 1845-1852.

[8] Skrzycki M, Majewska M, Podsiad M, et al. Hymenolepis diminuta: Experimental studies on the antioxidant system with short and long term infection periods in the rats. Experimental Parasitology, 2011, 129(2): 158-163.

[9] Flora G, Gupta D, Tiwari A. Toxicity of lead: A review with recent updates. Interdisciplinary Toxicology, 2012, 5(2): 47-58.

[10] 马文丽, 王兰, 何永吉. 镉诱导华溪蟹不同组织金属硫蛋白表达及镉蓄积的研究. 环境

科学学报, 2008, 28(6): 1192-1197.

[11] 王莹, 赵志浩, 高蒙初, 等. 岩藻聚糖硫酸酯及其酶解产物对 D-半乳糖氧化损伤小鼠的抗氧化作用. 现代食品科技, 2013, 29(10): 2378-2382.

[12] Vallejo AN. CD28 extinction in human T cells: Altered functions and the program of T-cell senescence. Immunological Reviews, 2005, 205(1): 158-169.

[13] Satoh M, Naganuma A, Imura N. Modulation of adriamycintoxicity by tissue specific induction of metallothionein synthesisin mice. Life Sciences, 2000, 67: 627-634.

[14] Ushakova G A, Kruchinenko O A. Peculiarities of the molecular structure and functions of metallothioneins in the central nervous system. Neurophysiology, 2009, 41(5): 355-364.

[15] Skutkova H, Babula P, Stiborova M, et al. Structure, polymorphisms and electrochemistry of mammalian metallothioneins: A review. International Journal of Electrochemical Science, 2012, 7: 12415-12431.

[16] 何杰颖. 原花青素对氨基脲染毒小鼠肝肾损伤的影响. 衡阳: 南华大学硕士学位论文, 2011.

[17] Ibrahim N M, Eweis E A, El-Beltagi H S, et al. Effect of lead acetate toxicity on experimental male albino rat . Asian Pacific Journal of Tropical Biomedicine, 2012, 2(1): 41-46.

[18] Atenesyan L, Gunther V, Celniker S E, et al. Characterization of MtnE, the fifth metallothionein member in Dros ophila. Journal of Biological Inorganic Chemistry, 2011, 16(7): 1047-1056.

[19] 王廷璞, 马伟超, 李一婧, 等. 不同重金属胁迫蔬菜产生金属硫蛋白的同源性检测. 食品安全质量检测学报, 2013, 4: 1179-1184.

[20] Mehana E , Meki A R, Fazili K M. Ameliorated effects of green tea extract on lead induced liver toxicity in rats . Experimental and Toxicologic Pathology, 2012, 64(4): 291-295.

[21] 耿雪侠, 戴欣, 晁秋杰, 等. 急性铅应激诱导肝肾损伤及其分子机制初探. 动物学杂志, 2013, 48(4): 642-649.

[22] Agrawal S, Flora G, Bhatnagar P, et al. Comparative oxidative stress, metall- othionein induction and organ toxicity following chronic exposure to arsenic, lead and mercury in rats. Cellular and Molecular Biology, 2014, 60(2): 13-21.

[23] 路浩, 刘宗平, 赵宝玉. 金属硫蛋白生物学功能研究进展. 动物医学进展, 2009, 30(1): 62-65.

[24] Crinnion W J. EDTA redistribution of lead and cadmium into the soft tissues in a human with a high lead burden-should DMSA always be used to follow EDTA in such cases . Alternative Medicine Review: A Journal of Clinical Therapeutic, 2011, 16(2): 109-112.

[25] Flora G, Gupta D, Tiwari A. Preventive efficacy of bulk and nanocurcumin against lead-induced oxidative stress in mice. Biological Trace Element Research, 2013, 152(1): 31-40.

[26] Fatahian S, Shahbazi-Gahrouei D, Pouladian M, et al. Biodistribution and toxicity assessment of radiolabeled and DMSA coated ferrite nanoparticles in mice. Journal of Radioanalytical and Nuclear Chemistry, 2012, 293(3): 915-921.

[27] Unsöld B, Teucher N, Didié M, et al. Negative Hemodynamic effects of pantoprazole at high infusion rates in mice. Cardiovascular Therapeutics, 2015, 33(1): 20-26.

[28] Aslani M R, Najarnezhad V, Mohri M. Individual and combined effect of meso-2,

3-dimercaptosuccinic acid and allicin on blood and tissue lead content in mice. Planta Medica, 2010, 76(3): 241-244.

[29] Sarkar A, Sengupta D, Mandal S, et al. Treatment with garlic restores membrane thiol content and ameliorates lead induced early death of erythrocytes in mice. Environmental Toxicology, 2015, 30(4): 396-410.

[30] Mocchegiani E, Costarelli L, Basso A, et al. Metallothioneins, ageing and cellular senescence: A future therapeutic target. Current Pharmaceutical Design, 2013, 19(9): 1753-1764.

[31] 苗兰兰. 产金属硫蛋白菌株的诱变育种及蛋白的分离提纯. 大庆: 黑龙江八一农垦大学, 硕士学位论文, 2013.

[32] 李靖元. 假丝酵母菌筛选及金属硫蛋白制备工艺研究. 大庆: 黑龙江八一农垦大学, 硕士学位论文, 2013.

[33] 李冰, 王颖, 徐炳政, 等. 超声波辅助提取酵母源类金属硫蛋白工艺的优化. 食品与机械, 2014, 03: 194-197.

[34] 王颖, 徐炳政, 王欣卉, 等. 酵母源金属硫蛋白对慢性铅中毒小鼠排铅及肝脏保护作用. 现代食品科技, 2015, 08: 119-121.

[35] Wetmur J G, Lehnert G, Desnick R J. The δ-aminolevulinate dehydratase polymorphism: Higher blood lead levels in lead workers and environmentally exposed children with the 1-2 and 2-2 isozymes. Environmental Research, 1991, 56: 109-119

[36] 李连平, 黄志勇, 王志聪, 等. 小球藻锌结合金属硫蛋白(Zn-MT-like)的抗氧化活性研究. 中国食品学报, 2009, 4: 23-27.

[37] Hampp R, Kriebitzsch C. Effect of Zinc and Cadmium on δ-Aminolevulinate Dehydratase of Red Blood Cells in Protecting Against Enzyme Losses during Storage. Zeitschrift Für Naturforschung C Journal of Biosciences, 2014, 30(7): 434-437.

附录：与本书有关的成果

科 研 课 题

1. 国家"十五"食品安全重大科技专项（GB04C109-01）:《食品安全关键技术应用的综合示范》的子课题暨黑龙江省科技攻关重点项目—《食品驱铅关键技术对铅中毒改善的研究与应用》，2004-2007，张东杰主持人，王颖第二参加人。

2. 黑龙江科技成果转化重点项目（FW09B907）:《大豆活性肽等天然食物源对人体铅中毒改善关键技术的集成应用与推广》，2009-2011，张东杰主持人，王颖第二参加人。

3. 大庆高新开发区创新基金（DQGX08YF027）：大豆抗氧化肽提纯工艺的优化及在促排铅功能饮液中协同效果的研究，鉴定结果为"国内领先水平"，2008-2010，张东杰主持人，王颖第二参加人。

4. "十二五"农村领域国家科技计划项目（编号：2012BAD34B02）:《粳米地理标志产品品质鉴别技术及高品质商品米绿色加工技术集成与示范》，2012-2014，张东杰主持人。

5. 省教育厅高校人才支持计划（2014TD006）:《省高校农产品加工与质量安全创新团队》，2014-2017，张东杰主持人。

6. 黑龙江省人事厅新世纪人才项目（1254-NCET-015）:《金属硫蛋白的生物源性提纯及其抗氧化作用的研究》，2014-2016，王颖主持人。

7. 黑龙江八一农垦大学博士后启动金:《金属硫蛋白的提纯及其对小分子污染物的清除作用的研究》，2013-2015，王颖主持人。

8. 黑龙江省博士后启动金（LBH-Z13168）:《金属硫蛋白的不同构象下抗氧化修复作用机制的研究》，2013-2015，王颖主持人。

9. 国家自然科学基金项目（31000790）:《融合单链抗体快速筛检多种残留抗微生物药物检测方法的研究》，2010-2013，王颖主持人。

10. 黑龙江省自然科学青年基金项目（QC2011C126）:《融合 ScFv 快速筛检多种残留抗微生物药物的免疫学检测方法的研究》，2011-2013，王颖主持人。

11. 黑龙江省农垦总局"十二五"重点科技计划项目（HNK125B-13-05）:《高产金属硫蛋白菌株的选育及其高效纯化技术研究》，2014-2016，王颖主持人。

12. 黑龙江省自然基金（C201445）:《不同构象的 MT 抗氧化修复作用对促排

小分子污染物功能的影响》，2014-2017，王颖主持人。

13. 黑龙江省博士后科研启动金（LBH-Q15116）：《酵母源金属硫蛋白的构效关系及其促排小分子污染物机制的研究》，2015-2017，王颖主持人。

14. 黑龙江省青年科学基金（QC2014C019）：《绿豆肽对 SPF 级小鼠巨噬细胞 TLR1/2 受体免疫调节机制的研究》，2015-2017，张桂芳第三参加人。

国家发明专利

1. 预防和改善铅中毒的保健食品及其制备方法（ZL 200610009606.7）. 张东杰，王颖。

2. 一种去除大豆蛋白中残留砷、铅、铜的工艺方法（ZL 201010237091.2）. 张东杰，王颖，张丽华。

3. 一种高产金属硫蛋白的酵母菌及其应用（ZL 201410000287.8）. 王颖，张东杰，张桂芳。

4. 一种用于鉴别谷子品种的 SSR 分子标记方法及应用. 张东杰，王颖，沈琰等。

5. 一种采用 SSR 分子标记技术鉴别谷子品种的方法及应用. 张东杰，王颖，沈琰等。

国家实用新型专利

1. 一种盛装保健食品的防潮药瓶（201220225624.x）. 王颖，安宇，张丽媛，张东杰。

2. 可分类盛装保健食品的药瓶（201220225623.5）. 王颖，安宇，姚笛，张东杰。

3. 一种实验室空气水过滤器（201220313348.2）. 张丽媛，姚笛，王颖。

4. 一种食品安全综合检测盒（201220313339.3）. 姚笛，张丽媛，王颖。

5. 便捷式氯霉素检测试剂盒（ZL 2012 2 0636700.6）. 王颖，安宇，张东杰。

6. 氯霉素检测试剂盒（ZL 2012 2 0636710.X）. 王颖，安宇，张东杰。

硕博学位论文

1. 苗兰兰（指导教师：张东杰）. 产金属硫蛋白菌株的诱变育种及蛋白的分离提纯[D]. 黑龙江八一农垦大学硕士论文，2013.

2. 李靖元（指导教师：张东杰）. 假丝酵母菌筛选及金属硫蛋白制备工艺研究[D]. 黑龙江八一农垦大学硕士论文，2013.

3. 李冰（指导教师：张东杰）. 酵母源金属硫蛋白提取分离纯化及抗氧化活

性的研究[D]. 黑龙江八一农垦大学硕士论文，2013.

4. 王月（指导教师：张东杰）. 酵母源金属硫蛋白的分离纯化及抗氧化功能构效关系的研究[D]. 黑龙江八一农垦大学硕士论文，2015.

5. 徐炳政（指导教师：张东杰）. 酵母源金属硫蛋白排铅及对铅致氧化损伤修复作用的研究[D]. 黑龙江八一农垦大学硕士论文，2015.

6. 张东杰（博士指导教师：马中苏）. 复方促排铅功能制剂的组分优化及其生物活性研究[D]. 吉林大学，2010.

7. 王颖（博士后指导教师：张东杰）. 酵母源金属硫蛋白的构效关系及其促排小分子污染物机制的研究[D]. 黑龙江八一农垦大学博士后流动站，2015.

8. 王颖（指导教师：张东杰）. 促排铅功能口服液的研究[D]. 黑龙江八一农垦大学硕士论文，2005.

9. 刘秀红（指导教师：张东杰）.大豆抗氧化肽的制备及其协同促排铅效果的研究[D]. 黑龙江八一农垦大学硕士论文，2010.

学术期刊论文

1. 张东杰，王颖，马中苏. 复方促排铅功能制剂组分的优化[J]. 中国农学通报，2010, 14: 101-107.

2. 张东杰，王颖，马中苏. 复方促排铅功能制剂抗氧化作用的研究[J]. 食品与机械，2010, 03: 88-90.

3. 苗兰兰，张东杰，王颖. 复合诱变高产金属硫蛋白酵母菌株的筛选[J]. 食品科学，2013, 19: 261-264.

4. 李冰，王颖，徐炳政，等. 超声波辅助提取酵母源类金属硫蛋白工艺的优化[J].食品与机械，2014, 03: 194-197+205.

5. 李靖元，张东杰，王颖，等. 高产类金属硫蛋白假丝酵母菌株的筛选[J]. 中国生物制品学杂志，2013, 11: 1585-1587+1592.

6. 王月，张东杰，王颖，等. 响应面优化双水相萃取分离酵母源 MT 工艺[J]. 食品科学，2015(10): 54-58.

7. 徐炳政，张东杰，王颖等. 酵母源金属硫蛋白对急性铅中毒小鼠的排铅及过氧化损伤修复作用[J]. 中国生物制品学杂志，2015, 11: 1142-1146.

8. 徐炳政，王颖，张东杰，等. 酵母源金属硫蛋白体外清除自由基及抑菌活性的研究[J]. 食品工业科技，2014, 21: 111-114.

9. 徐炳政，张东杰，王颖，等. 金属硫蛋白及其重金属解毒功能研究进展[J].中国食品添加剂，2014, 05: 171-175.

10. 王颖，徐炳政，王欣卉，等. 酵母源金属硫蛋白对慢性铅中毒小鼠排铅及肝脏保护作用[J]. 现代食品科技, 2015, 08: 12-17.

11. 王颖, 张桂芳, 徐炳政, 等. 葡萄籽原花青素提取物对糖尿病小鼠血糖的影响[J]. 天然产物研究与开发, 2012, 09: 1191-1195.

12. 王颖, 张桂芳, 徐炳政, 等. 苦瓜提取物对糖尿病小鼠的抗氧化作用[J]. 中国老年学杂志, 2014, 03: 699-701.

13. 王颖, 张桂芳, 赵亮, 等. 葡萄籽提取物原花青素对糖尿病小鼠的抗氧化作用[J]. 中国老年学杂志, 2014, 02: 433-435.

14. 王颖, 张桂芳, 常咏涵, 等. 苦瓜甙的降血糖作用[J]. 中国老年学杂志 2012, 24: 5464-5466.

15. 王颖, 安宇, 张东杰, 等. 氯霉素完全抗原的制备及鉴定[J]. 中国生物制品学杂志, 2012, 25(2): 233-236.

16. 王颖, 周立波, 柳增善等. 磺胺二甲嘧啶竞争抑制 ELISA 法检测[J]. 中国公共卫生, 2008, (24)12: 1497-1499.

17. 王颖, 李涛, 周玉, 等. 抗氯霉素单链抗体基因的表达及免疫学活性初探[J]. 中国卫生检验杂志, 2008, 18(5): 769-772.

18. 王颖, 任立松, 李研东, 等. 抗氯霉素单克隆抗体的制备、纯化及其特异性鉴定[J]. 吉林大学学报(医学版), 2008, 34(2): 336-340.

19. 王颖, 张磊, 饶星, 等. 氯霉素单克隆抗体 ELISA 检测方法的建立[J]. 中国实验诊断学, 2007, 11(11): 1530-1533.

20. 孙大庆, 王颖, 张东杰. 抗微生物药物残留的免疫学检测技术研究进展[J]. 黑龙江八一农垦大学学报, 2014, 26(2): 80-84.

跋

多少代食品人前赴后继才赢来食品安全领域的春天，本书是在我们科研团队十几年科研成果、教学成果的基础上，总结了"十五"和"十一五"国家课题及国家和省部级的科学基金类科研课题的多项科研成果（详见附录），参考了相关国内外文献资料撰写而成，是整个团队在重金属清除领域研究成果的一个系统总结，值此著付梓之际，感谢各级各类基金项目的支持。

本书系统阐明了酵母源金属硫蛋白从分离、提取、纯化到抗氧化活性以及对重金属铅的协同促排的规律，揭示了酵母源金属硫蛋白的抗氧化修复能力对于重金属的解毒排除作用的机理，丰富并力证了酵母源重金属通过抗氧化途径在重金属驱除方面基础研究的设想和内容，促进了食品安全学研究的动物生物学理论发展，为拓展食品学科发展和理论提升提供了科学案例和系统的应用动物学基础。

本书的成果展现了团队成员硕博期间主要研究历程，是团队成员齐心协力的见证，更是导师悉心指导和呕心沥血的硕果。还要感谢黑龙江八一农垦大学张丽萍教授、吉林大学马中苏教授对此相关科研的大力支持和指导。

尤其感谢中国农业大学食品学院罗云波教授，中国食品学会副理事长和国家食品安全科技领域的行业首席专家，于百忙中为本著作拟序，给我们年轻一代的食品科研工作者以莫大的鼓励和全心的栽培，令我们在奋进途中倍感温暖。

本书在编辑出版过程中，科学出版社的专家委员会和各位主编，编审的严谨认真的态度，也深深感染了我们，更将对食品安全领域的关注和责任感融于各个细微处，在此一并献上我们团队崇高的敬意。

基于本书著者水平有限，难免会出现疏漏和不妥之处，衷心希望各位同仁和读者在阅读本书的过程中，能不断地提出宝贵意见。

著 者
2016 年 1 月 15 日于大庆

编 后 记

《博士后文库》（以下简称《文库》）是汇集自然科学领域博士后研究人员优秀学术成果的系列丛书。《文库》致力于打造专属于博士后学术创新的旗舰品牌，营造博士后百花齐放的学术氛围，提升博士后优秀成果的学术和社会影响力。

《文库》出版资助工作开展以来，得到了全国博士后管委会办公室、中国博士后科学基金会、中国科学院、科学出版社等有关单位领导的大力支持，众多热心博士后事业的专家学者给予积极的建议，工作人员做了大量艰苦细致的工作。在此，我们一并表示感谢！

《博士后文库》编委会